计算流体力学基础与应用

刘道银　王利民　编著

东南大学出版社
SOUTHEAST UNIVERSITY PRESS
·南京·

内 容 提 要

计算流体力学(Computational Fluid Dynamics,CFD)应用离散数值方法对流体力学问题进行数值模拟和分析。CFD被广泛应用于与流体流动、传热、传质等相关的物理过程,起到越来越重要的作用。本书是CFD入门教程,注重计算方法与实践应用。全书共9章:第1章为绪论;第2~3章分别为有限差分法及不可压缩流动方程显式分步数值解法;第4~5章分别为有限体积法及不可压缩流动方程SIMPLE数值解法;第6章为不可压缩流动方程的解法分类;第7~9章分别为非规则网格、湍流模拟、可压缩流体流动方程的解法。本书提供典型算法的完整代码,供读者学习使用。

本书可作为能源、动力、化工、冶金等专业的研究生、高年级本科生教材,也可供上述领域的工程技术和科研人员参考。

图书在版编目(CIP)数据

计算流体力学基础与应用 / 刘道银,王利民编著.
—南京:东南大学出版社,2021.12 (2022.7 重印)
ISBN 978-7-5641-9853-4

Ⅰ.①计… Ⅱ.①刘… ②王… Ⅲ.①计算流体力学
—教材 Ⅳ.①O35

中国版本图书馆CIP数据核字(2021)第245993号

责任编辑:姜晓乐 弓佩 责任校对:韩小亮 封面设计:王 玥 责任印制:周荣虎

计算流体力学基础与应用

Jisuan Liuti Lixue Jichu Yu Yingyong

编 著:刘道银 王利民
出版发行:东南大学出版社
社 址:南京四牌楼2号 邮编:210096 电话:025-83793330
网 址:http://www.seupress.com
经 销:全国各地新华书店
印 刷:江苏凤凰数码印务有限公司
开 本:700mm×1 000mm 1/16
印 张:15
字 数:269千字
版 次:2021年12月第1版
印 次:2022年7月第2次印刷
书 号:ISBN 978-7-5641-9853-4
定 价:68.00元

本社图书若有印装质量问题,请直接与营销部调换。电话(传真):025-83791830

前　言

计算流体力学(Computational Fluid Dynamics，简称 CFD)利用数值方法求解流体运动偏微分方程组，得到流体运动的细节，是融合流体力学、数值方法、计算机科学的一门交叉学科。CFD 大约在 20 世纪 60 年代形成一门独立学科。经过几十年的发展，CFD 已经在很多领域得到了广泛应用，包括航空航天、能源动力、化工冶金、土木水利、石油天然气、机械、建筑、暖通、环境、医学等。只要和流动、传热、传质及化学反应等有关的对象，均可应用 CFD 分析相关过程。与理论研究相比，CFD 对几乎任意复杂的流动方程均可以求解。与实验研究相比，CFD 可以减少实验量、节省实验成本。CFD 已发展成为与理论分析、实验并列的研究流体力学的三种方法之一，对科学研究和工程技术产生了重要影响。研究人员借助 CFD 计算和分析，可以获得丰富的流动过程参数，以深入研究流动以及相关的物理现象。工程师通过 CFD 仿真流体以及相关过程，可以了解产品性能，以开发或优化产品设计。

CFD 方法建立在流体力学和数值方法等基础之上，理论复杂。CFD 范畴很广，应用于不同类型流动问题的求解，包括定常和非定常流动、层流和湍流、不可压缩和可压缩流动、传热、传质、化学反应、多相流动等问题。因此，CFD 学习时间成本较高。但是，对于研究人员或工程技术人员，面临的首要任务是创新或解决问题。如何在较短时间内较系统地掌握 CFD 基本理论并能简单应用，为进一步解决实际问题奠定扎实基础，这是作者编写本教材的初衷。

本书旨在提供一本简洁、实用、系统、便于自学的 CFD 教程。本书有以下两个特色：

一、结合理论方法和应用两个方面讲解 CFD。针对某个问题的求解，在讲解计算方法过程中，不求面面俱到介绍各种方法，而是采用一条主线介绍完求解流程后再给出相应的具体算例。得益于这种简明讲解方式，本教材的知识点覆盖面广，包括有限差分法与有限体积法、不可压缩流动的瞬态求解与稳态求解、层流与湍流、笛卡儿网格与复杂网格、可压缩流动问题。本书提供了丰富的例题和练习题。针对每个例题，给出具体计算条件、计算过程和结果，使得读者能够使用本书自带的程序或其他软件复现计算过程和结果。通过本书的学习，读者能够理解 CFD 重要算法，掌握 CFD 求解和结果分析方法。

二、提供典型算例的完整程序。本书对计算量小的问题采用 Python 编程。Python 程序可以实时观察数据，交互性好，利于把精力集中在算法讨论上，但它是解释型语言，执行效率不高。本书对计算量较大的问题采用 C 语言或 Fortran 90 语言编程。本书设计的程序只采用基本和常用编程语法，不使用高级编程技巧。作者强调 CFD 程序的过程性和透明性。读者可以通过阅读和运行程序，深入学习 CFD 算法，也可以改写程序，适用于求解其他问题，甚至将来编写自己的 CFD 程序。通过本书的学习，读者能够具备阅读和编写 CFD 程序的能力，为今后开发 CFD 算法奠定坚实基础。

全书内容包括两部分和附录。第一部分是基础部分，包括第 1～5 章，主要讲解 CFD 的通用基础知识，从标量守恒方程各项离散化，到一个完整的通用守恒方程，再到流动方程组的求解；第二部分面向实际应用，包括第 6～9 章，主要讲解流动方程的不同求解方法、复杂网格、湍流、可压缩问题。附录是关于配套 CFD 程序的说明。

第 1 章　绪论。介绍 CFD 基本概念和发展简史，回顾流体运动描述方法、流体运动控制方程，描述流体运动和偏微分方程数学特性及分类、CFD 求解问题的一般性过程，最后给出本书内容和学习方法。

第 2 章　有限差分法。介绍典型的模型方程类型，有限差分法基本要素，依次讲解对流扩散方程、对流方程、泊松方程的有限差分求解方法，介绍非稳态项、对流项、扩散项的常用离散格式，以及数值计算参数对结果精确性的影响。

第 3 章　不可压缩流动方程显式分步数值解法。介绍不可压缩流动方程的动量方程和连续性方程的耦合难点，显式分步求解算法，显式计算的稳定性对时间步长的要求，错位网格体系及编号方法，动量方程和压力泊松方程的离散化方法，以及典型边界条件的实现方法。

第 4 章　有限体积法。介绍有限体积法网格划分和编号方法，有限体积法离散方程的基本原理,边界条件的实施方法。针对包含非稳态项、对流项、扩散项、源项的通用标量守恒方程,由简单到复杂,介绍各项的离散化方法,分析代数方程组系数的特征及其对计算稳定性的影响,对流项和非稳态项的多种离散格式,以及源项的处理方法。

第5章 不可压缩流动方程SIMPLE数值解法。介绍不可压缩流动方程中速度和压力的耦合关系,SIMPLE算法压力修正思想,错位网格速度和压力变量的布置方式,动量方程中各项的离散化方法,压力修正方程的构建和离散化方法,常见的边界条件的实施方法,以及同位网格的特点和动量插值计算式。

第6章 不可压缩流动方程的解法分类。再次梳理不可压缩Navier-Stokes方程求解的主要难点在于缺少关于压力的独立方程,将连续性方程转变为关于压力的泊松方程是关键,介绍了分步算法系列、SIMPLE算法系列、速度和压力全耦合算法,以及格子Boltzmann方法。

第7章 非规则网格流动方程的数值解法。对比结构网格和非结构网格的特点,介绍贴体网格生成方法,非结构网格储存数据结构、网格单元几何量以及梯度的计算,然后介绍复杂网格通用标量守恒方程的求解,网格非正交性对对流通量和扩散通量计算的影响,最后介绍复杂网格Navier-Stokes方程的SIMPLE算法,网格非正交性对压力修正方程系数的影响。

第8章 湍流模拟。对比直接模拟、大涡模拟和雷诺平均模拟的特点,介绍大涡模拟的理论基础和控制方程,亚格子涡黏系数模型,介绍雷诺平均模拟的理论基础和控制方程,雷诺应力项和涡黏系数模型,k-ε双方程模型控制方程,壁面函数法确定边界层速度分布,以及基于能量最小多尺度的湍流模型思想。

第9章 可压缩流动方程的数值解法。介绍可压缩流动控制方程,依次以一维线性对流方程、一维欧拉方程、二维欧拉方程为主线展开讲解,介绍有限体积法构造变量在单元的分布,变量在网格界面状态值,通量的计算方法,对流项的多种离散格式、总变差减小条件与限制器函数、矢通量分裂格式、WENO格式、Roe近似黎曼求解器等。

最后是附录。为了便于读者使用本书提供的程序,附录给出了各章程序目录,及Python程序编程方法简介。

本书旨在带领读者进入CFD领域的大门,要求读者已具备流体力学、传热学和数值分析基础知识。本书适合工程类学科研究生或高年级本科生一个学期的CFD学习内容。建议读者按照顺序学习第1～5章，根据自己兴趣选择学习第6～9章的相关内容。

本书有两种使用方法。第一种方法面向希望掌握CFD算法的读者，阅读课本的同时，使用并改写本书提供的程序计算例题和练习题。第二种方法面向希望将CFD作为工具使用的读者，阅读课本理解离散化的名词和核心算法，可以跳过程序部分，而使用CFD软件实现例题和练习题的计算。不管采用哪种学习方式，在第一次学习CFD过程中，不太可能做到对每个数值方法知识点面面俱到，这没有关系，重要的是建立起CFD的知识体系和应用CFD解决问题。建议读者在学习完本书知识之后，尝试应用CFD解决一个实际的问题。读者可以通过扫描封底二维码获取本书的程序等数字资源。

本书由东南大学刘道银和中国科学院过程工程研究所王利民组织编写。刘道银负责第1～5、7、9章的编写；王利民负责第6、8章的编写。在编写本书过程中参阅了国内外许多相关书籍和文献，作者所在单位和同事提供了大力支持和帮助，中国科学院过程工程研究所鲁波娜研究员通读了本书的初稿和修改稿，并提出了许多宝贵的建议，研究生邵丽丽、李恒、冯振、刘威参与了例题和练习题的编写，东南大学出版社给予了大力支持和帮助，在此表示衷心的感谢。

计算流体力学涉及的学科知识深广，而作者的学识、水平有限，书中难免存在错误和不妥之处，敬请读者批评指正。

作者

2021年7月

目　录

第 1 章

绪　论

计算流体力学(Computational Fluid Dynamics，简称 CFD)是通过计算机数值计算和可视化处理，对流体流动和传热等相关物理现象进行计算机数值分析和研究的一门学科。CFD 融合了流体力学、计算数学和计算机科学等多门学科。CFD 作为一门学科大约形成于 20 世纪 60 年代，并随着不同领域应用需求的推动以及计算机的发展而迅速发展。CFD 已广泛应用于航空航天、能源动力、机械制造、化工冶金、环境、建筑、大气等领域。

CFD 以计算机为工具，应用离散数值方法对流体力学问题进行数值模拟和分析。CFD 模拟已成为与理论分析和实验并列的研究流体力学的三种方法之一。早在计算机诞生之前，采用离散数值方法求解流体力学问题的思想就已经被提出。科学家和工程师们在 20 世纪初甚至更早的时候已提出了很多重要的离散格式，但是，当时计算工具相对落后，离散数值求解能力没有得以发挥。20 世纪初，数值天气预报先驱——英国气象学家 L. F. Richardson 尝试通过有限差分迭代求解 Laplace 方程(流体力学方程的一种简化形式)的方法来预测天气，尽管没有获得理想的结果，但现在一般认为他的工作标志着 CFD 的诞生。20 世纪 50—60 年代，空气动力学和计算机学科迅速发展，为计算流体力学的发展奠定了基础。70—80 年代，应用计算机对流体力学基础理论和工程问题进行数值模拟逐渐普及。90 年代和 21 世纪初，CFD 进一步迅速发展，被广泛应用于分析更加复杂的问题。当前，随着 CFD 方法的完善和发展、计算机学科的发展，以及科学技术的发展对流体力学的认知提出了更高的要求，CFD 的应用范围会更加宽广。因此，掌握 CFD 方法对从事流体力学研究或与流体相关领域的工作都非常有益。

1.1　流体运动描述方法

流体，是与固体相对应的一种物质形态，是液体和气体的总称。流体受到任何微小剪切力的作用都会发生连续变形。流体的每一部分的速度可能不同,因此,在流体力学中,跟随一个流体质点去描述它的运动常常是困难的,这与固体运动描述方式不同。在固体力学中常可跟随一个质点去描述它的运动,因为当固体在做平动时,其每一部分的速度都是相同的。

考虑流体是充满空间的连续介质,一般有两种描述流体运动的方法,即欧拉法和拉格朗日法,如图 1-1 所示。

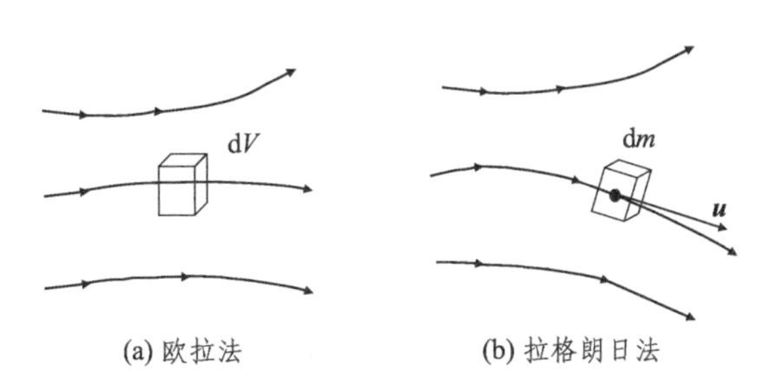

图 1-1 欧拉法和拉格朗日法观察流体运动方式示意图

欧拉法着眼于从空间坐标去描述流体运动。假设在流动区域中划分了一个有限的、封闭的控制体,围成控制体的闭曲面称为控制面,欧拉法研究控制体内物理量变化率,以及它和通过控制面的物理量流率的关系。因此,欧拉法描述的是流体质点流经流场中各个空间点的物理量的变化情况。物理量在空间中的分布称为物理场,如速度场、压力场、密度场、温度场等。

拉格朗日法跟随流体质点去描述流体运动。设想流动中的一个流体质点,它沿流线运动,其速度等于流线每一点的当地流速。跟随流体质点一起运动,了解该质点的各项参数(如速度、压力、密度、温度等)随时间的变化情况,然后综合流场中所有流体质点得到整个流场的流动情况。

对于某个物理量 $\phi(t, x, y, z)$,它的变化率(也称为导数)有两种形式,即:针对空间固定位置的导数和跟随运动流体微元的导数,分别称为欧拉导数和拉格朗日导数。在笛卡儿坐标系下,物理量 $\phi(t, x, y, z)$ 跟随运动流体微元的导数为:

$$\frac{\mathrm{D}\phi}{\mathrm{D}t} \equiv \frac{\partial \phi}{\partial t} + u\frac{\partial \phi}{\partial x} + v\frac{\partial \phi}{\partial y} + w\frac{\partial \phi}{\partial z} \equiv \frac{\partial \phi}{\partial t} + (\boldsymbol{u} \cdot \nabla \phi) \tag{1.1}$$

式中,D 是全导数运算符,∂ 是偏导数运算符,$\boldsymbol{u}$ 是速度矢量,即 $\boldsymbol{u} = u\boldsymbol{i} + v\boldsymbol{j} + w\boldsymbol{k}$,$\nabla$是梯度运算符,即 $\nabla = \frac{\partial}{\partial x}\boldsymbol{i} + \frac{\partial}{\partial y}\boldsymbol{j} + \frac{\partial}{\partial z}\boldsymbol{k}$。本书采用常用约定方法,标量变量用斜体表示,矢量或张量变量用加黑的斜体表示,常量用正体表示。

该式指出，对于一个给定的流体微元，其在 $\mathrm{d}t$ 时间内某物理量 ϕ 的变化由两部分组成：一部分是该空间固定点的 ϕ 在 $\mathrm{d}t$ 时间内的变化，另一部分是在同一时刻的空间两点的 ϕ 的变化。其中，全导数 $\frac{\mathrm{D}\phi}{\mathrm{D}t}$ 也称为随体导数或物质导数，在物理上表示跟踪一个运动流体微元的时间变化率。偏导数 $\frac{\partial \phi}{\partial t}$ 也称为局部导数，表示在空间固定位置某物理量的时间变化率。点积项（$\boldsymbol{u} \cdot \nabla\phi$）也称为迁移导数，表示由于流体微元从流场中一点运动到另一点，流场的空间不均匀性而引起的物理量 ϕ 的时间变化率。物质导数可用于任何流场变量，例如，针对压力、温度、速度的物质导数，分别记为 $\mathrm{D}p/\mathrm{D}t$、$\mathrm{D}T/\mathrm{D}t$ 和 $\mathrm{D}\boldsymbol{u}/\mathrm{D}t$。

1.2 雷诺输运定理

拉格朗日法跟踪的是定质量的流体微元(Control Mass，简称 CM)的运动，虽然物理规律清晰，但是数学描述较为复杂，相对地，欧拉法使用控制体(Control Volume，简称 CV 或 V)方法，如图 1-2 所示。控制体是指在流体所在的空间中，以假想或真实流体边界包围的空间体积。包围这个空间体积的边界面，称为控制面(Surface，简称 S)。流体可能会通过控制面流进或流出控制体。借助于控制体进行分析，可将注意力集中在控制体本身这一有限区域内的流体运动，再结合物理学基本原理建立流体运动方程。

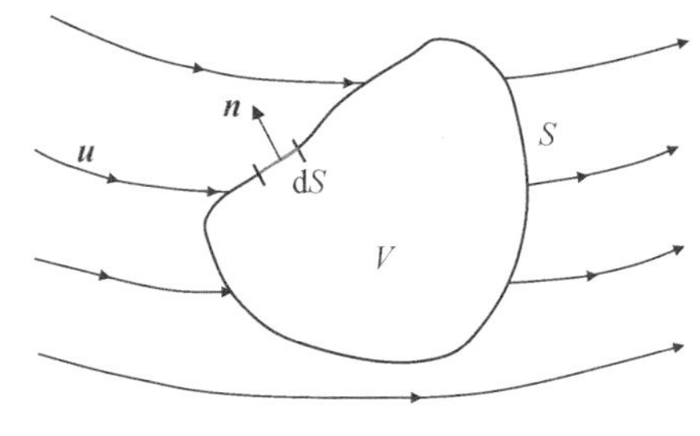

图 1-2 微元控制体示意图

为了方便地在定质量流体微元运动描述方式和控制体描述方式之间进行转换，有必要介绍雷诺输运定理。这里需再次明确定质量流体微元和控制体的区别。定质量流体微元也称为系统，系统为包含确定不变的流体质点的集合，它随流体的流动而流动，其体积和形状可能变化。控制体为空间坐标系中的一个假设的微空间，流体质点可随时间流入和流出这个空间。

若指定物理量 B 为流体的某一广度性质(对于质量，$B=m$；动量，$B=m\boldsymbol{u}$；能量，$B=me$)，则相应的固有性质用 ϕ 表示(对于质量，$\phi=1$；动量，$\phi=\boldsymbol{u}$；能量，$\phi=e$)。雷诺输运定理告诉我们，对于给定质量的流体微元(CM)，其物理量 B 的瞬间变化率，等于控制体(V)内物理量 B 的瞬间变化率和通过控制面(S)流入流出量的净流率之和：

$$\left(\frac{\mathrm{d}B}{\mathrm{d}t}\right)_{\mathrm{CM}}=\int_V \frac{\partial}{\partial t}(\rho\phi)\ \mathrm{d}V+\int_S \rho\phi\boldsymbol{u}\cdot\boldsymbol{n}\mathrm{d}S \tag{1.2}$$

式中，$\boldsymbol{n}$ 表示控制面的单位法向量，ρ 表示流体的密度。从一般角度讲，控制体的位置可以是移动的，但是那样得到的方程形式有所区别。为了简化叙述和分析，这里假定控制体的位置固定不变。关于雷诺输运方程的详细推导过程，可以查阅相关流体力学书籍。雷诺输运方程还有如下两种常见形式：

应用高斯定律将等号右边第二项的面积分转换为体积分，则方程(1.2)变为：

$$\left(\frac{\mathrm{d}B}{\mathrm{d}t}\right)_{\mathrm{CM}}=\int_V \left[\frac{\partial}{\partial t}(\rho\phi)+\nabla\cdot(\rho\boldsymbol{u}\phi)\right]\mathrm{d}V \tag{1.3}$$

这样就得到了守恒型的雷诺输运方程。将 $\nabla\cdot(\rho\boldsymbol{u}\phi)=\rho\phi\,\nabla\cdot\boldsymbol{u}+\boldsymbol{u}\cdot\nabla(\rho\phi)$ 代入上式，再利用物质导数表达式，得到另外一种形式的方程：

$$\left(\frac{\mathrm{d}B}{\mathrm{d}t}\right)_{\mathrm{CM}}=\int_V \left[\frac{\mathrm{D}}{\mathrm{D}t}(\rho\phi)+\rho\phi\,\nabla\cdot\boldsymbol{u}\right]\mathrm{d}V \tag{1.4}$$

该方程是非守恒型的雷诺输运方程。两种形式的方程是等价的，在流体力学理论中一般不特别区分，但是守恒型方程和非守恒型方程在计算流体力学中的处理方法有很大区别。

1.3 流体运动控制方程

1.3.1 守恒原理

对于一个定质量的系统，它的质量、动量和能量等广度性质遵循守恒定律，即：

- 质量守恒定律：$\left(\frac{\mathrm{d}m}{\mathrm{d}t}\right)_{\mathrm{CM}}=0$
- 牛顿第二定律：$\left(\frac{\mathrm{d}(m\boldsymbol{u})}{\mathrm{d}t}\right)_{\mathrm{CM}}=\sum\boldsymbol{f}$
- 能量守恒定律：$\left(\frac{\mathrm{d}E}{\mathrm{d}t}\right)_{\mathrm{CM}}=\dot{Q}-\dot{W}$

式中，t 表示时间，m 表示质量，$\boldsymbol{u}$ 和 $\boldsymbol{f}$ 分别表示速度和力矢量，E 表示能量总和，$\dot{Q}$ 和 $\dot{W}$ 分别表示系统和环境的换热量、系统对外做功量。将雷诺输运方程分别应用于质量、动量和能量守恒原理，可以推导得到流体的连续性方程、动量方程、能量方程，以下逐一介绍。

1.3.2 连续性方程

连续性方程是质量守恒原理在流体运动中的表现形式，质量守恒要求：

$$\left(\frac{\mathrm{d}m}{\mathrm{d}t}\right)_{\mathrm{CM}}=0 \tag{1.5}$$

应用守恒型雷诺输运方程(1.3)，得：

$$\int_V\left[\frac{\partial\rho}{\partial t}+\nabla\cdot(\rho\boldsymbol{u})\right]\mathrm{d}V=0 \tag{1.6}$$

此式对于任意形状的控制体都适用，即 V 是任意选取的，因此：

$$\frac{\partial\rho}{\partial t}+\nabla\cdot(\rho\boldsymbol{u})=0 \tag{1.7}$$

此式为守恒型、微分形式的连续性方程。类似地，应用非守恒型雷诺输运方程(1.4)，得到连续性方程：

$$\frac{\mathrm{D}\rho}{\mathrm{D}t}+\rho\,\nabla\cdot\boldsymbol{u}=0 \tag{1.8}$$

此式为非守恒型、微分形式的连续性方程。对于不可压缩流体，由于密度为常数，连续性方程(1.7)可以进一步简化为：

$$\int_V\nabla\cdot\boldsymbol{u}\,\mathrm{d}V=0 \tag{1.9}$$

应用高斯定理，将体积分转换为面积分：

$$\int_S\boldsymbol{u}\cdot\boldsymbol{n}\,\mathrm{d}S=0 \tag{1.10}$$

因此，不可压缩流体的连续性方程表明，速度矢量的散度为零，或通过控制面的质量净流率之和为零。

以上给出的连续性方程的形式与坐标无关。在介绍离散化求解方法时，本书经常列出笛卡儿坐标下的守恒方程。在笛卡儿坐标系下，连续性方程(1.7)可以展开为：

$$\frac{\partial\rho}{\partial t}+\frac{\partial(\rho u)}{\partial x}+\frac{\partial(\rho v)}{\partial y}+\frac{\partial(\rho w)}{\partial z}=0 \tag{1.11}$$

或采用爱因斯坦简记法：

$$\frac{\partial\rho}{\partial t}+\frac{\partial(\rho u_j)}{\partial x_j}=0 \tag{1.12}$$

式中，$x_j(j=1, 2, 3)$ 是坐标分量，u_j 是速度分量。在本书中，我们约定使用爱因斯坦简记法，对于某一项，如果某个角标出现了两次，则表示需要针对该项在该角标的取值范围内进行遍历求和。

1.3.3 动量方程

动量方程是动量守恒原理在流体运动中的表现形式。动量守恒原理要求流体系统的动量变化率等于施加在该系统上的全部作用力，即：

$$\frac{\mathrm{d}}{\mathrm{d}t}\int_{\mathrm{CM}}\rho\boldsymbol{u}\,\mathrm{d}V=\sum\boldsymbol{f} \tag{1.13}$$

式中，等号右边表示流体微元受到的作用力，包括体积力 $\boldsymbol{f}_V$ 和表面力 $\boldsymbol{f}_S$。应用雷诺输运定律和高斯定理，得：

$$\frac{\partial}{\partial t}\int_V\rho\boldsymbol{u}\,\mathrm{d}V+\int_S\rho\boldsymbol{u}\boldsymbol{u}\cdot\boldsymbol{n}\,\mathrm{d}S=\sum(\boldsymbol{f}_S+\boldsymbol{f}_V) \tag{1.14}$$

式中，表面力 $\boldsymbol{f}_S$ 作用在控制体表面上，通常包括压力、黏性力、表面张力等；体积力 $\boldsymbol{f}_V$ 通常包括重力、外加的离心力、磁场力等。压力和黏性力之和称为总应力，记为 $\boldsymbol{T}$。则作用在控制体上的表面力为总应力沿表面法向量的积分，或应用高斯定理转变为总应力散度的体积分：

$$\boldsymbol{f}_S=\int_S\boldsymbol{T}\cdot\boldsymbol{n}\,\mathrm{d}S=\int_V\nabla\cdot\boldsymbol{T}\,\mathrm{d}V \tag{1.15}$$

式中，$\boldsymbol{T}$ 是张量，在笛卡儿坐标系下，$\boldsymbol{T}_{ij}$ 表示作用在 i 面的沿 j 方向的应力，将在后续介绍。

体积力以重力为例，公式如下：

$$\boldsymbol{f}_V=\int_V\rho\boldsymbol{g}\,\mathrm{d}V \tag{1.16}$$

式中，$\boldsymbol{g}$ 为重力加速度。将表面力和体积力代入方程(1.14)，得：

$$\frac{\partial}{\partial t}\int_V\rho\boldsymbol{u}\,\mathrm{d}V+\int_S\rho\boldsymbol{u}\boldsymbol{u}\cdot\boldsymbol{n}\,\mathrm{d}S=\int_S\boldsymbol{T}\cdot\boldsymbol{n}\,\mathrm{d}S+\int_V\rho\boldsymbol{g}\,\mathrm{d}V \tag{1.17}$$

对其中两项面积分再应用高斯定理，得：

$$\frac{\partial}{\partial t}(\rho \boldsymbol{u}) + \nabla \cdot (\rho \boldsymbol{u}\boldsymbol{u}) = \nabla \cdot \boldsymbol{T} + \rho \boldsymbol{g} \tag{1.18}$$

其中总应力 $\boldsymbol{T}$ 由压力和黏性力组成。在笛卡儿坐标系下，

$$\boldsymbol{T} = -p\boldsymbol{I} + \boldsymbol{\tau} = -p\begin{pmatrix}1 & 0 & 0\\0 & 1 & 0\\0 & 0 & 1\end{pmatrix} + \begin{pmatrix}\tau_{xx} & \tau_{xy} & \tau_{xz}\\ \tau_{yx} & \tau_{yy} & \tau_{yz}\\ \tau_{zx} & \tau_{zy} & \tau_{zz}\end{pmatrix} \tag{1.19}$$

式中，$\boldsymbol{I}$ 是单位矢量，p 是压强，$\boldsymbol{\tau}$ 是黏性应力张量。

笛卡儿坐标系中的流体微元的黏性应力如图 1-3 所示，法向黏性应力使得流体微元在面垂直方向发生变形，而切向黏性应力使得流体微元发生切向变形。

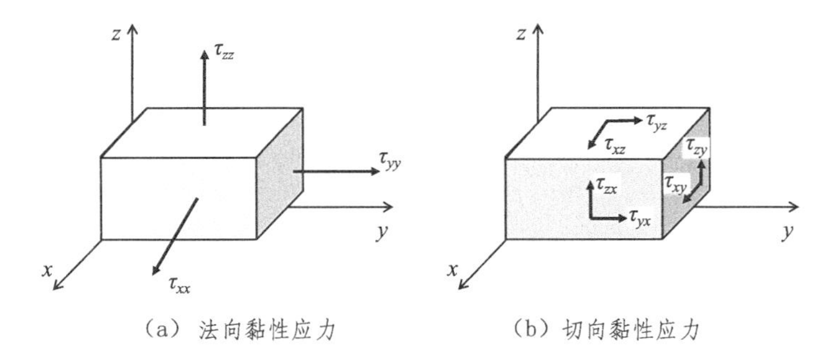

(a) 法向黏性应力　　(b) 切向黏性应力

图 1-3　流体微元的法向黏性应力和切向黏性应力

对于牛顿流体，黏性应力与变形率的关系如下：

$$\boldsymbol{\tau} = \mu[\nabla \boldsymbol{u} + (\nabla \boldsymbol{u})^{\mathrm{T}}] + \lambda(\nabla \cdot \boldsymbol{u})\boldsymbol{I} \tag{1.20}$$

式中，μ 是流体动力学黏度，λ 是体积黏度，通常取值 $\lambda = -\frac{2}{3}\mu$，上角标 T 表示转置。对于不可压缩，$\nabla \cdot \boldsymbol{u} = 0$，即方程等号右边的第二项可以忽略。在三维笛卡儿坐标系下，黏性应力展开如下：

$$\boldsymbol{\tau} = \begin{pmatrix} 2\mu\frac{\partial u}{\partial x} & \mu\left(\frac{\partial v}{\partial x} + \frac{\partial u}{\partial y}\right) & \mu\left(\frac{\partial w}{\partial x} + \frac{\partial u}{\partial z}\right) \\ \tau_{yx} & 2\mu\frac{\partial v}{\partial y} & \mu\left(\frac{\partial w}{\partial y} + \frac{\partial v}{\partial z}\right) \\ \tau_{zx} & \tau_{zy} & 2\mu\frac{\partial w}{\partial z} \end{pmatrix} \tag{1.21}$$

该矩阵是对称矩阵，采用爱因斯坦法简记如下：

$$\tau_{ij} = \mu\left(\frac{\partial u_i}{\partial x_j} + \frac{\partial u_j}{\partial x_i}\right) \tag{1.22}$$

将应力表达式代入方程(1.18),得到牛顿流体动量方程的最终形式为:

$$\frac{\partial}{\partial t}(\rho \boldsymbol{u}) + \nabla \cdot (\rho \boldsymbol{u}\boldsymbol{u}) = -\nabla p + \nabla \cdot \mu\left[\nabla \boldsymbol{u} + (\nabla \boldsymbol{u})^{\mathrm{T}}\right] + \rho \boldsymbol{g} \tag{1.23}$$

以上给出的动量方程的形式与坐标无关。在笛卡儿坐标系下,动量方程展开如下:

$$\frac{\partial(\rho u_i)}{\partial t} + \frac{\partial(\rho u_j u_i)}{\partial x_j} = -\frac{\partial p}{\partial x_i} + \frac{\partial}{\partial x_j}\left[\mu\left(\frac{\partial u_i}{\partial x_j} + \frac{\partial u_j}{\partial x_i}\right)\right] + \rho g_i \tag{1.24}$$

其中 i 表示某一个方向的速度分量。

1.3.4 能量方程

能量方程是能量守恒原理在流体运动中的表现形式。对于孤立系统,能量总和是固定不变的,能量只能从一种形式转换为另一种形式。流体微元的能量方程如下:

$$E = me = m\left(\hat{u} + \frac{1}{2}\boldsymbol{u} \cdot \boldsymbol{u}\right) \tag{1.25}$$

式中,e 是单位质量流体的总能,是内能和动能之和,$\hat{u}$ 是单位质量流体的内能。

根据热力学第一定律,系统总能的变化量,等于系统增加的热量和系统对外界做功之和(系统对外做功为负,环境对系统做功为正)。即:

$$\left(\frac{\mathrm{d}E}{\mathrm{d}t}\right)_{\mathrm{CM}} = \dot{Q} - \dot{W} \tag{1.26}$$

式中,热量增量进一步分为通过表面的热量传递和系统内部热量产生率,做功进一步分为表面力做功和体积力做功。

$$\left(\frac{\mathrm{d}E}{\mathrm{d}t}\right)_{\mathrm{CM}} = \dot{Q}_V + \dot{Q}_S - \dot{W}_V - \dot{W}_S \tag{1.27}$$

表面力做功项 $\dot{W}_S$ 与流体微元受到的表面力 $\boldsymbol{f}_S$ 有关。表面的热量传递 $\dot{Q}_S$ 与热传导有关。应用雷诺输运定律,并代入等号右边项的表达式,得:

$$\begin{aligned}\left(\frac{\mathrm{d}E}{\mathrm{d}t}\right)_{\mathrm{CM}} &= \int_V \left[\frac{\partial}{\partial t}(\rho e) + \nabla \cdot (\rho \boldsymbol{u} e)\right]\mathrm{d}V \\ &= -\int_V \nabla \cdot \dot{q}_S \mathrm{d}V + \int_V \dot{q}_V \mathrm{d}V + \int_V \left[-\nabla \cdot (p\boldsymbol{u}) + \nabla \cdot (\boldsymbol{\tau} \cdot \boldsymbol{u})\right]\mathrm{d}V + \\ &\quad \int_V (\boldsymbol{f}_V \cdot \boldsymbol{u})\mathrm{d}V \end{aligned} \tag{1.28}$$

式中，$\dot{q}_V$ 是系统内部热量产生率，$\dot{q}_S$ 是通过表面的热量传递。

经过整理得能量守恒方程：

$$\frac{\partial}{\partial t}(\rho e)+\nabla\cdot(\rho \boldsymbol{u} e)=-\nabla\cdot\dot{q}_S-\nabla\cdot(p\boldsymbol{u})+\nabla\cdot(\boldsymbol{\tau}\cdot\boldsymbol{u})+\boldsymbol{f}_V\cdot\boldsymbol{u}+\dot{q}_V \tag{1.29}$$

式中，等号右边项的物理意义依次是：通过控制面的热量传递、压力做功、黏性力做功、体积力做功和热源。

能量方程还可以表示成以内能、焓、总焓或温度为变量的形式，这里不全部列出。以温度为变量的能量守恒方程如下：

$$\frac{\partial}{\partial t}(\rho c_p T)+\nabla\cdot(\rho c_p \boldsymbol{u} T)=\nabla\cdot(k\ \nabla T)-\left[\frac{\partial(\ln\rho)}{\partial(\ln T)}\right]_p\frac{\mathrm{D}p}{\mathrm{D}t}+[\boldsymbol{\tau}:\nabla\boldsymbol{u}]+\dot{q}_V \tag{1.30}$$

式中，k 是导热系数，c_p 是比热容。

若流体为不可压缩，且黏度为常数，等号右边的第二项和第三项可以忽略。方程进一步简化为：

$$\frac{\partial}{\partial t}(\rho c_p T)+\nabla\cdot(\rho c_p \boldsymbol{u} T)=\nabla\cdot(k\ \nabla T)+\dot{q}_V \tag{1.31}$$

在笛卡儿坐标系下，不可压缩、黏度为常数的流体的能量守恒方程展开如下：

$$\frac{\partial(\rho c_p T)}{\partial t}+\frac{\partial(\rho c_p u_j T)}{\partial x_j}=\frac{\partial}{\partial x_j}\left(k\frac{\partial T}{\partial x_j}\right)+\dot{q}_V \tag{1.32}$$

1.3.5 通用标量守恒方程

以上几节分别介绍了质量、动量和能量守恒方程。同样地，对于某物理量 ϕ，也可以推导得到相应的守恒方程，其积分形式如下：

$$\frac{\partial}{\partial t}\int_V \rho\phi\,\mathrm{d}V+\int_S \rho\boldsymbol{u}\phi\cdot\boldsymbol{n}\,\mathrm{d}S=\int_S \boldsymbol{J}^{\phi}_{\mathrm{diffusion}}\cdot\boldsymbol{n}\,\mathrm{d}S+\int_V q_\phi\,\mathrm{d}V \tag{1.33}$$

式中，等号左边的两项分别表示物理量 ϕ 对时间的变化率、由对流运动引起的控制体内 ϕ 的变化率，等号右边的两项分别表示由扩散过程引起的控制体内 ϕ 的变化率、单位体积 ϕ 的生成或消耗率。扩散引起的变化率通常和 ϕ 的梯度成正比，即：

$$\boldsymbol{J}^{\phi}_{\text{diffusion}} = \Gamma^{\phi} \nabla \phi \tag{1.34}$$

式中，Γ^{ϕ} 表示物理量 ϕ 的扩散系数。经整理得到通用标量守恒方程的微分形式：

$$\frac{\partial}{\partial t}(\rho \phi) + \nabla \cdot (\rho \boldsymbol{u} \phi) = \nabla \cdot (\Gamma^{\phi} \nabla \phi) + q_{\phi} \tag{1.35}$$

在笛卡儿坐标系下，展开如下：

$$\frac{\partial}{\partial t}(\rho \phi) + \frac{\partial}{\partial x_j}(\rho u_j \phi) = \frac{\partial}{\partial x_j}\left(\Gamma^{\phi} \frac{\partial \phi}{\partial x_j}\right) + q_{\phi} \tag{1.36}$$

通过对比通用标量方程和质量、动量、能量守恒方程，可以发现方程的形式类似，当方程中 ϕ，Γ^{ϕ}，q_{ϕ} 取不同值时，可以得到不同的方程，见表 1-1。每个方程都包含 4 项：非稳态项、对流项、扩散项、源项。因此，在讨论数值求解算法时会分别处理控制方程中的各项，再进一步形成整个方程或方程组的求解算法。

表 1-1　笛卡儿坐标系下通用标量方程表示不同的输运方程

方程	公式号	ϕ	Γ^{ϕ}	q_{ϕ}
连续性方程	(1.12)	1	0	0
动量方程	(1.24)	u_i	μ	$-\frac{\partial p}{\partial x_i} + \frac{\partial}{\partial x_j}\left(\mu \frac{\partial u_j}{\partial x_i}\right) + \rho g_i$
能量方程	(1.30)	$c_p T$	k	$-\left[\frac{\partial(\ln\rho)}{\partial(\ln T)}\right]_p \frac{\mathrm{D}p}{\mathrm{D}t} + [\boldsymbol{\tau} : \nabla \boldsymbol{u}] + \dot{q}_V$

1.4 流体运动偏微分方程的分类

1.4.1 流体运动分类

流体力学应用范围非常广泛，涉及对象从管内流动到涡轮机，从室内空气调节到血液流动，从飞行器到微纳反应器等。虽然流体运动可以采用统一的流动方程描述，但是通常对各种流动问题进行分类分析。

流体的重要性质有密度和黏度，故可以依据密度和黏度性质进行分类。根据黏性力的相对大小可以分为：无黏流动、Stokes 流动、黏性流动；根据惯性力与黏性力之比的相对大小可以分为：层流流动、湍流流动；根据密度是否随着压力变化可以分为:可压缩流动、不可压缩流动。无黏流动是忽略了耗散、黏性输运、质量扩散及热传导的流动。黏性流动是包括摩擦、热传导和质量扩散等输运现象的流动。这些输运现象是耗散性的,使流体的熵增加。对于牛顿流体,黏性力与应变率是线性关系,而对于非牛顿流体,黏性力与应变率是非线性关系。本书不涉及非牛顿流体。流体流动通常还包含传热现象,当温差较大时,流体密度会发生变化,从而产生浮升力,有时还会引起相变。本书涉及的是简单的流动问题,不涉及相变以及多相流动问题。

若以速度为分类依据,当速度从很小逐渐增加到非常大时,流体运动会发生一系列变化。当速度很小时,流体的惯性力可以忽略,流动处于蠕动流,这类流动通常发生在多孔介质和狭小通道内部。随着速度增加,惯性力作用增强,但是流线仍然表现为平滑,称为层流。随着速度进一步增加,流动出现不稳定,表现出随机的波动特征,称为湍流。再进一步增加速度,当速度和音速之比(Ma 数)接近 1 时,流体的密度和压力等发生改变,称为可压缩流动。通常当 $Ma < 0.3$,流体为不可压缩,否则为可压缩;当 $Ma < 1$,称为亚音速流动;当 $Ma > 1$,称为超音速流动,流体可能产生激波;当 $Ma > 5$,则为超高音速流动,流体压缩还会引起温度升高,甚至导致流体化学性质改变。

完整的 Navier-Stokes 方程在很多情况下可以适当简化,忽略其中某一项或几项。简化后的方程,即使不能采用解析法求解,其求解计算量也要小很多。

等温、不可压缩流体的 Navier-Stokes 方程如下:

$$\nabla\cdot \boldsymbol{u}=0 \tag{1.37}$$

$$\frac{\partial \boldsymbol{u}}{\partial t}+\nabla\cdot(\boldsymbol{u}\boldsymbol{u})=-\frac{1}{\rho}\nabla p+\frac{\mu}{\rho}\nabla^2\boldsymbol{u}+\boldsymbol{g} \tag{1.38}$$

其中,μ/ρ 通常记为运动黏度,用符号 ν 表示。

对于速度很小的蠕动流,如果流体性质固定,则动量方程具有线性特性,称为 Stokes 方程。

$$-\nabla p+\mu\nabla^2\boldsymbol{u}+\rho\boldsymbol{g}=\boldsymbol{0} \tag{1.39}$$

在流体绕物体流动时,黏性对流动的影响仅限于紧贴物体壁面的边界层中。边界层很薄,其厚度远小于沿流动方向的长度,根据特征尺度和速度变化率的量级比较,可将 Navier-Stokes 方程简化为边界层方程:

$$\frac{\partial(\rho u)}{\partial t}+\frac{\partial(\rho uu)}{\partial x}+\frac{\partial(\rho vu)}{\partial y}=-\frac{\partial p}{\partial x}+\mu\frac{\partial^2 u}{\partial y^2} \tag{1.40}$$

在远离壁面的流动区域，黏度效应相对较小。忽略黏性力作用，Navier-Stokes方程可以简化为Euler方程：

$$\frac{\partial(\rho \boldsymbol{u})}{\partial t}+\nabla\cdot(\rho \boldsymbol{u}\boldsymbol{u})=-\nabla p+\boldsymbol{g} \tag{1.41}$$

1.4.2 偏微分方程分类

观察Navier-Stokes方程，其最高阶数为二阶，最高阶偏导数前面仅有一个系数项，系数项是变量的函数，同时方程中没有最高阶偏导数与偏导数项的乘积，这类方程称为二阶拟线性偏微分方程。考察如下相对简单的拟线性偏微分方程：

$$a\frac{\partial^2\phi}{\partial x^2}+b\frac{\partial^2\phi}{\partial x\partial y}+c\frac{\partial^2\phi}{\partial y^2}+d\frac{\partial\phi}{\partial x}+e\frac{\partial\phi}{\partial y}+f=0 \tag{1.42}$$

式中，系数项 a,b,c,d,e,f 是 x,y,ϕ 的函数。拟线性偏微分方程和Navier-Stokes方程在某些方面是类似的。借助于该方程有利于明确流体力学方程数学性质分析方法。

令 $D=b^2-4ac$，如果在 xy 平面内某一点有：

(1) $D>0$，则偏微分方程有两条各不相同的特征线，称方程为双曲型；

(2) $D=0$，则偏微分方程只有一条特征线，称方程为抛物型；

(3) $D<0$，则偏微分方程没有特征线，称方程为椭圆型。

完整的Navier-Stokes方程具有多种偏微分方程的混合性质。在求解二阶拟线性偏微分方程时，信息是沿着特征路径在求解域上进行传播的，这里的信息不仅包含初始值与边界条件，同时也包含了不连续的导数点。如果一个偏微分方程具有实的特征值，则信息沿着这些特征值传播；如果不存在实的特征值，则没有首选的信息传播路径。因此，是否存在实的特征值对偏微分方程的解有很大的影响。图1-4给出了不同类型方程解的依赖区域。

对于双曲型方程，在二维空间有一点 P，且有两条特征线通过该点。两个不同的实的特征值路径表明信息沿两组方向传播。P 点影响域仅局限于两条特征线之间的下游区域，而 P 点依赖域仅局限于两条特征线之间的上游区域，如图1-4(a)。由于下游参数完全由上游决定，因此已知上游流场参数数值，可采用空间推进方法进行流场求解，推定下游参数数值。稳态无黏超音速流动、非稳态无黏流动问题属于双曲型方程。双曲型方程也常用于描述振动、波动现象等。

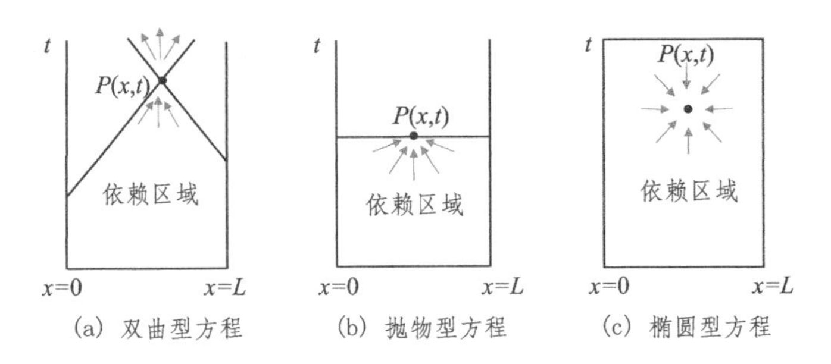

图 1-4 不同类型方程解的依赖区域

对于抛物线型方程，通过任一点只有一条特征线。假设过 P 点有一条垂直于 t 轴方向的特征线，则 P 点的扰动将影响特征线一边的区域，如图 1-4(b)。只有一个实的特征值路径表明信息沿着一个方向推进。与双曲型方程类似，抛物型方程也可采用空间推进方法求解。非稳态热传导、稳态边界层问题属于抛物型方程。

对于椭圆型方程，无特征线或特征方程的根是虚根。没有实的特征值路径表明信息可以向任何方向传播。流场中任一点 P 的扰动，在理论上可沿各个方向传递到无穷远处，如图1-4(c)，边界点的数值同样影响流场中任意一点的解。因此，椭圆型方程描述的问题通常具有封闭的求解域，且每个边界都要给定相应的边界条件。稳态不可压缩流动问题属于椭圆型方程，而非稳态问题不可能是椭圆型方程。

1.5 计算流体力学求解问题的一般过程

采用 CFD 计算一个具体的流动问题要完成一系列任务，一般包含以下四个步骤：

- 问题和几何的定义；
- 网格的生成；
- 控制方程的数值求解；
- 计算结果的后处理、评估和分析。

以计算换热器传热量过程为示例。首先需要明确计算问题的关键参数，包括参与换热的两种流体介质的流量，进口温度，换热器的几何结构，如管径、节距、管束数量等。还需要明确流动及流体的性质：是层流还是湍流？是否需要考虑相变？密度和导热系数是否随温度变化？对于这些问题的明晰，都需要具备流体力学基础知识。

网格生成是计算的必须步骤。网格是一系列离散点的集合，这些点组成的空间称为计算域。CFD 求解就是得到流场参数在离散点上的值。计算结果应当与网格无关。通常可以通过加密网格，把与网格相关的误差降到足够小。因此，了解离散格式和控制网格相关误差非常重要。现已发展出多种网格生成方法。规则几何的网格划分较为简单，但是复杂几何的网格划分一般需要通过专用程序实现。

接下来对控制方程进行数值求解。通过数值方法将控制方程离散化，把计算域内网格节点的变量当作基本未知量，组建关于这些未知量的代数方程组，再通过求解代数方程组得到这些节点值，确定计算域所有节点位置的变量值。数值计算会引入误差，但是一般不是主要的误差源。相对来说，控制方程的准确性对计算可靠性影响更大，例如，选择什么样的湍流模型，是否需要考虑壁面粗糙度等。一般来说，物理模型的误差难以估量和控制。这就要求 CFD 开发人员或 CFD 使用者深入理解流体流动特性。

通过上述求解过程得到所有计算节点上的解后，还必须通过适当的方法将整个计算域的结果表示出来，常采用的方法有线条图、矢量图、等值线图、流线图、云图等。此外，还必须对计算结果进行评估和分析，提取有价值的信息。这同样要求 CFD 使用者深入理解流体流动特性。

从事 CFD 的技术人员可能开发 CFD 方法或者应用 CFD 求解问题。由上述过程可以看出，从确定问题到获取有价值的信息，要求从事 CFD 的技术人员，无论是使用者还是开发者，都必须具备充足的流体力学知识。如果从事 CFD 开发工作，还需要具备相当的数值计算知识。

1.6 本书主要内容

本书内容包括两个部分和附录。第一部分讲解 CFD 的通用基础知识；第二部分面向实际应用介绍较为复杂同时也是较为常见的 CFD 数值方法。附录是关于本书配套 CFD 程序的说明及程序编制方法简介。

第一部分从标量方程各项的离散化，到一个通用标量方程的离散，再到流动方程组的求解，包括第 1～5 章，其中第 1 章为绪论，第 2～3 章为有限差分法和不可压缩流动方程显式解法，第4～5 章为有限体积法和不可压缩流动 SIMPLE

解法。第一部分是CFD的基础知识，通过这部分的学习，读者应能够理解很多重要的CFD专业术语，能使用有限差分方法或有限体积法求解模型方程或简单的流场问题。

第二部分面向实际应用，包括第6～9章，其中第6章为流场数值解法的不同方法，第7章为非规则网格流动方程求解，第8为湍流模拟，第9章为可压缩流体运动模拟。第二部分的数值方法相对复杂，但是所求解的问题仍然是流体力学的基础问题。通过这部分的学习，读者应能够理解很多重要的CFD算法，能使用CFD程序计算和分析一些实际应用中的流体力学问题。

本书提供了典型算法的完整代码，读者可根据需要决定是否学习相关程序。对于需要掌握CFD算法的读者，应仔细学习程序部分，一定会对将来的工作大有裨益。对于将CFD作为工具使用的读者，可以跳过程序部分，而采用现成的软件实现典型算例的计算和分析。不管采用哪种学习方式，在学习完CFD理论知识后，一定要自行应用CFD方法（编程或使用软件）解决一个综合性实际问题。

1.7　本章知识要点

- CFD基本概念；
- CFD发展简史；
- 流体运动描述方法；
- 雷诺输运定理；
- 流体运动控制方程、矢量和张量不同方程形式；
- 连续性方程、动量方程、能量方程、通用标量守恒方程；
- 流体运动分类；
- 流体运动偏微分方程数学特性及分类；
- CFD求解问题的一般过程；
- 本书包括的内容和建议学习方法。

练习题

1. 将流体力学控制方程中常用矢量运算表达式按标量形式展开，如矢积 $\boldsymbol{u}\boldsymbol{u}$，点积 $\boldsymbol{\tau}\cdot\boldsymbol{u}$，散度 $\nabla\cdot\boldsymbol{\tau}$，双点积 $\boldsymbol{\tau}:\nabla\boldsymbol{u}$。

2. 推导非守恒型的动量方程，$\rho \frac{\mathrm{D}\boldsymbol{u}}{\mathrm{D}t}=\boldsymbol{f}$。

3. 推导以总焓为变量的能量守恒方程。

4. 在三维笛卡儿坐标系微元控制体上，写出完整的质量方程、动量方程和能量方程。

5. 回忆流体力学和传热学课程中描述物理现象的偏微分方程，并判断方程属于双曲型、抛物型还是椭圆型方程。

第 2 章

有限差分法

根据第 1 章公式(1.38),对于不可压缩、黏度为常数的流体,其动量方程如下:

$$\frac{\partial u_i}{\partial t}+u_j\frac{\partial u_i}{\partial x_j}=-\frac{1}{\rho}\frac{\partial p}{\partial x_i}+\nu\frac{\partial^2 u_i}{\partial x_j\partial x_j}+f_i \tag{2.1}$$

式中,各项依次是非稳态项、对流项、压力梯度项、扩散项、体积力项。其中,对流项具有方向性,压力梯度项表示压力空间变化引起的作用在流体微元上的力,而扩散项起到平滑速度分布的作用。压力需要通过连续性方程求解。体积力项包括重力、电磁力等。由于受到多种因素综合影响,动量方程的物理和数学特性非常复杂。人们经常从一些简化模型形式出发,发展数值计算方法。忽略压力梯度力和外部作用力,一维的动量方程变为:

$$\frac{\partial u}{\partial t}+u\frac{\partial u}{\partial x}=\nu\frac{\partial^2 u}{\partial x^2} \tag{2.2}$$

该式称为 Burgers 方程,Burgers 方程包含重要的几项而且可以获得方程精确解,经常用于验证数值方法的准确性。进一步对 Burgers 方程作线性化近似,假设速度恒定,运动黏度用扩散系数替代,方程的变量用通用符号 ϕ 表示,得到线性对流扩散方程:

$$\frac{\partial \phi}{\partial t}+u_c\frac{\partial \phi}{\partial x}=D\frac{\partial^2 \phi}{\partial x^2} \tag{2.3}$$

其中,u_c 为恒定速度,D 为扩散系数。对流扩散方程中的任意一项去掉之后,会得到不同性质的方程:

$$\frac{\partial \phi}{\partial t}+u_c\frac{\partial \phi}{\partial x}=0 \tag{2.4a}$$

$$\frac{\partial \phi}{\partial t}=D\frac{\partial^2 \phi}{\partial x^2} \tag{2.4b}$$

$$u_c \frac{\partial \phi}{\partial x} = D \frac{\partial^2 \phi}{\partial x^2} \tag{2.4c}$$

以上得到的模型方程依次称为线性对流方程、扩散方程、对流扩散方程。线性对流方程描述对流和波传播现象等。扩散方程描述由分子运动引起的热扩散或传质等现象。对流扩散方程描述由对流和扩散两个输运过程主导的物理现象。将数值方法应用于 Navier-Stokes 方程之前，通常先应用于简化的模型方程。

有限差分法、有限体积法、有限元法是数值求解 Navier-Stokes 方程的主要方法。有限差分法的思想早在 18 世纪由欧拉等科学家提出，从方程微分形式出发，应用差分格式近似导数项，建立离散节点变量关系式。有限差分法是求解简单几何问题最容易的方法，但是较难应用于复杂几何问题。有限体积法从控制方程的积分形式出发，将计算域划分为一系列网格，对每个网格构建离散化的守恒方程并求解。有限体积法能适用于不同类型的网格，因此适用于复杂几何问题的求解。有限元法也将计算域划分为一系列网格单元，借助加权函数离散化方程并求解，它与有限体积法有很多相似点，适用于任意复杂网格。

本章介绍有限差分法求解典型的模型方程。首先介绍有限差分法基础，然后依次介绍有限差分法求解一维对流扩散方程、一维对流方程和二维泊松方程。

2.1 有限差分法基础

在有限差分法中，首先把连续的求解区域离散为有限的离散节点，在离散节点上建立差分方程，然后对差分方程进行数值求解，从而得到微分方程解在空间的分布。有限差分法的网格通常是结构化网格，其特例是直角网格。图 2-1 给出二维直角网格和节点布置示意图。

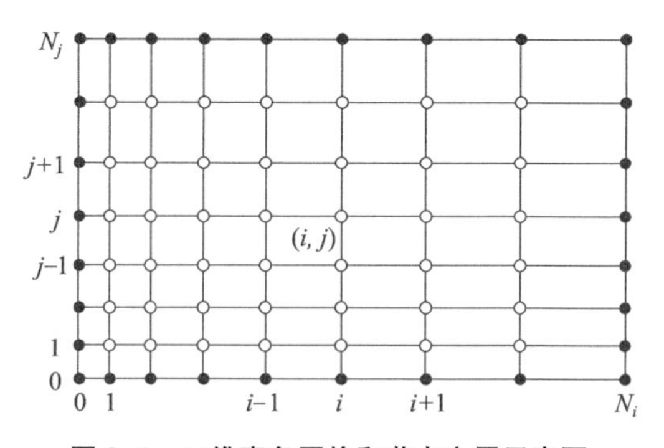

图 2-1 二维直角网格和节点布置示意图

每个节点有确定、唯一的编号，在二维空间中被标记为 (i, j)。每个节点对应一个待求变量和代数方程。代数方程是偏微分方程在节点的近似，构建了节点和邻居节点的关系。待求变量个数和代数方程个数必须相等。对于边界节点，可能已知定值或变量的梯度。如果给定的是梯度，边界节点值使用其邻居节点表示。

对流项中包含一阶导数 $\partial\phi/\partial x$。对于变量函数 $\phi(x)$，假设节点等距离分布，采用泰勒级数表示：

$$\phi(x_{i+1})=\phi(x_i+\Delta x)=\phi(x_i)+\Delta x\left(\frac{\partial\phi}{\partial x}\right)_i+\frac{(\Delta x)^2}{2!}\left(\frac{\partial^2\phi}{\partial x^2}\right)_i+\cdots+\frac{(\Delta x)^n}{n!}\left(\frac{\partial^n\phi}{\partial x^n}\right)_i+H \tag{2.5}$$

式中，$\Delta x=x_{i+1}-x_i$，H 表示高阶项。因此，一阶导数计算如下：

$$\left(\frac{\partial\phi}{\partial x}\right)_i=\frac{\phi_{i+1}-\phi_i}{\Delta x}-\frac{\Delta x}{2}\left(\frac{\partial^2\phi}{\partial x^2}\right)_i-\frac{(\Delta x)^2}{6}\left(\frac{\partial^3\phi}{\partial x^3}\right)_i-H \tag{2.6}$$

其中 $\phi(x_i)$ 简写成 ϕ_i。忽略高阶项，一阶导数近似如下：

$$\left(\frac{\partial\phi}{\partial x}\right)_i\approx\frac{\phi_{i+1}-\phi_i}{\Delta x} \tag{2.7}$$

该式采用 x_i，x_{i+1} 两点之间的线性斜率计算一阶导数，称为前向差分式。当 Δx 足够小时，该近似式可以给出准确逼近。逼近精度的阶数由误差主项 Δx 的指数表示。根据式(2.6)，当 Δx 趋于0时，误差的首项正比于 Δx，即如果 Δx 减小一半，误差主项变为原来的1/2。因此，上式给出的差分格式为一阶精度。

类似地，可以得到如下后向差分式和中心差分式：

$$\begin{aligned}\left(\frac{\partial\phi}{\partial x}\right)_i&\approx\frac{\phi_i-\phi_{i-1}}{\Delta x}\\\left(\frac{\partial\phi}{\partial x}\right)_i&\approx\frac{\phi_{i+1}-\phi_{i-1}}{2\Delta x}\end{aligned} \tag{2.8}$$

中心差分式可以理解为，在 x_{i-1}，x_i，x_{i+1} 三点之间拟合一条抛物线来确定 x_i 点的一阶导数。容易推导，中心差分式具有二阶精度，即如果 Δx 减小一半，误差主项变为原来的1/4。因此，随着 Δx 减小，二阶差分比一阶差分的近似值更快地向精确解逼近。

扩散项中包含二阶导数 $\partial^2\phi/\partial x^2$。假设节点等距离分布，两次代入后向差分格式，得：

$$\left(\frac{\partial^2\phi}{\partial x^2}\right)_i\approx\frac{\left(\frac{\partial\phi}{\partial x}\right)_{i+1}-\left(\frac{\partial\phi}{\partial x}\right)_i}{\Delta x}\approx\frac{\phi_{i-1}-2\phi_i+\phi_{i+1}}{(\Delta x)^2} \tag{2.9}$$

该式是二阶导数的中心差分格式，具有二阶精度。对于中心差分，涉及左右两个网格节点值，在边界上这种格式无法使用，这时可以采用一侧差分格式。

有限差分离散格式可以推广到任意阶数导数和任意阶精度。泰勒表提供了一个方便获得有限差分算子的方法。在任一处的差分可以用网格节点和附近指定节点的函数值通过线性组合得到。例如，根据泰勒表，在均匀网格节点，二阶导数的四阶中心差分格式如下：

$$\left(\frac{\partial^2 \phi}{\partial x^2}\right)_i \approx \frac{-\phi_{i+2}+16\phi_{i+1}-30\phi_i+16\phi_{i-1}-\phi_{i-2}}{\Delta x} \tag{2.10}$$

非中心差分格式也会经常用到。例如，节点 $i-2$ 到节点 i 的二阶后向差分格式如下：

$$\left(\frac{\partial \phi}{\partial x}\right)_i \approx \frac{\phi_{i-2}-4\phi_{i-1}+3\phi_i}{2\Delta x} \tag{2.11}$$

针对时间导数 $\partial\phi/\partial t$ 的离散，可以结合常微分方程求解方法。给定常微分方程如下：

$$\frac{\partial \phi}{\partial t}=f(t,\ \phi(t)) \tag{2.12}$$

变量在当前时刻和下个时刻的关系式如下：

$$\phi_{n+1} \approx \phi_n + f(t,\ \phi(t))\Delta t \tag{2.13}$$

式中，下角标 n 表示当前时刻，$n+1$ 表示下个时刻。该式表示由当前时刻值推进到下个时刻值，其中当前时刻值是已知的。如何确定 $[t_n,\ t_{n+1}]$ 区间上的 $f(t,\ \phi(t))$ 是问题的关键。若完全利用当前时刻值计算 $f(t,\ \phi(t))$，则得到欧拉显式格式如下：

$$\phi_{n+1} \approx \phi_n + f(t_n,\ \phi_n)\Delta t \tag{2.14}$$

欧拉显式格式计算量小，时间上具有一阶精度。如果完全利用下个时刻值计算 $f(t,\ \phi(t))$，则得到欧拉隐式格式如下：

$$\phi_{n+1} \approx \phi_n + f(t_{n+1},\ \phi_{n+1})\Delta t \tag{2.15}$$

其中，时间导数项和变量的未知值关联，计算量大于显式格式，计算稳定性好，但是时间上仍是一阶精度。一种常用的方法是采用预估校正法：

$$\begin{aligned} \phi_{n+1}^{*} &= \phi_n + f(t_n,\ \phi_n)\Delta t \\ \phi_{n+1} &= \phi_n + \frac{1}{2}\left[f(t_n,\ \phi_n)+f(t_{n+1},\ \phi_{n+1}^{*})\right]\Delta t \end{aligned} \tag{2.16}$$

其中，ϕ_{n+1}^{*} 为预估值。在第一步计算中采用欧拉显式格式计算预估值，在第二步中结合预估值和当前值计算下个时刻值。预估校正法提高了计算精度，增加的计算量非常有限,在实际中被广泛使用。

以上分别介绍了一阶导数项、二阶导数项、时间导数项的差分近似的典型方法,下面将利用差分格式对几种典型的模型方程进行求解。

2.2 对流扩散方程显式求解

2.2.1 数学方程

非稳态一维对流扩散方程:

$$\frac{\partial \phi}{\partial t}+u_{c}\frac{\partial \phi}{\partial x}=D\frac{\partial^{2}\phi}{\partial x^{2}} \tag{2.17}$$

边界条件: $x=x_0$ 时, $\phi=\phi_0$; $x=L$ 时, $\phi=\phi_L$。

式中, ϕ 是待求变量, u_c 是速度, D 是扩散系数,在本例中 u_c 和 D 均为恒定值。稳定时刻方程(2.17)的理论解为:

$$\phi=\phi_0+\frac{\exp(x\ Pe/L)-1}{\exp(Pe)-1}(\phi_L-\phi_0) \tag{2.18}$$

式中, $Pe=\frac{u_c L}{D}$,表征对流和扩散能力的相对大小。图 2-2 表示当 Pe 取不同数值时,根据理论解确定的稳定时刻变量 ϕ 的分布。

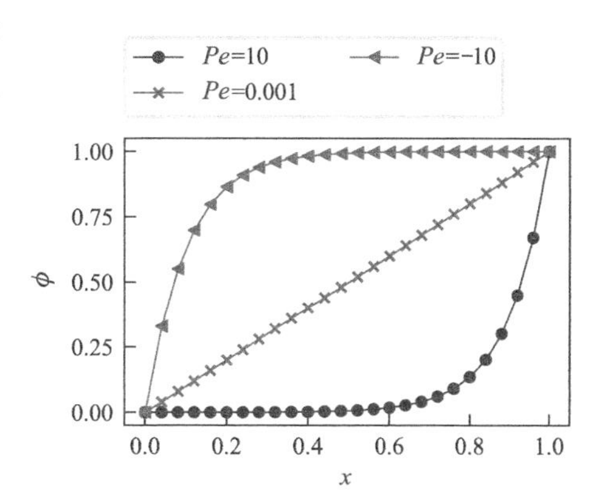

图 2-2　一维对流扩散方程稳定状态下的理论解

2.2.2 离散化求解方法

采用显式格式对方程(2.17)离散,具体地:非稳态项采用欧拉显式格式离散,对流项和扩散项都采用中心差分格式离散。

第 1 步:网格划分

图 2-3 是非稳态一维空间和时间节点划分示意图。将长度为 L 的一维空间等分成 N_i 份,节点用 0、1、2、…、N_i 表示,每等份长度为 $h=L/N_i$。空间节点用下角标 i 表示,时间节点用上角标 n 表示,则 ϕ_i^n 和 ϕ_i^{n+1} 分别表示变量 ϕ 在节

点 i 处当前时刻和下个时刻值。

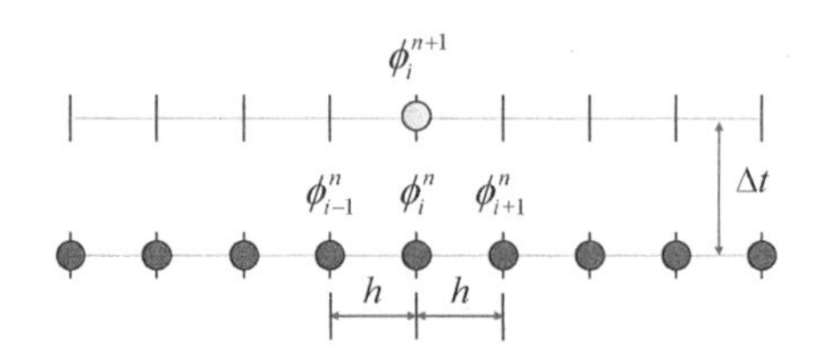

图 2-3 显式离散方法中非稳态一维空间和时间节点划分示意图

第 2 步:离散化方程

方程(2.17)在离散节点记为:

$$\left(\frac{\partial\phi}{\partial t}\right)_i^n + u_c\left(\frac{\partial\phi}{\partial x}\right)_i^n = D\left(\frac{\partial^2\phi}{\partial x^2}\right)_i^n \tag{2.19}$$

若非稳态项采用欧拉显式格式离散,空间项采用中心差分格式离散,则相应的差分方程为:

$$\frac{\phi_i^{n+1}-\phi_i^n}{\Delta t} + u_c\frac{\phi_{i+1}^n-\phi_{i-1}^n}{2h} = D\frac{\phi_{i+1}^n-2\phi_i^n+\phi_{i-1}^n}{h^2} + o(\Delta t,\ h^2) \tag{2.20}$$

式中,下角标 $i-1$ 和 $i+1$ 分别表示相邻左节点和右节点,上角标 $n+1$ 表示下个时刻。忽略离散格式的截断误差,并将方程按照节点重组,得:

$$\begin{aligned}\phi_i^{n+1} &\approx \phi_i^n - \frac{u_c\Delta t}{2h}(\phi_{i+1}^n-\phi_{i-1}^n) + \frac{D\Delta t}{h^2}(\phi_{i+1}^n-2\phi_i^n+\phi_{i-1}^n)\\ &= \left(\frac{u_c\Delta t}{2h}+\frac{D\Delta t}{h^2}\right)\phi_{i-1}^n + \left(1-\frac{2D\Delta t}{h^2}\right)\phi_i^n + \left(-\frac{u_c\Delta t}{2h}+\frac{D\Delta t}{h^2}\right)\phi_{i+1}^n\end{aligned} \tag{2.21}$$

上述方程即为变量 ϕ 的显式迭代计算式,其中等号左边为未知值,等号右边为已知值。按时间逐层推进计算,得到变量在不同时刻的值。

第 3 步:代数方程组求解

利用方程(2.21),根据变量 ϕ 的当前时刻值,直接计算下个时刻的值。对于内部节点,下个时刻变量在节点 i 的值取决于当前时刻变量在节点 i, $i-1$ 和 $i+1$ 的值。对于边界节点,变量的值是已知的。

2.2.3 计算实例:一维对流扩散问题

在方程(2.17)中,给定速度和扩散系数的无量纲值分别为 $u_c=0.5$ 和 $D=0.01$,相应地,Pe 数为 50。取不同的网格步长和时间步长,采用显式求解方法,计算变量在稳定时刻的分布，并和解析解做对比。

2.2.4 程序实现

本节对程序编制方法和习惯做说明，后续章节将不再赘述。读者根据自身的学习目的，可以仔细阅读、理解和改写程序，也可以选择跳过程序内容。

采用 Python 语言编写程序，实现一维对流扩散方程显式算法求解。计算程序的总体框架见表 2-1，采用模块化方法编写程序。完整的计算程序见程序清单 2-1。在程序清单 2-1 中，首先在程序开始时导入 Python 库函数和用户自定义函数，本书将计算前处理和后处理功能（如作图、网格划分等）单独定义为函数，作为通用库使用。这里从通用库 cfdbooktools 导入作图函数 plot1dCompareFi。

其次定义全局变量，包括计算条件（物理条件、几何条件、计算参数）和变量数组。这里的变量数组是几个一维数组，储存坐标位置、变量计算值、变量理论值。使用全局变量的优点是减少函数参数传递，但是不利于大型程序封装对象。考虑本书程序一般都较短或仅为中等长度，我们采用全局变量的方式定义变量数组。

然后定义初始化变量和方程理论解的函数，本书习惯将独立功能的程序段定义为函数使用，尽量将程序模块化，同时也能减少程序长度。在本例中，定义了初始化函数 initializeFlowField，计算理论解函数 getExact。

最后是程序主函数__main__，进入主函数后，首先调用初始化函数，然后进入时间循环，在每个时间循环步中，首先更替时间和变量，然后按照离散格式计算变量值在各节点的值，这里应用公式(2.21)计算。在计算完成之后，每隔一定步数保存计算结果。

归纳起来，该程序主要包括 4 个部分：(1)设定计算条件；(2) 分配变量存储空间；(3) 初始化变量；(4) 按时间循环计算变量。这是 CFD 程序的“标准化”结构，我们在后续章节中也采用这种结构编写程序，以便于理解。

表 2-1 一维对流扩散方程显式求解程序的主要步骤

(1) 设定计算条件：包括物理条件、几何条件、计算参数
(2) 分配变量存储空间
(3) 初始化变量
(4) 按时间循环计算变量
(4.1) 更新时间并更替变量值
(4.2) 按空间循环计算内节点的值
(4.3) 计算边界节点的值
(4.4) 每隔一定步数，保存计算结果
(5) 结束时间循环，输出结果并退出程序

程序清单 2-1　一维对流扩散方程显式求解的程序

```
import sys, os
sys.path.append("..")
from cfdbooktools import plot1dCompareFi
import numpy as np
import math

# ---------------------------- global variables ----------------------------
subFolder = "results_FD1D/"

ngrid = int(input("Please enter number of grid (ngrid=50): "))
dt = float(input("Please enter time step (dt=0.01): "))

### physical and geometry condition
xLen = 1.; uc = 0.5; D = 0.01; tend = 1.
Pe = uc * xLen/D
ni = ngrid + 1
h = xLen/ngrid
nstep = int(tend/dt)
nsave = int(0.2 * tend/dt)
time = 0.

### field variables
x = np.zeros((ni,1))
fi = np.zeros((ni,1))
fi0 = np.zeros((ni,1))
fi_exact = np.zeros((ni,1))

# -------------------------------- functions --------------------------------
def initializeFlowField():
    for i in range(ni):
        x[i] = i * h
        fi[i] = 0.

def getExact(pe, x, L, y0, y1):
    if abs(pe)>1e-10:
        return y0 + (math.exp(x/L * pe) - 1.)/(math.exp(pe) - 1.) * (y1 - y0)
    else:
        return y0 + (x-0.)/(1-0.) * (y1 - y0)
```

```
#-------------------------------- main program ----------------------------------
if __name__ == "__main__":
    ### initial setting
    initializeFlowField()
    if not os.path.exists(subFolder):
        os.makedirs(subFolder)

    ### begin of time loop
    for istep in range(1,nstep+1):
        time += dt
        fi0[:] = fi[:]

        for i in range(1,ni-1):
            aw = 0.5 * dt/h * uc + dt/h/h * D
            ap = 1. - 2 * dt/h/h * D
            ae = -0.5 * dt/h * uc + dt/h/h * D
            fi[i] = aw * fi0[i-1] + ap * fi0[i] + ae * fi0[i+1]
        fi[0] = 0.
        fi[-1] = 1.

        if istep % 20 == 0 or istep == nstep:
            if istep == nstep:
                for i in range(ni):
                    fi_exact[i] = getExact(Pe, x[i], xLen, fi[0], fi[-1])
            elif istep % 20 == 0:
                fi_exact[:] = 0.
            figTitle = "time = %.2f" %(time)
            figName = "FD1D_explicit_dt%04dms_time%04dms" %(dt * 1000,int
            (time * 1000))
            figName = subFolder + figName
            plot1dCompareFi(x,fi,fi_exact,[0,1,-1,1],figName,figTitle)

    ### after time loop
    resultsFileName = "FD1D_explicit_grid%04d_dt%04dms.csv" %(ngrid,dt * 1000)
    resultsFileName = subFolder + resultsFileName
    np.savetxt(fname = resultsFileName, X=np.hstack((x,fi,fi_exact)), encoding=
    'utf-8')
    print('Program Complete')
```

2.2.5 计算结果

分别取无量纲值：

- 计算网格 $N=20$，时间步长 $\Delta t=0.01$；
- 计算网格 $N=50$，时间步长 $\Delta t=0.01$；
- 计算网格 $N=20$，时间步长 $\Delta t=0.05$；
- 计算网格 $N=50$，时间步长 $\Delta t=0.05$。

解得稳定时刻变量 ϕ 在一维空间的分布，如图 2-4。

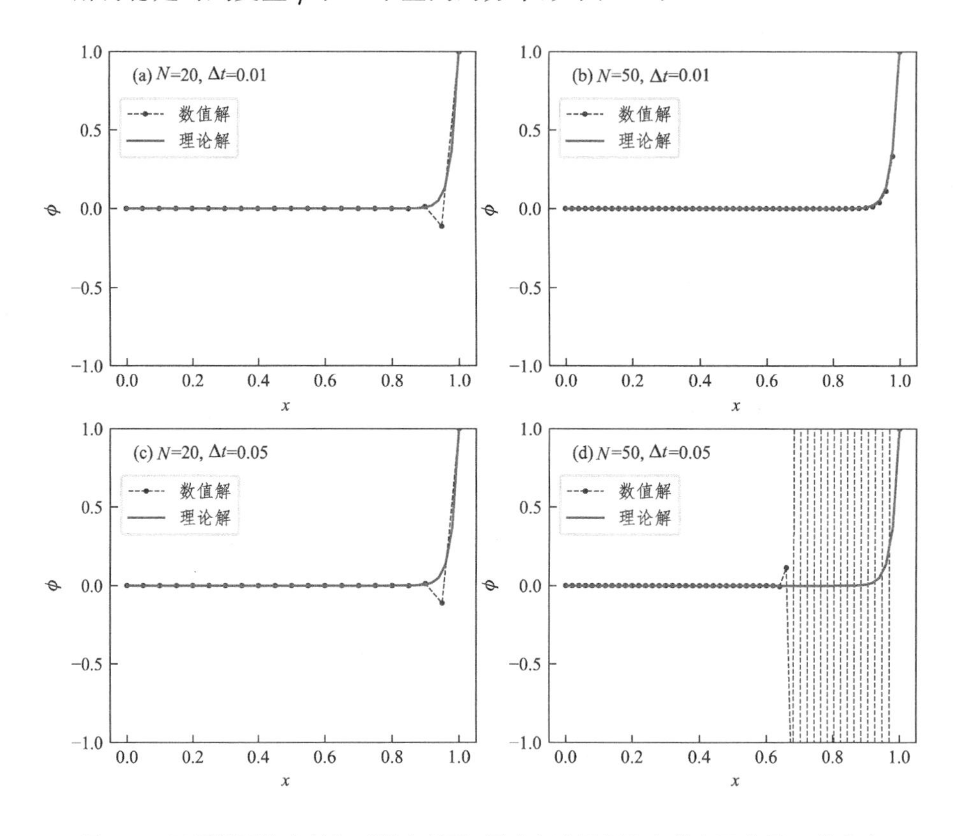

图 2-4 不同的网格步长和时间步长下，显式方法解得稳定状态下变量 ϕ 的分布

当计算网格 $N=20$、时间步长 $\Delta t=0.01$ 或 $\Delta t=0.05$ 时，在梯度较大处(约 $x=0.95$ 位置)变量 ϕ 的数值解与理论解存在明显偏差。时间步长对稳态解的精度几乎没有影响。可以预计，如果进一步减少计算网格数量，计算误差还会进一步增加。

当计算网格 $N=50$、时间步长 $\Delta t=0.01$ 时，数值解和理论解吻合较好，因此，减小网格尺寸有利于提高计算精度。

当计算网格 $N=50$、时间步长 $\Delta t=0.05$ 时，数值解在空间上出现了非物理的振荡，这是由于采用了较小的网格，而时间步长却较大。一般情况下，网格尺寸越小，要求时间步长越小，才能实现稳定计算。影响稳定计算的参数是无量纲数 $|u_c|\Delta t/h$，称为 CFL 数。CFL 数是以 Courant、Friedrichs、Lewy 三位科学家的名字命名的，它可以理解为在一个时间步长流体粒子运动距离与网格尺寸的比值，是影响非稳态计算能否收敛的重要参数。一般情况下，要求 CFL 值小于 1。对于该算例，逐渐减小 Δt，发现直到 $\Delta t=0.022$ 时，计算才能收敛，此时无量纲数 $CFL=0.55$。

通过上述计算和分析，我们发现显式求解算法比较简单，但是空间步长和时间步长的取值都会影响数值计算结果的精度，甚至影响计算能否收敛。

2.3 对流扩散方程隐式求解

2.3.1 数学方程

求解问题仍然为方程(2.17)描述的非稳态一维对流扩散方程。

2.3.2 离散化求解方法

采用隐式格式对方程(2.17)离散，具体地：非稳态项采用欧拉隐式格式离散，空间项采用二阶中心差分格式离散。

第 1 步：网格划分

将长度为 L 的一维空间等分成 N_i 份，节点用 0、1、2、…、N_i 表示，每等份长度为 $h=L/N_i$。空间节点用下角标 i 表示，时间节点用上角标 n 表示，如图 2-5 所示。

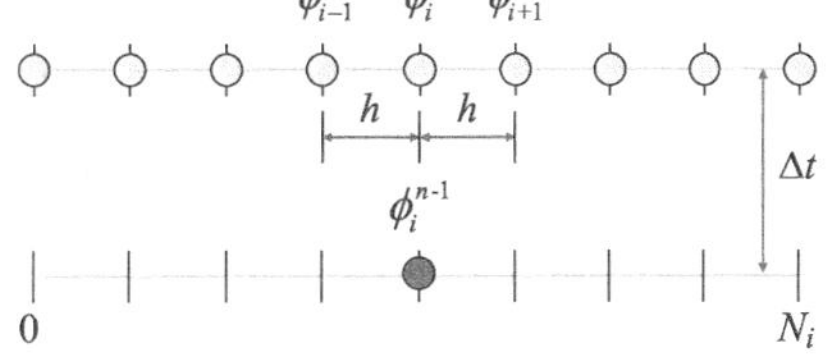

图 2-5　隐式离散方法中非稳态一维空间和时间节点划分示意图

第 2 步：离散化方程

在每个空间和时间位置，方程如下：

$$\left(\frac{\partial \phi}{\partial t}\right)_i^n + u_c\left(\frac{\partial \phi}{\partial x}\right)_i^n = D\left(\frac{\partial^2 \phi}{\partial x^2}\right)_i^n \tag{2.22}$$

若非稳态项采用欧拉隐式格式离散，空间项采用二阶中心差分格式离散，则相应的差分方程为：

$$\frac{\phi_i^n - \phi_i^{n-1}}{\Delta t} + u_c\frac{\phi_{i+1}^n - \phi_{i-1}^n}{2h} = D\frac{\phi_{i+1}^n - 2\phi_i^n + \phi_{i-1}^n}{h^2} + o(\Delta t,\ h^2) \tag{2.23}$$

式中，上角标 $n-1$ 表示当前时刻，为已知值；n 表示下个时刻，为未知值。忽略离散截断误差，按照“已知值在方程右边，未知值在方程左边”的规则将方程各项按节点重组，得：

$$\left(-u_c\frac{\Delta t}{2h}-D\frac{\Delta t}{h^2}\right)\phi_{i-1}^n+\left(1+2D\frac{\Delta t}{h^2}\right)\phi_i^n+\left(u_c\frac{\Delta t}{2h}-D\frac{\Delta t}{h^2}\right)\phi_{i+1}^n=\phi_i^{n-1} \tag{2.24}$$

离散方程简记如下：

$$\begin{aligned}
&a_W\phi_{i-1}^n+a_P\phi_i^n+a_E\phi_{i+1}^n=b_P\\
&a_W=-u_c\frac{\Delta t}{2h}-D\frac{\Delta t}{h^2}\\
&a_P=1+2D\frac{\Delta t}{h^2}\\
&a_E=u_c\frac{\Delta t}{2h}-D\frac{\Delta t}{h^2}\\
&b_P=\phi_i^{n-1}
\end{aligned} \tag{2.25}$$

式中，a_W、a_P、a_E 分别是各节点的系数，b_P 是代数方程的显式项。这种记号方法在有限差分和有限体积方法中是约定俗成的，通常主节点用大写字母 P 表示，x 方向相邻节点用大写字母 W 和 E 表示，分别代表主节点左边和右边的节点。如果在二维空间中，则采用大写字母 N 和 S 表示与主节点相邻的上边和下边的节点。

第 3 步：组建代数方程组

方程(2.25)写成矩阵形式如下：

$$\begin{bmatrix}
a_{P1} & a_{E1} & & & \\
a_{W2} & a_{P2} & a_{E2} & & \\
 & a_{Wi} & a_{Pi} & a_{Ei} & \\
\cdots & \cdots & \cdots & \cdots & \cdots\\
 & & & a_{W(M2)} & a_{P(M2)}
\end{bmatrix}
\begin{Bmatrix}\phi_1^n\\ \phi_2^n\\ \phi_i^n\\ \cdots\\ \phi_{(M2)}^n\end{Bmatrix}
=
\begin{Bmatrix}b_{P1}\\ b_{P2}\\ b_{Pi}\\ \cdots\\ b_{P(M2)}\end{Bmatrix} \tag{2.26}$$

简记为：

$$\boldsymbol{A}\{\phi\}=\boldsymbol{B} \tag{2.27}$$

式中，i 的取值包括所有内节点，编号范围为 $1,2,\cdots,\mathrm{M2}$，其中 $\mathrm{M2}=N_i-1$，表示倒数第 2 个节点。

对于不与边界相邻的内节点，即 i 的取值为从 2 至 $\mathrm{M2}-1$，方程中的系数由方程(2.25)给定。而对于与边界相邻的两个节点，即 $i=1$ 和 $i=\mathrm{M2}$，还需要考虑边界条件对其离散方程系数的影响。

第 4 步：实施边界条件

对于与西边界相邻的节点，即节点 $i=1$，它的离散方程如下：

$$a_W\phi_W + a_P\phi_P + a_E\phi_E = b_P \tag{2.28}$$

因为 ϕ_W 已知，所以代数方程为 $a_P\phi_P + a_E\phi_E = b_P - a_W\phi_W$，则原代数方程的系数修改如下：$b_P \leftarrow b_P - a_W\phi_W$，$a_W \leftarrow 0$。

类似地，修改节点 $i=\mathrm{M2}$ 的离散方程的系数，即：$b_P \leftarrow b_P - a_E\phi_E$，$a_E \leftarrow 0$。

最终建立的代数方程组如下：

$$\begin{pmatrix} a_{P1} & a_{E1} & & & \\ a_{W2} & a_{P2} & a_{E2} & & \\ & a_{Wi} & a_{Pi} & a_{Ei} & \\ \cdots & \cdots & \cdots & \cdots & \cdots \\ & & & a_{W(\mathrm{M2})} & a_{P(\mathrm{M2})} \end{pmatrix} \begin{pmatrix} \phi_1^n \\ \phi_2^n \\ \phi_i^n \\ \cdots \\ \phi_{(\mathrm{M2})}^n \end{pmatrix} = \begin{pmatrix} b_{P1} - a_{W1}\phi_0^n \\ b_{P2} \\ \cdots \\ \cdots \\ b_{P(\mathrm{M2})} - a_{W(\mathrm{M2})}\phi_{(Ni)}^n \end{pmatrix} \tag{2.29}$$

第 5 步：代数方程组求解

方程(2.29)为三对角线性代数方程，含有 $N_i - 1$ 个未知数，对应 $N_i - 1$ 个方程。方程可以用消主元法直接求解。在大型程序实现中，不需要存储 $(N_i - 1) \times (N_i - 1)$ 矩阵，只需要采用三个一维数组保存三对角线的系数。

2.3.3　计算实例：一维对流扩散问题

计算任务与 2.2.3 节问题相同，采用隐式求解方法，计算变量在稳定时刻的分布，并和解析解对比。

2.3.4　程序实现

采用隐式求解方法编写程序，求解一维对流扩散方程。程序的整体算法见表 2-2，主要步骤与表 2-1 显式求解步骤类似，区别在于两者的时间循环步中所包含的步骤不同。为了节省篇幅，这里只给出增加的程序和主函数程序段，详见程序清单 2-2。

在全局变量的定义中，增加了代数方程组系数的定义，例如 a_W、a_P 等一维数组，用于保存代数方程组系数。由于代数方程组是三对角矩阵，为了节省储存空间，采用 3 个一维数组表示代数方程组的对角线系数和 1 个一维数组表示代数方程组的等号右边项，这是 CFD 程序通常采用的做法。在函数自定义中，增加了三对角矩阵方程求解函数 TDMAsolve 的定义。

表 2-2　一维对流扩散方程隐式求解程序的主要步骤

(1) 设定计算条件:包括物理条件、几何条件、计算参数
(2) 为变量分配空间
(3) 初始化变量
(4) 按时间循环计算变量
　(4.1) 更新时间并更替变量值
　(4.2) 设定第一类边界条件
　(4.3) 按空间循环计算内节点代数方程的系数
　(4.4) 修改与边界相邻内节点代数方程的系数
　(4.5) 求解代数方程组,得到内节点的值
　(4.6) 更新边界节点值
　(4.7) 每隔一定步数,保存计算结果
(5) 结束时间循环,输出结果并退出程序

程序清单 2-2　一维对流扩散方程隐式求解程序(部分程序段落)

```
# ------------------------------ global variables ------------------------------
Aw = np.zeros((ni,1))
Ap = np.zeros((ni,1))
Ae = np.zeros((ni,1))
Qp = np.zeros((ni,1))
Ap_t = np.zeros((ni,1))
Qp_t = np.zeros((ni,1))

# -------------------------------- functions --------------------------------
def TDMAsolve():
    Ap_t[1] = Ap[1]
    Qp_t[1] = Qp[1]
    # forward
    for i in range(2,ni-1):
        t = - Aw[i] / Ap_t[i-1]
        Ap_t[i] = Ap[i] + t * Ae[i-1]
        if (abs(Ap_t[i])<1e-30):
            print ("TDMA coef failed.")
            exit
        Qp_t[i] = Qp[i] + t * Qp_t[i-1]
    # backward
    fi[ni-2] = Qp_t[ni-2] / Ap_t[ni-2]
    for i in range(ni-3,0,-1):
        fi[i] = (Qp_t[i] - Ae[i] * fi[i+1]) / Ap_t[i]

#------------------------------ main program --------------------------------
if __name__ == "__main__":
```

```
### initial setting
initializeFlowField()
if not os.path.exists(subFolder):
    os.makedirs(subFolder)

### begin of time loop
for istep in range(1,nstep+1):
    time += dt

    fi[-1] = 1.
    fi[0] = 0.
    fi0[:] = fi[:]

    # construct algebraic equations
    for i in range(1,ni-1):
        Aw[i] = -0.5*uc*dt/h - D*dt/h/h
        Ae[i] =  0.5*uc*dt/h - D*dt/h/h
        Ap[i] = 1 + 2*D*dt/h/h
        Qp[i] = fi0[i]
    Qp[1] -= Aw[1]*fi0[0]
    Aw[1] = 0.
    Qp[-2] -= Ae[-2]*fi0[-1]
    Ae[-2] = 0.

    TDMAsolve()

    if istep % 20 == 0 or istep == nstep:
        if istep == nstep:
            for i in range(ni):
                fi_exact[i] = getExact(Pe, x[i], xLen, fi[0], fi[-1])
        elif istep % 20 == 0:
            fi_exact[:] = 0.
        figtitle = "time = %.2f" %(time)
        figname = "FD1D_implicit_dt%04dms_time%04dms" %(dt*1000,int
        (time*1000))
        figname = subFolder + figname
        plot1dCompareFi(x,fi,fi_exact,[0,1,-1,1],figname,figtitle)

### after time loop
resultsFileName = "FD1D_implicit_grid%04d_dt%04dms.csv" %(ngrid,dt*1000)
resultsFileName = subFolder + resultsFileName
np.savetxt(fname = resultsFileName, X=np.hstack((x,fi,fi_exact)), encoding=
'utf-8')
print('Program Complete')
```

在主函数中，进入时间循环步后，首先组建代数方程组并实施边界条件，然后通过调用 TDMAsolve 函数求解代数方程组。对于隐式求解，本程序中给出的“组建代数方程组”“实施边界条件”“求解代数方程组”三步骤是标准化的流程。按照统一流程编写计算程序，看似有些教条，但是便于理解。建议读者按照固定流程编写 CFD 计算程序。

2.3.5 计算结果

在 2.2 节中使用欧拉显式求解时，当计算网格 $N=50$、时间步长 $\Delta t=0.01$ 时，数值解和理论解吻合很好。但是，当计算网格 $N=50$、时间步长 $\Delta t=0.05$ 时，计算出现了发散。当计算网格 $N=20$、时间步长 $\Delta t=0.01$ 时，数值解和理论解存在偏差。

采用相同的计算设置，使用欧拉隐式求解，得到稳态后变量 ϕ 的分布，如图 2-6 所示。

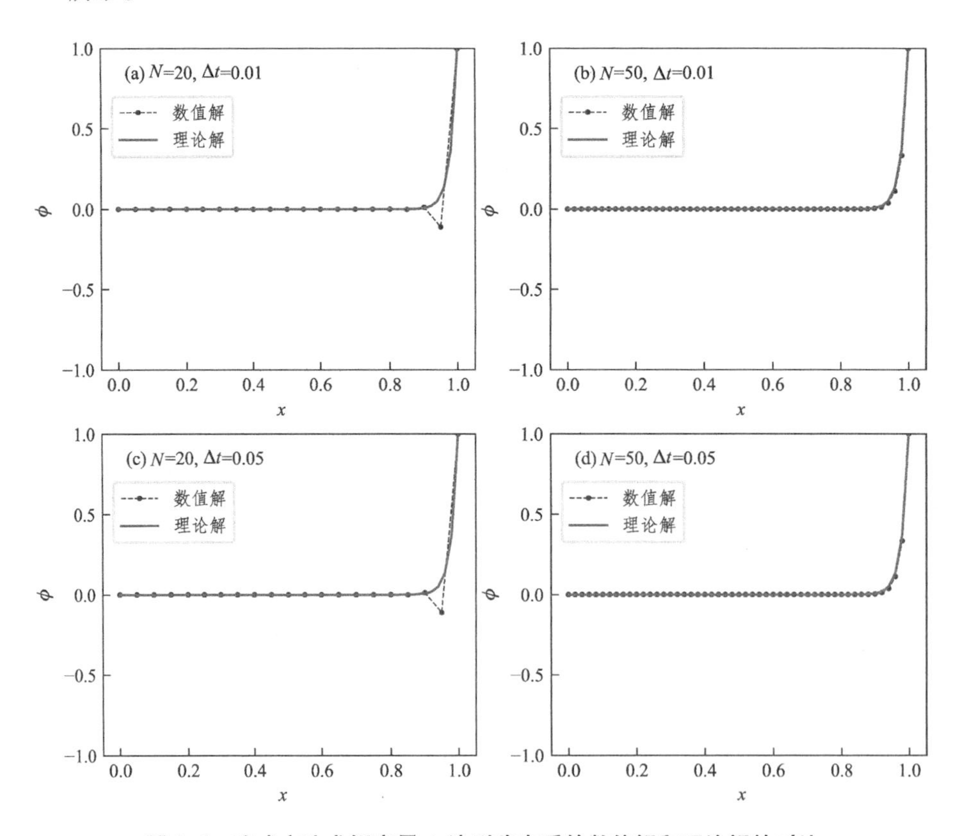

图 2-6 隐式方法求解变量 ϕ 达到稳态后的数值解和理论解的对比

• 当计算网格 $N=50$、时间步长 $\Delta t=0.05$ 或 $\Delta t=0.01$ 时，数值解和理论解吻合很好；

• 当计算网格 $N=20$、时间步长 $\Delta t=0.05$ 或 $\Delta t=0.01$ 时，数值解和理论解仍存在偏差。

因此，隐式离散格式的稳定性好。计算表明，如果进一步增大 Δt，数值解仍然和理论解吻合很好，隐式格式对时间步长的选取不敏感。数值稳定性理论分析表明欧拉隐式格式是绝对稳定格式。此外，与显式求解方法类似，当减少计算网格数量时，观察到会出现数值解和理论解误差增加的现象。因此，空间的离散精度取决于空间离散格式或网格尺寸，应当予以重视。

2.4 对流方程

2.4.1 数学方程

一维对流方程：

$$\frac{\partial \phi}{\partial t}+a\frac{\partial \phi}{\partial x}=0 \tag{2.30}$$

式中，a 为恒定值，在本节讨论中，假定 $a>0$。当 a 为常数时，此一维对流方程为一维常系数对流方程。给定周期边界条件，对于 $\phi=F(x)$ 函数，经过 t 时刻后的解为 $\phi=F(x-at)$，即方程解是 $F(x)$ 以速度 a 移动的结果，如图 2-7 示意。

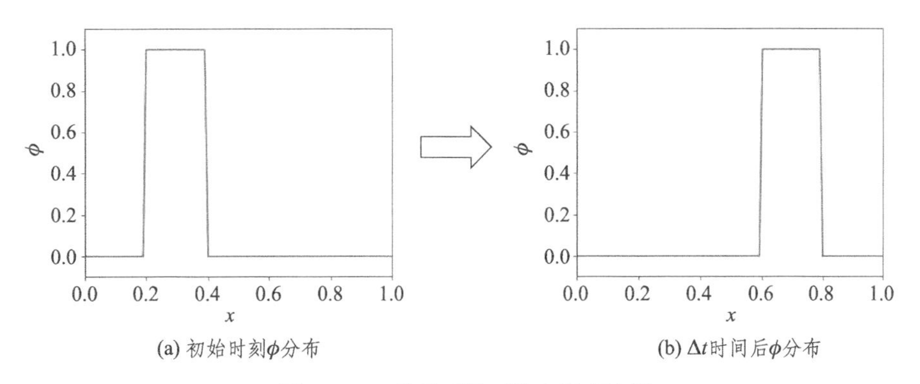

图 2-7　一维常系数对流方程理论解

对流方程看起来简单，但是离散化求解并不容易。要使图 2-7 中的方波在很长时间内维持原状，在数值上并不容易做到。因此，针对对流项，人们发展了大量的离散格式。本节介绍几种常见的经典离散格式,更高级的离散格式将在后续章节中介绍。

2.4.2 离散化求解法

与前两节相同,采用均匀网格划分计算区域。方程(2.30)的时间项采用一阶欧拉显式格式离散,对流项采用二阶中心差分格式离散并忽略截断误差,得:

$$\frac{\phi_i^{n+1}-\phi_i^n}{\Delta t}=-a\,\frac{\phi_{i+1}^n-\phi_{i-1}^n}{2h} \tag{2.31}$$

式中,上角标 n 和下角标 i 分别表示当前节点的时间和空间位置, Δt 是时间步长, h 是网格尺寸,记 $\lambda=a\Delta t/h$, 整理得到离散化的对流方程:

$$\phi_i^{n+1}=-\frac{1}{2}\lambda(\phi_{i+1}^n-\phi_{i-1}^n)+\phi_i^n \tag{2.32}$$

数值稳定性理论分析表明该离散式在迭代过程中: $|(\delta\phi)^{n+1}/(\delta\phi)^n|\geqslant 1$, 其中, $\delta\phi$ 是两次相邻迭代的变量之间的差别。这表明在迭代计算中,残差会逐渐增加,因此,该式是绝对不稳定格式。

在方程(2.32)中,若 ϕ_i^n 用相邻节点值插值替代,则:

$$\phi_i^{n+1}=-\frac{1}{2}\lambda(\phi_{i+1}^n-\phi_{i-1}^n)+\frac{1}{2}(\phi_{i+1}^n+\phi_{i-1}^n) \tag{2.33}$$

该离散式称为 Lax-Friedrichs 格式,计算表明,当 $\lambda\leqslant 1$ 时迭代式可实现稳定计算,该离散式在迭代计算过程中存在伪扩散。

从方程的物理意义角度看,对流项和扩散项表示不同类型的物理过程。扩散过程从某点向四周扩散,不具有方向性,而对流过程一般只有上游对下游有显著影响。因此,针对对流项离散,发展了利用沿特征线传播的上游信息近似计算微分的方法,称为迎风差分格式。

对流项采用一阶迎风格式离散,则:

$$\left(\frac{\partial\phi}{\partial x}\right)_i^n=\begin{cases}(\phi_i^n-\phi_{i-1}^n)/h & a>0\\(\phi_{i+1}^n-\phi_i^n)/h & a<0\end{cases} \tag{2.34}$$

在本例中 $a>0$, 代入方程(2.30),得到离散化的对流方程:

$$\phi_i^{n+1}=-\lambda(\phi_i^n-\phi_{i-1}^n)+\phi_i^n \tag{2.35}$$

数值稳定性理论分析表明该式是无条件稳定的，始终能得到物理上比较真实的解，但缺点是只有一阶精度，在迭代计算过程中存在伪扩散。

为此，发展了多种高阶对流离散格式，例如，三次方多项式插值：

$$\tilde{\phi}(x)=c_3(x-x_i)^3+c_2(x-x_i)^2+c_1(x-x_i)+d \tag{2.36}$$

对于 $a>0$ 的情况，首先利用 ϕ 在位置 $i-2$, $i-1$, i 和 $i+1$ 的值插值确定多项式系数，再代入方程(2.30)，得到离散化的对流方程：

$$\phi_i^{n+1}=c_3\xi^3+c_2\xi^2+c_1\xi+\phi_i^n \tag{2.37}$$

式中，$\xi=-a\Delta t$，多项式系数为：

$$\begin{aligned}c_3&=(\phi_{i+1}-3\phi_i+3\phi_{i-1}-\phi_{i-2})/(6h^3)\\c_2&=(\phi_{i+1}-2\phi_i+\phi_{i-1})/(2h^2)\\c_1&=(2\phi_{i+1}+3\phi_i-6\phi_{i-1}+\phi_{i-2})/(6h)\end{aligned} \tag{2.38}$$

该离散式具有较好的稳定性和精度。针对对流项的离散，还有多种先进的格式，例如 MUSCL 格式、TVD 格式等，能兼顾稳定性和计算精度，我们将在后续章节中介绍。

2.4.3　计算实例：一维对流问题

在方程(2.30)中，给定计算域长度和速度的无量纲值为 $L=1.0$，$u_c=1.0$。初始条件如图 2-7(a) 图所示，变量 ϕ 的分布为一个方波，在区域[0.2, 0.4]范围内 $\phi=1$，在其余范围内 $\phi=0$。分别采用中心差分、Lax-Friedrichs 格式、迎风格式、三次方多项式插值，计算变量 ϕ 的分布，并比较计算精度。

2.4.4　程序实现

编写程序实现一维对流方程的求解。计算程序的总体框架与一维对流扩散方程相同。程序清单 2-3 给出一维对流方程求解程序。首先定义全局变量，包括给定计算条件，为变量分配储存空间。接着定义模块化的函数，例如，初始化函数 initializeFlowField、迭代函数 each_timeloop，在迭代函数中实现几种离散格式，首先计算内部节点，然后再实施边界条件，在本例中为周期性边界条件。

程序进入主函数__main__，在主函数中，首先调用初始化函数，然后进入时间循环，在每个时间循环步中，调用迭代函数，并每隔一定步数保存计算结果。

程序清单 2-3　一维对流方程显式求解程序

```
import sys, os
sys.path.append("..")
import numpy as np
import matplotlib.pyplot as plt

# ----------------------------- global variables -----------------------------
subFolder = "results_adv1d/"

scheme = int(input("Choose a Scheme for convection term:\n \
1-Forward in Time and Central Difference in Scape \n \
2-Lax Scheme \n \
3-1st Order Upwind \n \
4-Cubic Polynominal \n ======>"))

### physical and geometry condition
uc = 1.; xLen = 1.; ni = 101; nci = ni - 1; dx = xLen/nci
cfl = 0.2; dt = cfl*dx/uc
nstep = 200
time = 0.

### field variables
x = np.zeros((ni,1))
f = np.zeros((ni,1))
fn = np.zeros((ni,1))
fx = np.zeros((ni,1))
fxn = np.zeros((ni,1))

# --------------------------------- functions --------------------------------
def initializeFlowField():
    for i in range(0,ni):
        x[i] = i*dx
        f[i] = 0.
    for i in range(int(ni/5),int(ni/5*2)):
        f[i] = 1.

def each_timeloop():
    if scheme == 1:
        for i in range(1,nci):
            fn[i] = f[i] - 0.5*cfl*(f[i+1]-f[i-1])
        f[1:-1] = fn[1:-1]
        f[0] = fn[-2]
        f[-1] = fn[1]
    elif scheme == 2:
        for i in range(1,nci):
```

```
            fn[i] = 0.5 * (f[i+1] + f[i-1]) - 0.5 * cfl * (f[i+1] - f[i-1])
        f[1:-1] = fn[1:-1]
        f[0] = fn[-2]
        f[-1] = fn[1]
    elif scheme == 3:
        for i in range(1,nci):
            fn[i] = f[i] - cfl * (f[i] - f[i-1])
        f[1:-1] = fn[1:-1]
        f[0] = fn[-2]
        f[-1] = fn[1]
    elif scheme == 4:
        for i in range(2,ni-2):
            a = (f[i+1] - 3.0 * f[i] + 3.0 * f[i-1] - f[i-2]) / (6.0 * dx * dx * dx)
            b = (f[i+1] - 2.0 * f[i] + f[i-1]) / (2.0 * dx * dx)
            c = (2.0 * f[i+1] + 3.0 * f[i] - 6.0 * f[i-1] + f[i-2]) / (6.0 * dx)
            z = - U * dt
            fn[i] = a * z * z * z + b * z * z + c * z + f[i]
        f[2:-2] = fn[2:-2]
        f[0] = fn[-2]
        f[1] = fn[-3]
        f[-1] = fn[1]
        f[-2] = fn[2]
    else:
        print ("input error")

#------------------------------- main program --------------------------------
if __name__ == "__main__":
    ### initial setting
    initializeFlowField()
    if not os.path.exists(subFolder):
        os.makedirs(subFolder)

    ### begin of time loop
    for istep in range(1,nstep+1):
        time += dt
        each_timeloop()
        if istep % 50 == 0 or istep == nstep:
            print('istep = %4d'%(istep))

    ### after time loop
    resultsFileName = "adv1d_scheme%04d.csv" %(scheme)
    resultsFileName = subFolder + resultsFileName
    np.savetxt(fname = resultsFileName, X = np.hstack((x,f)), encoding = 'utf-8')
    print('Program Complete')
```

2.4.5 计算结果

取计算网格 $N=100$、时间步长 $\Delta t=0.002$，非稳态项采用欧拉显式格式离散，而对流项分别采用中心差分、Lax-Friedrichs 格式、一阶迎风格式、三次方多项式插值，计算得到，经过 0.4 s 变量 ϕ 的分布，如图 2-8。理论解是变量 ϕ 在区域 [0.6, 0.8]范围为 1，其余值为 0。

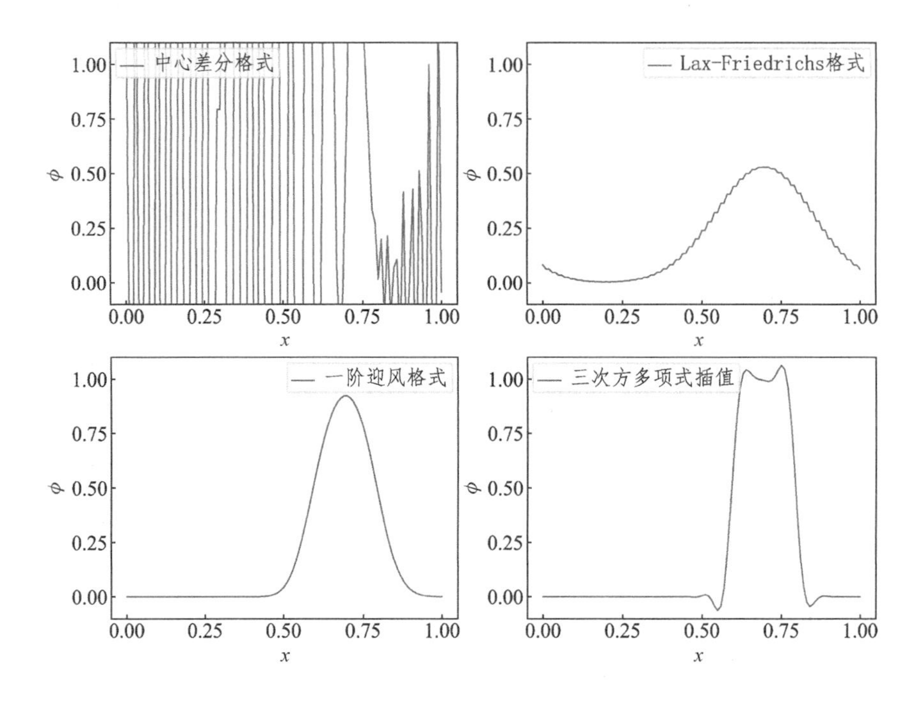

图 2-8 不同离散格式求解一维对流方程得到的变量的分布

从图 2-8 看到，中心差分法的结果出现了发散；Lax-Friedrichs 格式和一阶迎风格式能正常计算，但是伪扩散明显，其中 Lax-Friedrichs 格式计算结果的伪扩散更明显；三次方多项式插值离散方法与理论解最接近，但是在阶跃处仍然出现了偏差。因此，仍然有必要发展更加稳定和高精度的离散格式。

2.5 泊松方程

2.5.1 数学方程

泊松方程是一类常用方程，在物理学上具有重要意义，如描述电场、引力场、热传导、涡量场等现象。数学方程如下：

$$\frac{\partial^2 \phi}{\partial x^2}+\frac{\partial^2 \phi}{\partial y^2}=b \tag{2.39}$$

给定边界条件，该方程具有确定解。当 $b=0$ 时，方程称为 Laplace 方程。

2.5.2 离散化求解方法

采用均匀网格划分二维计算域。x 方向划分成 N_i 等份，节点用 0、1、2、…、N_i 表示。y 方向划分成 N_j 等份，节点用 0、1、2、…、N_j 表示。采用中心差分格式对方程进行离散化：

$$\frac{\phi_{i+1,j}-2\phi_{i,j}+\phi_{i-1,j}}{h_x^2}+\frac{\phi_{i,j+1}-2\phi_{i,j}+\phi_{i,j-1}}{h_y^2}=b_{i,j} \tag{2.40}$$

式中，h_x 和 h_y 分别为 x 方向和 y 方向的网格步长。该方程也称为五点差分方程。组建矩阵形式如下：

$$\begin{aligned}
&a_{11}\phi_{11}+a_{12}\phi_{12}+\cdots=b_{11}\\
&a_{21}\phi_{11}+a_{22}\phi_{12}+\cdots=b_{12}\\
&\quad\vdots\qquad\qquad\vdots\\
&a_{(N_i-1)(N_j-1)}\phi_{(N_i-1)(N_j-1)}+\cdots=b_{(N_i-1)(N_j-1)}
\end{aligned} \tag{2.41}$$

方程简记为：

$$\boldsymbol{A}\{\phi\}=\boldsymbol{B} \tag{2.42}$$

该代数方程有多种数值解法，如高斯消元法、直接求解法、迭代法、交替方向隐格式、多重网格法、共轭梯度法、快速傅里叶变换法。迭代法是一种常见的、易于实现的方法。这里采用 Gauss-Seidel 迭代法求解，将上式整理成关于 $\phi_{i,j}^n$ 的迭代式：

$$\phi_{i,j}^{n+1}=\frac{A(\phi_{i+1,j}^n+\phi_{i-1,j}^n)+B(\phi_{i,j+1}^n+\phi_{i,j-1}^n)-b_{i,j}^n}{2(A+B)} \tag{2.43}$$

式中，$A=1/h_x^2$，$B=1/h_y^2$，上角标 n 表示当前迭代值，$n+1$ 表示下一步迭代值。迭代基本思路为：首先为待求解变量假设一个分布，代入方程组得到新一轮预测值，并把新一轮预测值再次代入方程组，通过不断迭代和修正，直到方程达到收敛标准。通常将两次相邻迭代的变量增量的标准化值作为收敛依据：

$$\| \varepsilon^n \| = \frac{\| \{\phi\}^{n+1} - \{\phi\}^n \|}{\Lambda} \tag{2.44}$$

式中，$\| \{\phi\}^{n+1} - \{\phi\}^n \|$ 是两次相邻迭代的变量增量，Λ 是代数方程特征值。当 ε^n 达到某个很小数值时，迭代停止。一般情况下并不容易获得 Λ，可以用一些特征物理量替代，如变量的最大值。

一般还需要在 Gauss-Seidel 迭代法基础上，进行松弛处理：

$$\phi_{i,j}^{n+1} = \omega \frac{A(\phi_{i+1,j}^n + \phi_{i-1,j}^n) + B(\phi_{i,j+1}^n + \phi_{i,j-1}^n) - b_{i,j}^n}{2(A+B)} + (1-\omega)\phi_{i,j}^n \tag{2.45}$$

式中，ω 为松弛因子。当 $\omega = 1$ 时，上式即为 Gauss-Seidel 迭代式；当 $\omega > 1$ 时，上式称为超松弛迭代法，简称 SOR 迭代法。计算表明，当 ω 取值在 1.2～1.5 范围内，能同时兼顾计算收敛速度和稳定性两方面性能的提高。

2.5.3 计算实例：二维热传导问题

令方程(2.39)等号右边 $b = 0$，则方程可以描述不含源项的热传导问题。给定如下两种边界条件，计算温度分布，其中数值为无量纲值。

第一种情况：给定边界条件如公式(2.46)，4 个边界均为定值条件，$y = 1$ 处温度为 100，其余边界温度为 0。

$$\begin{aligned} &\phi = 0 \Big|_{x=0}, \quad \phi = 0 \Big|_{x=1} \\ &\phi = 0 \Big|_{y=0}, \quad \phi = 100 \Big|_{y=1} \end{aligned} \tag{2.46}$$

第二种情况：将 $x = 0$ 和 $x = 1$ 改为绝热边界，而其余两个边界条件不变，如公式(2.47)。

$$\begin{aligned} &\partial\phi/\partial x = 0 \Big|_{x=0}, \quad \partial\phi/\partial x = 0 \Big|_{x=1} \\ &\phi = 0 \Big|_{y=0}, \qquad \phi = 100 \Big|_{y=1} \end{aligned} \tag{2.47}$$

2.5.4 程序实现

编写程序实现二维热传导方程的 Gauss-Seidel 求解算法，见程序清单 2-4。针对第一种情况，4 个边界均为定值条件，程序首先给定计算条件，接着为变量分配储存空间，这里采用 2 个一维数组表示节点坐标，采用二维数组表示变量。

程序进入主函数__main__，首先给一个估计值，然后开始迭代计算，包括计算边界值和内部节点值，并计算残差，当计算残差达到收敛标准，则终止计算，显示计算结果。针对第二种情况的求解，只需要在此程序上修改与边界条件相关的语句。

程序清单 2-4　二维热传导方程的 Gauss-Seidel 求解程序

```
import sys, os
sys.path.append("..")
from cfdbooktools import userSurface3D
import numpy as np

# ----------------------------- global variables -----------------------------
subFolder = "results_poisson2d/"

### physical and geometry condition
xmin = 0.; xmax = 1.; ymin = 0.; ymax = 1.
fi_top = 100.; fi_bottom = 0.; fi_left = 0.; fi_right = 0
ni = 51; nj = 51
dx = (xmax-xmin) / (ni-1)
dy = (ymax-ymin) / (nj-1)
fi_guess = 30.
omega = 1.2
errnorm_target = 1e-4
maxstep = 1000

### field variables
x = np.linspace(xmin, xmax, ni)
y = np.linspace(ymin, ymax, nj)
fi  = np.zeros((nj, ni))
fi0 = np.zeros((nj, ni))
b = np.zeros((nj, ni))

# -------------------------------- functions --------------------------------

#-------------------------------main program ---------------------------------
if __name__ == "__main__":
    ### initial setting
    if not os.path.exists(subFolder):
        os.makedirs(subFolder)
```

```
fi.fill(fi_guess)

### begin of iteration
iterHistCount = []
iterHistErr = []
istep = 0
errnorm = 100.
while (istep<maxstep):
    istep += 1

    fi[:,-1] = fi_top
    fi[:,0] = fi_bottom
    fi[-1,:] = fi_right
    fi[0,:] = fi_left
    fi0[:,:] = fi[:,:]

    for i in range(1,ni-1):
        for j in range(1,nj-1):
            fi[i,j] = (((fi[i+1,j]+fi[i-1,j]) * dy ** 2 + (fi[i,j+1]+
            fi[i,j-1]) * dx ** 2 - b[i,j] * dx ** 2 * dy ** 2) / (2 * (dx ** 2+
            dy ** 2))) * omega + (1-omega) * fi[i,j]

    errnorm = np.max(np.abs(fi-fi0))/(np.max(np.abs(fi0))+1e-30)
    print ("iter = %4d, errnorm=%8.4e" %(istep,errnorm))
    iterHistCount.append(istep)
    iterHistErr.append(errnorm)

    if (errnorm < errnorm_target):
        print ("solution converged")
        break

### after converged
figname = "converged_laplace2d_1stbc_%04d.jpg" %(istep)
figname = subFolder + figname
userSurface3D(x, y, fi, figname, '')

print('Program Complete')
```

2.5.5 计算结果

针对第一种情况，在 $y=L_x$ 处，$\phi=100$，其余边界 $\phi=0$，计算网格为50×50，残差收敛标准为 10^{-4}，计算得到的变量 ϕ 的分布如图2-9(a)，可见上边界附近的 ϕ 值较大，而其余三个边界附近的 ϕ 值较小。将计算结果和理论解对比，可以验证数值解和理论解吻合。

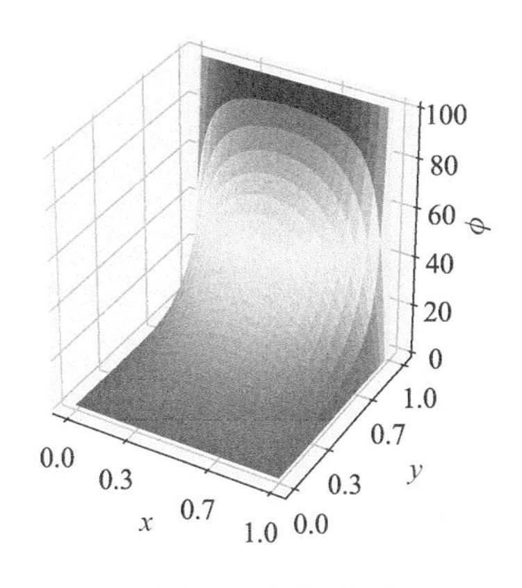

(a) 4 个边界条件均为定值

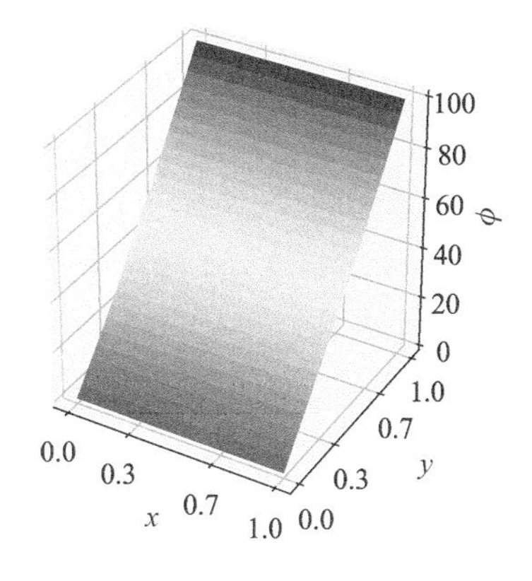

(b) x 边界为绝热，y 边界为定值

图 2-9　二维泊松方程变量分布图

针对第二种情况，$x=0$ 和 $x=L_x$ 处为绝热边界，$y=0$ 和 $y=L_y$ 处，ϕ 分别为 0 和 100，采用相同的计算网格和残差收敛标准，计算结果如图 2-9(b)，沿 x 方向 ϕ 恒定，沿 y 方向 ϕ 线性增加，与理论解吻合。

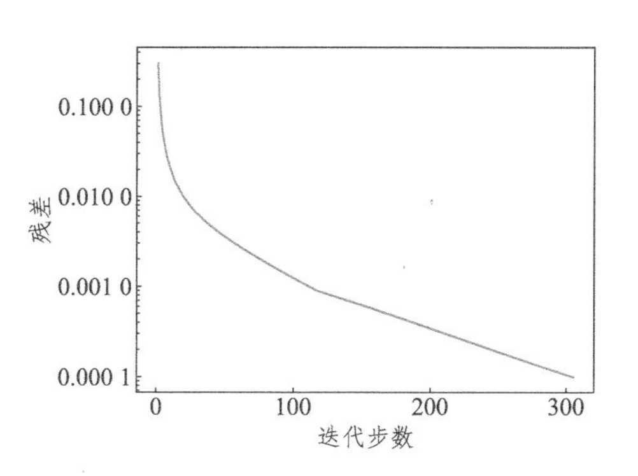

图 2-10　二维泊松方程迭待求解过程残差随迭代次数的变化

迭代计算过程中的残差曲线见图 2-10。进一步的计算分析可表明，当残差收敛标准为 10^{-3} 甚至 10^{-2} 时，得到的变量分布与图 2-9 存在差别。因此，残差收敛标准可能对计算结果产生较大影响，应当予以重视。

本章针对几个经典的模型方程，介绍有限差分法的网格划分、方程离散化和求解，使读者熟悉数值计算的全部流程。同时也提醒读者，数值解的精度受到网格尺寸、时间步长、收敛误差标准的影响，应当予以重视。在实施数值实验之前，应当尽力检验数值解法的精确性。

2.6 本章知识要点

• 典型的模型方程及它们所描述的物理过程：Burgers 方程、线性对流方程、扩散方程、对流扩散方程、泊松方程；

• 有限差分法网格划分及节点记法；

• 泰勒级数推导空间一阶导数和二阶导数的计算式；

• 时间导数的显式、隐式、预估校正格式；

• 线性对流方程、扩散方程、对流扩散方程、泊松方程的解的特性；

• 线性对流方程、扩散方程、对流扩散方程、泊松方程的有限差分求解方法；

• 非稳态项的离散格式：欧拉显式格式、欧拉隐式格式等；

• 对流项的离散格式：中心差分格式、Lax-Friedrichs 格式、迎风格式、多项式插值格式等；

• 扩散项的离散格式：中心差分格式；

• 时间步长、空间步长、离散格式、收敛误差标准等计算参数，可能影响数值计算结果精确性。

练习题

1. 详细列举对流方程、扩散方程、对流扩散方程、Burgers 方程、泊松方程在流体力学和传热学等学科中的应用实例。

2. 对于一维非稳态对流扩散方程(2.17)，给定初始条件为 $f(x, t=0) = A\sin(2\pi kx)$，边界为周期性条件，则理论解为 $f(x, t) = e^{-2Dk^2 t}\sin[2\pi k(x - u_c t)]$。计算并分析离散格式、时间步长、网格尺寸对计算结果的影响。

3. 对于一维 Burgers 方程：

$$\frac{\partial u}{\partial t} + u\frac{\partial u}{\partial x} = \mu\frac{\partial^2 u}{\partial x^2}$$

已知边界条件：$x=0$ 时 $u=u_0$，$x=L$ 时 $u=0$，稳定时刻方程的理论解：

$$u = u_0\bar{u}\left[\frac{1-\exp(\bar{u}\,Re_L(x/L-1))}{1+\exp(\bar{u}\,Re_L(x/L-1))}\right]$$

式中，$Re_L = u_0 L/\mu$，$\bar{u}$ 是方程 $(\bar{u}-1)/(\bar{u}+1) = \exp(-\bar{u}\,Re_L)$ 的根。对方程离

散求解，对比不同的对流项格式对数值结果的影响。其中对流项的系数 u 采用拟线性法近似，即取前一次迭代值。

4. 对于二维对流方程：

$$\frac{\partial \phi}{\partial t}+U_x\frac{\partial \phi}{\partial x}+U_y\frac{\partial \phi}{\partial y}=0$$

已知：$U_x=1$，$U_y=1$，计算域 $0\leqslant x\leqslant 1$，$0\leqslant y\leqslant 1$，周期边界条件，初始条件为 $\phi(x,\ y)=\sin(2\pi x)\sin(2\pi y)$。根据理论解，当 $t=1$ 时，变量分布会重新回到初始条件。将一维对流方程求解程序改写成二维程序，计算并分析不同离散格式对计算结果的影响。

5. 对于二维 Burgers 方程：

$$\frac{\partial \boldsymbol{u}}{\partial t}+u_x\frac{\partial \boldsymbol{u}}{\partial x}+u_y\frac{\partial \boldsymbol{u}}{\partial y}=\mu\left(\frac{\partial^2 \boldsymbol{u}}{\partial x^2}+\frac{\partial^2 \boldsymbol{u}}{\partial y^2}\right)$$

其中 $\boldsymbol{u}=(u_x,\ u_y)$，计算域 $0\leqslant x\leqslant 2$，$0\leqslant y\leqslant 2$，边界处 $u_x=u_y=1$，初始条件如下：

$$u_x=u_y=\begin{cases}3 & 0.75<x<1.25,\ 0.75<y<1.25\\ 0 & \text{其他}\end{cases}$$

将一维 Burgers 方程求解程序改写成二维程序，计算并分析不同离散格式对计算结果的影响。

6. 对于二维泊松方程，给定如下源项，边界条件均为定值 0。采用迭代法、多重网格法、共轭梯度法等多种方法求解变量分布，计算和分析结果的精确性。

$$b=\begin{cases}100 & 0.3<x<0.7,\ 0.3<y<0.7\\ 0 & \text{其他}\end{cases}$$

第 3 章

不可压缩流动方程显式分步数值解法

第 2 章介绍了有限差分法求解典型的模型方程，本章将介绍有限差分法求解不可压缩流体运动方程。流体运动方程采用质量、动量和能量守恒方程组描述。对于不可压缩流体，如果不考虑传热过程，则不需要求解能量方程。二维不可压缩、牛顿黏性流体的 Navier-Stokes(N-S)方程的标量形式为：

$$
\begin{aligned}
&\frac{\partial u}{\partial x}+\frac{\partial v}{\partial y}=0\\
&\frac{\partial(\rho u)}{\partial t}+\frac{\partial(\rho uu)}{\partial x}+\frac{\partial(\rho uv)}{\partial y}=-\frac{\partial p}{\partial x}+\mu\left(\frac{\partial^2 u}{\partial x^2}+\frac{\partial^2 u}{\partial y^2}\right)\\
&\frac{\partial(\rho v)}{\partial t}+\frac{\partial(\rho vu)}{\partial x}+\frac{\partial(\rho vv)}{\partial y}=-\frac{\partial p}{\partial y}+\mu\left(\frac{\partial^2 v}{\partial x^2}+\frac{\partial^2 v}{\partial y^2}\right)
\end{aligned}
\tag{3.1}
$$

其中，流体密度和黏度均为定值。因为是不可压缩流体，所以连续性方程中不包含密度随时间的变化率项。动量方程包括非稳态项、对流项、压力梯度项、黏性力项，忽略了其他体积力项。N-S 方程的矢量形式为：

$$
\begin{aligned}
&\nabla\cdot\boldsymbol{u}=0\\
&\rho\frac{\partial\boldsymbol{u}}{\partial t}+\rho\nabla\cdot(\boldsymbol{uu})=-\nabla p+\mu\nabla\cdot(\nabla\boldsymbol{u})
\end{aligned}
\tag{3.2}
$$

该方程组含有 3 个待求变量：压力 p、速度分量 u 和 v，同时也含有 3 个方程，理论上方程组可解。观察方程组可以发现，速度 u 和 v 可以通过动量方程求解，但是缺少关于压力的独立方程。动量方程中含有压力梯度项，而连续性方程中不包含压力项。因此，在不可压缩流体运动方程的求解中，如何耦合速度和压力是关键问题。

本章介绍求解不可压缩 N-S 方程的分步算法，核心思路是利用连续性方程构建关于压力的方程，从而构建速度和压力的耦合关系。分步算法是求解不可压缩流体方程的重要方法之一，最早由 Harlow 和 Welch 提出，后来由 Chorin 等改进和归纳，该方法也称为投影算法，在计算流体力学中得到了广泛应用。

3.1 分步求解法

为了便于叙述动量方程(3.2),对流项和扩散项分别用字母 $\boldsymbol{A}$ 和 $\boldsymbol{D}$ 表示:

$$\begin{aligned} \boldsymbol{A} &= -\nabla\cdot(\boldsymbol{u}\boldsymbol{u}) \\ \boldsymbol{D} &= \nu\,\nabla\cdot(\nabla\boldsymbol{u}) \end{aligned} \tag{3.3}$$

则动量方程简记如下:

$$\frac{\partial \boldsymbol{u}}{\partial t} = \boldsymbol{A} - \nabla P + \boldsymbol{D} \tag{3.4}$$

其中,ν 是运动黏度,$\nu=\mu/\rho$,P 是压力和密度之比,$P=p/\rho$。

采用离散记号表示 N-S 方程,并对非稳态项离散,暂不考虑空间项的离散。针对非稳态项的离散有欧拉显式、欧拉隐式、预估校正等多种格式,这里为了使问题简单,采用欧拉显式格式对非稳态项离散:

$$\begin{aligned} &\nabla\cdot\boldsymbol{u}_{i,j}^{n+1}=0 \\ &\frac{\boldsymbol{u}_{i,j}^{n+1}-\boldsymbol{u}_{i,j}^{n}}{\Delta t}=\boldsymbol{A}_{i,j}^{n}-\nabla P_{i,j}^{n}+\boldsymbol{D}_{i,j}^{n} \end{aligned} \tag{3.5}$$

式中,上角标 n 和 $n+1$ 分别表示当前时刻和下一时刻,下角标 (i,j) 表示二维坐标离散空间的序列号。由离散式可计算下个时刻的速度值:

$$\boldsymbol{u}_{i,j}^{n+1}=\Delta t(\boldsymbol{A}_{i,j}^{n}-\nabla P_{i,j}^{n}+\boldsymbol{D}_{i,j}^{n})+\boldsymbol{u}_{i,j}^{n} \tag{3.6}$$

但是,即使当前时刻速度满足 $\nabla\cdot\boldsymbol{u}_{i,j}^{n}=0$,仅根据该式解得的下个时刻的速度不一定满足连续性方程 $\nabla\cdot\boldsymbol{u}_{i,j}^{n+1}=0$。对方程(3.6)求散度,并利用 $\nabla\cdot\boldsymbol{u}_{i,j}^{n}=0$ 条件,得:

$$\frac{\nabla\cdot\boldsymbol{u}_{i,j}^{n+1}}{\Delta t}=-\nabla^2 P_{i,j}^{n}+\nabla\cdot(\boldsymbol{A}_{i,j}^{n}+\boldsymbol{D}_{i,j}^{n}) \tag{3.7}$$

欲使 $\nabla\cdot\boldsymbol{u}_{i,j}^{n+1}=0$,则压力必须满足:

$$\nabla^2 P_{i,j}^{n}=\nabla\cdot(\boldsymbol{A}_{i,j}^{n}+\boldsymbol{D}_{i,j}^{n}) \tag{3.8}$$

该方程是关于压力的泊松方程,是椭圆型方程。椭圆型方程具有如下特性:流场中任一点的扰动理论上可以向各个方向传播到无穷远处。因此,对于不可压缩流体运动,任何局部压力的变化都会引起整个流场的变化。通过上述讨论,我们发现，利用连续性方程可以推导关于压力的方程，从而构建速度和压力的耦合，在不可压缩流体运动中，连续性方程起约束作用。

分步算法求解 N-S 方程的主要思想是：首先，忽略压力梯度项求解动量方程得到速度预估值；然后，求解由连续性方程演变的压力泊松方程，得到压力后，对速度预估值进行修正，使速度满足连续性方程，从而解得速度分布。

分步算法的主要计算步骤如下：引入速度预估值 $\boldsymbol{u}_{i,j}^{*}$，并将动量方程拆成如下两个方程：在方程(3.9)中，忽略压力梯度项，计算得到速度预估值 $\boldsymbol{u}_{i,j}^{*}$；在方程(3.10)中，根据压力梯度修正速度预估值，得到下一时刻的速度。

$$\frac{\boldsymbol{u}_{i,j}^{*}-\boldsymbol{u}_{i,j}^{n}}{\Delta t}=\boldsymbol{A}_{i,j}^{n}+\boldsymbol{D}_{i,j}^{n} \tag{3.9}$$

$$\frac{\boldsymbol{u}_{i,j}^{n+1}-\boldsymbol{u}_{i,j}^{*}}{\Delta t}=-\nabla P_{i,j}^{n} \tag{3.10}$$

对方程(3.10)求散度，构造关于压力的方程：

$$\frac{1}{\Delta t}\nabla\cdot\left(\boldsymbol{u}_{i,j}^{n+1}-\boldsymbol{u}_{i,j}^{*}\right)=-\nabla\cdot\left(\nabla P_{i,j}^{n}\right) \tag{3.11}$$

利用连续性方程 $\nabla\cdot\boldsymbol{u}_{i,j}^{n+1}=0$，方程(3.11) 变为：

$$\nabla\cdot\left(\nabla P_{i,j}^{n}\right)=\frac{1}{\Delta t}\nabla\cdot\boldsymbol{u}_{i,j}^{*} \tag{3.12}$$

因此，压力泊松方程继承了连续性方程的性质，方程右边为预估速度的散度。由速度预估值可以确定压力泊松方程，从而得到压力分布的解。

按照求解次序，分步算法总结为以下三步：

第 1 步：忽略压力梯度项求解动量方程，得到预估速度 ($\boldsymbol{u}_{i,j}^{*}$)：

$$\frac{\boldsymbol{u}_{i,j}^{*}-\boldsymbol{u}_{i,j}^{n}}{\Delta t}=\boldsymbol{A}_{i,j}^{n}+\boldsymbol{D}_{i,j}^{n} \tag{3.13}$$

第 2 步：求解压力泊松方程，得到压力 ($P_{i,j}^{n}$)：

$$\nabla\cdot\left(\nabla P_{i,j}^{n}\right)=\frac{1}{\Delta t}\nabla\cdot\boldsymbol{u}_{i,j}^{*} \tag{3.14}$$

第 3 步：利用压力梯度对预估速度进行修正，得到下一时刻的速度 ($\boldsymbol{u}_{i,j}^{n+1}$)：

$$\frac{\boldsymbol{u}_{i,j}^{n+1}-\boldsymbol{u}_{i,j}^{*}}{\Delta t}=-\nabla P_{i,j}^{n} \tag{3.15}$$

在每个时间步长，依次按照第1～3步计算速度和压力，这样在每个时间步长结束后得到的速度满足连续性方程。针对非稳态问题，按照时间步推进，计算得到非稳态解。针对稳态问题，仍然需要按照时间步推进，得到不同时刻的解，直到解不再随时间变化。

以上介绍的算法是欧拉显式格式，因此，时间步长必须足够小，才能保证计算稳定地迭代。对流项 $\boldsymbol{A}$ 和黏性力项 $\boldsymbol{D}$ 都对时间步长有限制。黏性力项通常采用中心差分格式离散，要求时间步长：

$$\frac{\nu\Delta t}{h^2}\leqslant\frac{1}{4} \tag{3.16}$$

式中，h 是特征网格尺寸，$h=\min\{\Delta x,\Delta y\}$，该条件适用于二维方程。如果是三维模拟计算，则方程右边是1/6。如果对流项采用二阶中心差分格式离散，要求时间步长：

$$(\boldsymbol{u}\cdot\boldsymbol{u})\frac{\Delta t}{\nu}\leqslant 2 \tag{3.17}$$

需要注意的是，该条件适用于黏性力存在的情况。若在无黏条件下，对流项采用中心差分格式离散是绝对不稳定格式。

在非稳态显式迭代计算中，对流项也要求时间步长满足如下条件：

$$CFL=\frac{|\boldsymbol{u}|_{\max}\Delta t}{h}<1 \tag{3.18}$$

式中，CFL 是Courant-Friedrichs-Lewy收敛条件判断数，$|\boldsymbol{u}|_{\max}$ 是流体速度最大值，h 是网格特征长度，该式的物理意义是：在每个时间步长内，必须保证流体粒子的位移小于网格特征长度。

3.2 方程离散化

3.2.1 错位网格与变量储存

下面对N-S方程在二维矩形区域进行离散化。在离散化方程之前，首先需要考虑网格划分和变量储存。因为方程组包含 p，u，v 三个变量，自然地想到将三个变量存储在网格相同位置，如网格中心或顶点，这种网格称为同位网格，如图3-1所示。但是在CFD发展早期阶段，人们发现同位网格有可能会弱化速度和压力的耦合关系，所以发展了错位网格，如图3-2所示。在错位网格体系中，压力等标量储存在网格中心，而速度储存在网格界面，即储存位置平移了半格。错位网格最早由 Harlow 和 Welch 提出，在错位网格中，对动量方程中的压力梯度项离散时，直接利用相邻节点压力值，而不需要插值。相应地，对连续性方程离散，直接利用网格界面速度值，而不需要插值。由于能减少插值次数，而且能保证离散化的速度和压力耦合的优点，错位网格得到了广泛应用。

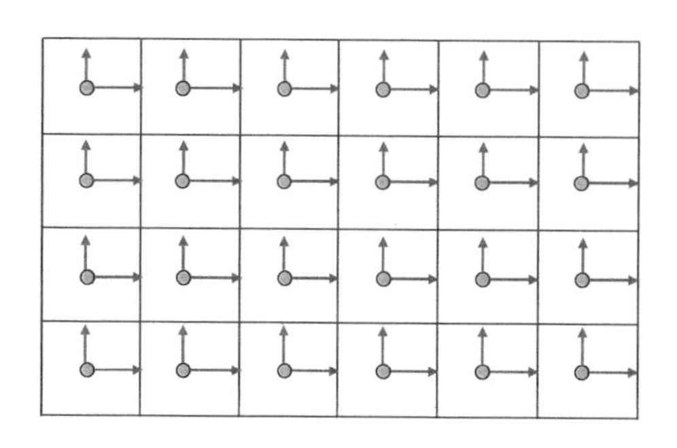

图 3-1　同位网格示意图

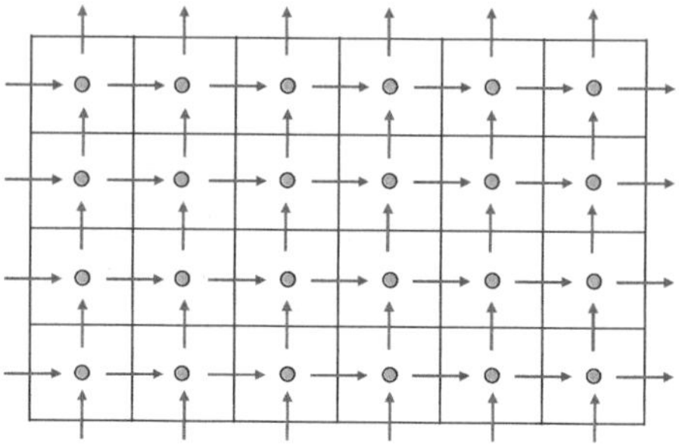

图 3-2　错位网格示意图

图 3-3 表示错位网格的编号方法。对于二维矩形区域，首先将其划分为若干直角网格，将压力储存在网格中心(用圆点表示)，速度储存在网格界面(用箭头表示)，其中水平速度储存在网格的东面和西面，竖直速度存储在网格的北面和南面。压力节点用 $(i,\ j)$ 表示，压力节点的东面和西面储存水平速度，编号为$(i+1/2,\ j)$和$(i-1/2,\ j)$，南面和北面储存竖直速度，编号为$(i,\ j-1/2)$、$(i,\ j+1/2)$。下面为了便于叙述离散化过程，假设二维空间被等分成 $NX \times NY$ 均匀直角网格，NX 和 NY 分别表示 x 方向和 y 方向的网格数量，网格尺寸为$h_x \times h_y$。

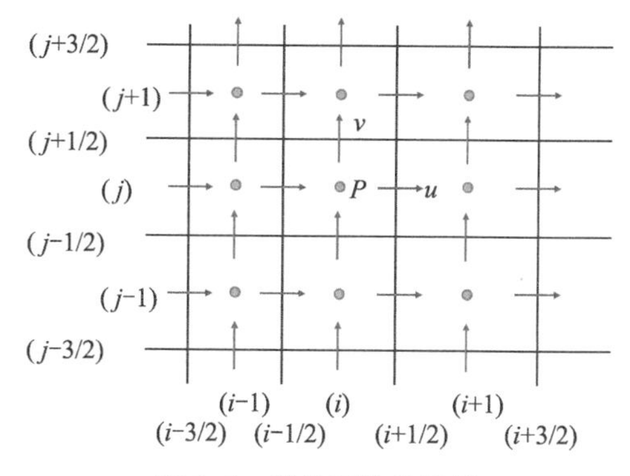

图 3-3　错位网格的编号

3.2.2　动量方程的离散

对不含压力梯度的动量方程(3.13)离散，以速度 u 为例，方程如下：

$$\frac{\partial u}{\partial t}+\frac{\partial (uu)}{\partial x}+\frac{\partial (uv)}{\partial y}=\nu\left(\frac{\partial^2 u}{\partial x^2}+\frac{\partial^2 u}{\partial y^2}\right) \tag{3.19}$$

方程中依次包括非稳态项、对流项、扩散项，该方程也是二维 Burgers 方程形式。各项的离散过程如下：

若非稳态项采用欧拉显式离散，则有：

$$\left(\frac{\partial u}{\partial t}\right)^{n}_{i+1/2,\,j}=\frac{u^{*}_{i+1/2,\,j}-u^{n}_{i+1/2,\,j}}{\Delta t} \tag{3.20}$$

对流项分为两个计算式：

$$A^{n}_{1+1/2,\,j}\equiv\left(\frac{\partial(uu)}{\partial x}+\frac{\partial(uv)}{\partial y}\right)^{n}_{i+1/2,\,j}=\left(\frac{\partial(uu)}{\partial x}\right)^{n}_{i+1/2,\,j}+\left(\frac{\partial(uv)}{\partial y}\right)^{n}_{i+1/2,\,j} \tag{3.21}$$

式中，$A^{n}_{i+1/2,\,j}$ 是对流项离散式的简记。对流项的离散格式常用的有迎风格式、中心差分格式、QUICK 格式等。这里为了简化处理，对流项采用中心差分格式离散。注意中心差分格式有可能引起离散解振荡。在无黏流动中，对流项采用中心差分格式，得到的是绝对不稳定格式。在黏性流动中，计算网格必须满足一定条件，否则会出现非物理的振荡。采用中心差分格式，对流项中第 1 个计算式的近似计算如下：

$$\left(\frac{\partial(uu)}{\partial x}\right)^{n}_{i+1/2,\,j}=\frac{1}{h_x}\left[(uu)^{n}_{i+1,\,j}-(uu)^{n}_{i,\,j}\right] \tag{3.22}$$

我们发现，在 $(i+1,\ j)$ 和 $(i,\ j)$ 处，水平速度 u 是未知的，如图 3-4(a)所示，需要通过相邻的东、西节点的速度插值得到，即：

$$\left(\frac{\partial(uu)}{\partial x}\right)^{n}_{i+1/2,\,j}=\frac{1}{h_x}\left[\left(\frac{u^{n}_{i+1/2,\,j}+u^{n}_{i+3/2,\,j}}{2}\right)^{2}-\left(\frac{u^{n}_{i-1/2,\,j}+u^{n}_{i+1/2,\,j}}{2}\right)^{2}\right] \tag{3.23}$$

再利用中心差分格式对对流项中第 2 个计算式离散：

$$\left(\frac{\partial(uv)}{\partial y}\right)^{n}_{i+1/2,\,j}=\frac{1}{h_y}\left[(uv)^{n}_{i+1/2,\,j+1/2}-(uv)^{n}_{i+1/2,\,j-1/2}\right] \tag{3.24}$$

类似地，我们发现在 $(i+1/2,\ j+1/2)$ 和 $(i+1/2,\ j-1/2)$ 处，速度 u 和 v 都未知，如图 3-4(b)所示，需要通过相邻节点的速度插值得到，即：

$$\begin{aligned}\left(\frac{\partial(uv)}{\partial y}\right)^{n}_{i+1/2,\,j}=&\frac{1}{h_y}\left(\frac{u^{n}_{i+1/2,\,j}+u^{n}_{i+1/2,\,j+1}}{2}\ \frac{v^{n}_{i,\,j+1/2}+v^{n}_{i+1,\,j+1/2}}{2}\right)-\\&\frac{1}{h_y}\left(\frac{u^{n}_{i+1/2,\,j-1}+u^{n}_{i+1/2,\,j}}{2}\ \frac{v^{n}_{i,\,j-1/2}+v^{n}_{i+1,\,j-1/2}}{2}\right)\end{aligned} \tag{3.25}$$

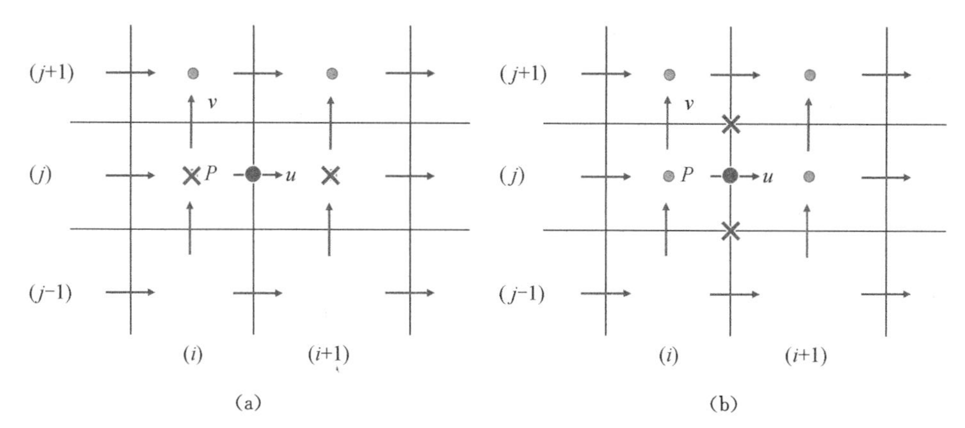

图 3-4　对流项离散使用的相邻节点的相对位置(主节点用●标记,相邻节点用✕标记)

扩散项分为两个计算式：

$$D^n_{i+1/2,\,j} \equiv \left(\frac{\partial^2 u}{\partial x^2}+\frac{\partial^2 u}{\partial y^2}\right)^n_{i+1/2,\,j} = \left(\frac{\partial^2 u}{\partial x^2}\right)^n_{i+1/2,\,j} + \left(\frac{\partial^2 u}{\partial y^2}\right)^n_{i+1/2,\,j} \tag{3.26}$$

式中，$D^n_{i+1/2,\,j}$ 是扩散项离散式的简记。采用中心差分进行离散，如图 3-5 所示，对于第 1 项的近似计算，需要利用位置$(i+1,\ j)$和$(i-1,\ j)$处的速度，再进一步采用相邻节点速度进行插值。采用类似方法对第 2 项近似计算。最终得到扩散项的离散式：

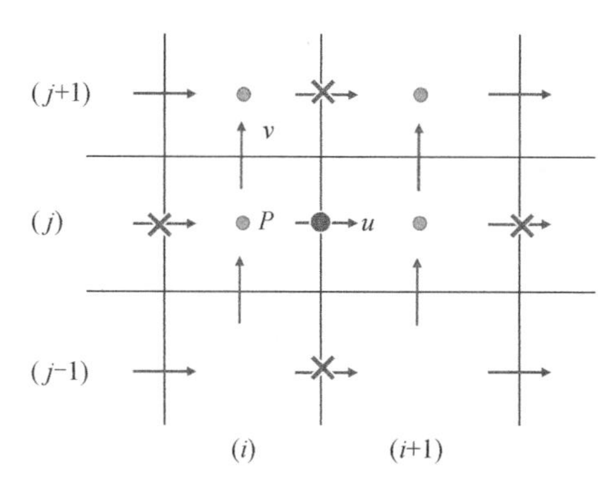

图 3-5　扩散项离散使用的相邻节点的相对位置(主节点用●标记,相邻节点用✕标记)

$$\begin{aligned}\left(\frac{\partial^2 u}{\partial x^2}\right)^n_{i+1/2,\,j} &= \frac{1}{h_x}\left[\left(\frac{\partial u}{\partial x}\right)^n_{i+1,\,j} - \left(\frac{\partial u}{\partial x}\right)^n_{i-1,\,j}\right] \\ &= \frac{1}{h_x}\left(\frac{u^n_{i+3/2,\,j}-u^n_{i+1/2,\,j}}{h_x} - \frac{u^n_{i+1/2,\,j}-u^n_{i-1/2,\,j}}{h_x}\right) \\ &= \frac{u^n_{i-1/2,\,j}-2u^n_{i+1/2,\,j}+u^n_{i+3/2,\,j}}{h_x^2}\end{aligned} \tag{3.27}$$

$$\left(\frac{\partial^2 u}{\partial y^2}\right)^n_{i+1/2,\,j}=\frac{u^n_{i+1/2,\,j-1}-2u^n_{i+1/2,\,j}+u^n_{i+1/2,\,j+1}}{h_y^2} \tag{3.28}$$

将以上各项离散式再组合到一起，代入方程(3.19)并经过整理，得：

$$u^*_{i+1/2,\,j}=u^n_{i+1/2,\,j}-\Delta t A^n_{i+1/2,\,j}+\Delta t D^n_{i+1/2,\,j}$$

式中，$A^n_{i+1/2,\,j}$ 和 $D^n_{i+1/2,\,j}$ 的计算式如下：

$$\begin{aligned}A^n_{i+1/2,\,j}=&\frac{1}{4h_x}(u_{i+1/2,\,j}+u_{i+3/2,\,j})^2-\frac{1}{4h_x}(u_{i-1/2,\,j}+u_{i+1/2,\,j})^2+\\&\frac{1}{4h_y}(u_{i+1/2,\,j}+u_{i+1/2,\,j+1})(v_{i,\,j+1/2}+v_{i+1,\,j+1/2})-\\&\frac{1}{4h_y}(u_{i+1/2,\,j-1}+u_{i+1/2,\,j})(v_{i,\,j-1/2}+v_{i+1,\,j-1/2})\end{aligned} \tag{3.29}$$

$$\begin{aligned}D^n_{i+1/2,\,j}=&\frac{\nu}{h_xh_x}(u_{i-1/2,\,j}-2u_{i+1/2,\,j}+u_{i+3/2,\,j})+\\&\frac{\nu}{h_yh_y}(u_{i+1/2,\,j-1}-2u_{i+1/2,\,j}+u_{i+1/2,\,j+1})\end{aligned}$$

式中，为了简洁，省略了右上角的记号 n，表示当前时刻值。利用式(3.29)，可以由当前速度计算得到速度预估值。

类似地，得到速度 v 的离散方程为：

$$v^*_{i,\,j+1/2}=v^n_{i,\,j+1/2}-\Delta t A^n_{i,\,j+1/2}+\Delta t D^n_{i,\,j+1/2}$$

式中，$A^n_{i,\,j+1/2}$ 和 $D^n_{i,\,j+1/2}$ 的计算式如下：

$$\begin{aligned}A^n_{i,\,j+1/2}=&\frac{1}{4h_x}(v_{i,\,j+1/2}+v_{i,\,j+3/2})^2-\frac{1}{4h_x}(v_{i,\,j-1/2}+v_{i,\,j+1/2})^2+\\&\frac{1}{4h_y}(u_{i+1/2,\,j}+u_{i+1/2,\,j+1})(v_{i,\,j+1/2}+v_{i+1,\,j+1/2})-\\&\frac{1}{4h_y}(u_{i-1/2,\,j}+u_{i-1/2,\,j+1})(v_{i-1,\,j+1/2}+v_{i,\,j+1/2})\end{aligned} \tag{3.30}$$

$$\begin{aligned}D^n_{i,\,j+1/2}=&\frac{\nu}{h_xh_x}(v_{i,\,j-1/2}-2v_{i,\,j+1/2}+v_{i,\,j+3/2})+\\&\frac{\nu}{h_yh_y}(v_{i-1,\,j+1/2}-2v_{i,\,j+1/2}+v_{i+1,\,j+1/2})\end{aligned}$$

在上述离散化过程中，为了便于叙述和理解，非稳态项采用了欧拉显式离散，对流项采用了中心差分离散，这是最简单的离散化方法。在更多的实际问题中，为了提高瞬态计算精度，可以采用高阶格式对非稳态项离散。中心差分格式虽然在空间上具有二阶精度，但是计算稳定性依赖于网格尺寸等。常用的对流项离散方法还有迎风格式，这是绝对稳定的格式，但会引起伪扩散。为提高计算的稳定性和精度，发展了更多的离散格式，我们将在后续章节中介绍。

3.2.3 压力泊松方程的离散

对于压力泊松方程(3.14)，采用二阶中心差分离散，则有：

$$\begin{aligned}&\frac{P_{i-1,j}^{n}-2P_{i,j}^{n}+P_{i+1,j}^{n}}{h_x^2}+\frac{P_{i,j-1}^{n}-2P_{i,j}^{n}+P_{i,j+1}^{n}}{h_y^2}\\&=\frac{1}{\Delta t}\left(\frac{-u_{i-1/2,j}^{*}+u_{i+1/2,j}^{*}}{h_x}+\frac{-v_{i,j-1/2}^{*}+v_{i,j+1/2}^{*}}{h_y}\right)=L(\boldsymbol{u}_{i,j}^{*})\end{aligned}\tag{3.31}$$

等式右边是预估速度的散度，记为 $L(\boldsymbol{u}_{i,j}^{*})$。如果预估速度满足连续性方程，则方程等号右边为 0。该方程是泊松方程，可以采用第二章中介绍的 Gauss-Seidel 迭代法求解。

$$P_{i,j}^{n+1}=\omega\frac{A(P_{i+1,j}^{n}+P_{i-1,j}^{n})+B(P_{i,j+1}^{n}+P_{i,j-1}^{n})-L(\boldsymbol{u}_{i,j}^{*})}{2(A+B)}+(1-\omega)P_{i,j}^{n}\tag{3.32}$$

式中，$A=1/h_x^2$，$B=1/h_y^2$，ω 为松弛因子，上角标 n 表示当前时刻迭代值，$n+1$ 表示下一步迭代值。通过不断迭代和修正，直到方程达到收敛标准。

3.2.4 预估速度的修正

得到压力值后，再对速度预估值进行修正，得到下个时刻的速度：

$$\begin{aligned}u_{i+1/2,j}^{n+1}-u_{i+1/2,j}^{*}&=-\Delta t\,\frac{P_{i+1,j}^{n}-P_{i,j}^{n}}{h_x}\\v_{i,j+1/2}^{n+1}-v_{i,j+1/2}^{*}&=-\Delta t\,\frac{P_{i,j+1}^{n}-P_{i,j}^{n}}{h_y}\end{aligned}\tag{3.33}$$

修正后速度满足连续性方程，这是由于在方程推导过程中利用了连续性方程。至此，已经得到了速度预估、压力和速度修正的离散化方程。按时间依次推进得到不同时刻的压力和速度分布。

3.3 边界条件

以上讨论了方程的离散化，还需要给定边界条件，方程才能具有确定解。图

3-6 表示在错位网格条件下，边界上切向速度（即竖直边界的竖直方向速度，水平边界的水平方向速度）是未知的。为此，在计算区域外虚拟一层网格构造边界值，在图中用阴影表示。

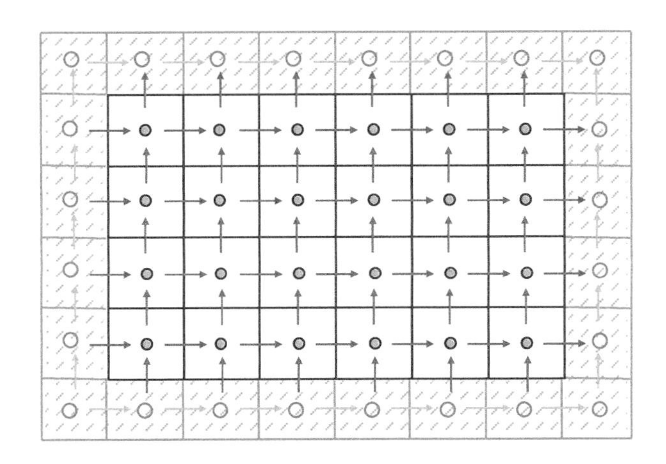

图 3-6 错位网格边界条件的构造

常用的几种典型边界条件有：壁面、速度进口、出口、对称边界等。以下针对各种边界条件，逐一说明处理方法。为了便于叙述，仍然采用均匀直角网格。

(1) 壁面无滑移边界条件

以“西边界为无滑移边界”为例，边界值满足如下关系：

$$u_{\mathrm{bc},\,j}=0$$
$$v_{\mathrm{bc},\,j+1/2}=v_{\mathrm{wall}} \tag{3.34}$$

式中，下标 bc 表示边界。由于西边界储存水平速度，而没有储存竖直速度，所以 $u_{\mathrm{bc},\,j}=0$ 可以直接给定，而 $v_{\mathrm{bc},\,j+1/2}=v_{\mathrm{wall}}$ 通过边界相邻节点插值的方法设置，即：

$$v_{\mathrm{wall}}=\frac{1}{2}(v_{\mathrm{bc}-1/2,\,j+1/2}+v_{\mathrm{bc}+1/2,\,j+1/2}) \tag{3.35}$$

式中，$v_{\mathrm{bc}-1/2,\,j+1/2}$ 是计算域外的虚拟点。则西边界竖直方向速度设定如下：

$$v_{\mathrm{bc}-1/2,\,j+1/2}=2v_{\mathrm{wall}}-v_{\mathrm{bc}+1/2,\,j+1/2} \tag{3.36}$$

无滑移边界条件应用于其他边界（如东边界、南边界、北边界）的处理方法类似，这里不再逐一说明。

(2) 速度进口边界条件

以“西边界为速度进口边界”为例，边界值满足如下关系：

$$u_{\mathrm{bc},\,j}=u_{\mathrm{in}}$$
$$v_{\mathrm{bc},\,j+1/2}=0 \tag{3.37}$$

式中，$u_{\mathrm{bc},\,j}=u_{\mathrm{in}}$ 直接给定。$v_{\mathrm{bc},\,j+1/2}=0$ 通过边界相邻节点插值的方法设置，即：

$$0=\frac{1}{2}(v_{\mathrm{bc}-1/2,\,j+1/2}+v_{\mathrm{bc}+1/2,\,j+1/2}) \tag{3.38}$$

则西边界竖直方向速度设定如下：

$$v_{\mathrm{bc}-1/2,\,j+1/2}=-v_{\mathrm{bc}+1/2,\,j+1/2} \tag{3.39}$$

(3) 出口边界条件

以"东边界为出口边界"为例，边界值满足如下关系：

$$(\partial u/\partial x)_{\mathrm{bc},\,j}=0$$
$$v_{\mathrm{bc},\,j+1/2}=0 \tag{3.40}$$

式中，$u_{\mathrm{bc},\,j}$ 直接给定，即 $u_{\mathrm{bc},\,j}=u_{\mathrm{bc}-1,\,j}$。$v_{\mathrm{bc},\,j+1/2}=0$ 的设置方法与式(3.39)类似，即 $v_{\mathrm{bc}+1/2,\,j+1/2}=-v_{\mathrm{bc}-1/2,\,j+1/2}$。上述进口边界和出口边界条件应用于其他边界(如南边界、北边界)的处理方法类似。

(4) 对称边界条件

以"南边界为对称边界"为例，边界值满足如下关系：

$$(\partial u/\partial y)_{i+1/2,\,\mathrm{bc}}=0$$
$$v_{i,\,\mathrm{bc}}=0 \tag{3.41}$$

式中，$v_{i,\,\mathrm{bc}}=0$ 直接给定。$\partial u/\partial y=0$ 通过如下计算式设定：

$$u_{i+1/2,\,\mathrm{bc}-1/2}=u_{i+1/2,\,\mathrm{bc}+1/2} \tag{3.42}$$

3.4 分步算法的程序实现

以上介绍了分步算法和各个方程的离散。依次按照方程(3.29)和(3.30)计算预估速度，方程(3.31)计算压力，方程(3.33)对预估速度进行修正，从而得到下个时刻的速度。采用程序实现算法时，首先需要考虑两个问题：全局变量和总体计算流程。程序清单 3-1 列出了二维 N-S 方程显式分步算法计算程序。全局变量包括计算条件(物理条件、几何条件、计算参数)，网格数组和物理量数组。

二维空间被等分成 $NX\times NY$ 的均匀直角网格，网格尺寸为$h_x\times h_y$。网格

(i, j) 对应的区域为 $[(i-1)h_x, ih_x] \times [(j-1)h_y, jh_y]$，其中，$i=1, \cdots, NX$；$j=1, \cdots, NY$。物理量数组的维数是 $[(NX+2), (NY+2)]$，在一个方向上，节点数量比网格数量多2个，这是为了引入边界条件。压力 p 储存在网格 (i, j) 的中心，即 $[(i-0.5)h_x, (j-0.5)h_y]$，其边界值存储在数组 $i=0$ 和 $(NX+1)$，$j=1$ 和 $(NY+1)$。水平速度 u 储存在网格线 (i)，即 $[ih_x, (j-0.5)h_y]$，其边界值存储在数组 $i=0$ 和 (NX)，$j=0$ 和 $(NY+1)$。类似地，竖直速度 v 储存在网格线 (j)，即 $[(i-0.5)h_x, jh_y]$，其边界值储存在数组 $i=0$ 和 $(NX+1)$，$j=0$ 和 (NY)。

在全局变量之后，定义了几个模块化函数，用于在主函数中调用。为了叙述紧凑，这里暂不展开说明自定义的函数，后面将逐一介绍主要函数的实现。在主函数中，首先初始化流场，然后进入时间步循环计算。在每个时间步计算中，依次调用函数求解预估速度方程，计算压力泊松方程源项，求解压力泊松方程、修正速度，实施边界条件，然后每隔一定时间步数计算流函数和涡量函数并保存结果。主函数按照模块化方法实现，这样做的好处是程序直接反映算法，易于理解。

程序清单 3-1　二维 N-S 方程显式分步算法计算程序(全局变量和主函数)

```
# ------------------------------ global variables ------------------------------
### problme state
subFolder = "results_cavity/"
problemTitle = "mac_cavity"
numUDS = 5
titleUDS = ("stream","vortex","Yi","k","epsi")
global tecFileID

nxcv = int(input("Please enter number of CV x direction (nxcv=20): "))
nycv = int(input("Please enter number of CV y direction (nycv=20): "))

### geometry setting
xwest = 0.; xeast = 1.; ysouth = 0.; ynorth = 1.

### physical setting
xwest = 0.; xeast = 1.; ysouth = 0.; ynorth = 1.
RE = 100.; rho = 1.; uLID = 1.
vis = rho*uLID*(xeast-xwest)/RE
nu = vis/rho

### numerical setting
```

```
maxInnerIter = 1000; errnorm_target = 1e-3; omega = 1.7; tau = 0.25
t_end = 2.; dt = 0.02; dt_save = 0.05
ntsave = int(dt_save/dt)
curTime = 0.

### CREATE mesh array
xh, xFace = meshing1dUniform(xwest,xeast,nxcv)
yh, yFace = meshing1dUniform(ysouth,ynorth,nycv)
xNode,yNode,xFraSe,yFraSn,volCell,Rf,Rp = \
    calcGeometry(nxcv,xFace,nycv,yFace,0)
dt = 1/(1/xh ** 2+1/yh ** 2) * RE/2  *  tau # recommended time step

### CREATE filed variable array
U = np.zeros((nxcv+2,nycv+2)) # fictitious points: U[:,0], U[:,nycv+1]
V = np.zeros((nxcv+2,nycv+2)) # fictitious points: V[0,:], V[nxcv+1,:]
P = np.zeros((nxcv+2,nycv+2))
P0 = np.zeros((nxcv+2,nycv+2))
Ustar = np.zeros((nxcv+2,nycv+2))
Vstar = np.zeros((nxcv+2,nycv+2))
RHSP = np.zeros((nxcv+2,nycv+2))
Uc = np.zeros((nxcv+2,nycv+2))
Vc = np.zeros((nxcv+2,nycv+2))
UDS = np.zeros((nxcv+2,nycv+2,numUDS)) # store UDS variables

# ------------------------------- functions ----------------------------------
def initializeFlowField():
def setBC_UV():
def setBC_P():
def solveUVstar():
def calcRHSofP():
def solvePoissonEqu():
def correctUV():
def openAndSaveInitialResults():
def calcStreamFunctionVortex():

#------------------------------- main program ----------------------------------
if __name__ == "__main__":
    global tecFileID
    initializeFlowField()
    setBC_UV()
    if not os.path.exists(subFolder):
```

```
    os.makedirs(subFolder)
openAndSaveInitialResults()

### begin of time loop
iterCount = []
iterErr = []
istep = 0
while curTime<t_end:
    istep += 1
    curTime += dt
    solveUVstar()
    calcRHSofP()
    continuityErr = solvePoissonEqu()
    print ("====== timeid=%05d, time =%6.2e, continutyErr=%6.2e==
==== " %(istep,curTime,continuityErr))
    correctUV()
    setBC_UV()
    iterCount.append(curTime)
    iterErr.append(continuityErr)
    if istep%ntsave == 0:
        calcStreamFunctionVortex()
        exportToTecplot(tecFileID,curTime,xNode,yNode,Uc,Vc,P, \
                        UDS,titleUDS,numUDS,nxcv,nycv)

### after time loop
tecFileID.close()
fig = plt.figure(figsize = (6, 4))
plt.semilogy(iterCount, iterErr)
plt.xlabel('time (s)', fontsize=15)
plt.ylabel('residual error', fontsize=15)
plt.savefig('./plot_residualerror.jpg', format = 'jpg', dpi = 600, bbox_inches =
'tight')
plt.show()

print('Program Complete')
```

预估速度 u^* 和 v^* 采用公式(3.29)和(3.30)计算，程序实现如下：

```
def solveUVstar():
    for i in range(1,nxcv):
```

```
        for j in range(1,nycv+1):
            duudx = ((U[i,j]+U[i+1,j]) * * 2 - (U[i-1,j]+U[i,j]) * * 2)/
                    (4.0 * xh)
            duvdy = ((V[i,j]+V[i+1,j]) * (U[i,j]+U[i,j+1]) \
                    - (V[i,j-1]+V[i+1,j-1]) * (U[i,j-1]+U[i,j]))/(4.0 *
                    yh)
            laplu = (U[i+1,j]-2.0 * U[i,j]+U[i-1,j]) * (nu/xh/xh) \
                   + (U[i,j+1]-2.0 * U[i,j]+U[i,j-1]) * (nu/yh/yh)
            Ustar[i,j] = U[i,j] + dt * (laplu-duudx-duvdy)

    for i in range(1,nxcv+1):
        for j in range(1,nycv):
            duvdx = ((U[i,j]+U[i,j+1]) * (V[i,j]+V[i+1,j]) \
                    - (U[i-1,j]+U[i-1,j+1]) * (V[i-1,j]+V[i,j]))/(4.0 *
                    xh)
            dvvdy = ((V[i,j]+V[i,j+1]) * * 2 - (V[i,j-1]+V[i,j]) * * 2)/
                    (4.0 * yh)
            laplv = (V[i+1,j]-2.0 * V[i,j]+V[i-1,j]) * (nu/xh/xh) \
                   + (V[i,j+1]-2.0 * V[i,j]+V[i,j-1]) * (nu/yh/yh)
            Vstar[i,j] = V[i,j] + dt * (laplv-duvdx-dvvdy)

    # at external boundary
    Ustar[0,:] = U[0,:]
    Ustar[nxcv,:] = U[nxcv,:]
    Vstar[:,0] = V[:,0]
    Vstar[:,nycv] = V[:,nycv]
```

压力泊松方程的源项按照式(3.31)的等号右边项计算,并按照式(3.32)采用 Gauss-Seidel 迭代法求解压力泊松方程。

```
def calcRHSofP():
    dtxh = 1.0/(dt * xh)
    dtyh = 1.0/(dt * yh)
    for i in range(1,nxcv+1):
        for j in range(1,nycv+1):
            RHSP[i][j] = (Ustar[i][j]-Ustar[i-1][j]) * dtxh \
                        + (Vstar[i][j]-Vstar[i][j-1]) * dtyh
```

```
def solvePoissonEqu():
    it = 0
    errnorm = 100.
    while (it<maxInnerIter):
        it += 1
        setBC_P()
        P0[:,:] = P[:,:]
        for i in range(1,nxcv+1):
            for j in range(1,nycv+1):
                P[i,j] = (((P[i+1,j]+P[i-1,j])*yh**2 + (P[i,j+1]+
                P[i,j-1])*xh**2-RHSP[i,j]*xh**2*yh**2)/(2*(xh**2+
                yh**2)))*omega + (1-omega)*P[i,j]

        if (it>2):
            errnorm = np.max(np.abs(P-P0))/np.max(np.abs(P0))
            #print ("iter = %4d, errnorm=%8.4e" %(it,errnorm))

        if (errnorm < errnorm_target):
            print ("poisson solver: converged at iter = %4d, errnorm=%8.4e" %
            (it,errnorm))
            break
    return errnorm
```

按照式(3.33)利用压力对速度进行修正,得到下一时刻速度。

```
def correctUV():
    U[1:nxcv,1:nycv+1] = Ustar[1:nxcv,1:nycv+1] \
                         - (dt/xh)*(P[2:nxcv+1,1:nycv+1]-P[1:nxcv,1:nycv+1])
    V[1:nxcv+1,1:nycv] = Vstar[1:nxcv+1,1:nycv] \
                         - (dt/yh)*(P[1:nxcv+1,2:nycv+1]-P[1:nxcv+1,1:nycv])
    # extrapolate values at (virtual) Edges
    U[nxcv+1,:] = U[nxcv,:]
    V[:,nycv+1] = V[:,nycv]
```

针对四个边界都是壁面无滑移边界条件(针对3.5.1节方腔顶盖驱动流动),速度边界条件实现如下:

```
def setBC_UV():
    # bottom, wall
    U[:,0] = -U[:,1]
    V[:,0] = 0.
    # top, moving wall
    U[:,nycv+1] = 2*uLID - U[:,nycv]
    V[:,nycv] = 0.
    # left, wall
    U[0,:] = 0.
    V[0,:] = -V[1,:]
    # right, wall
    U[nxcv,:] = 0.
    V[nxcv+1,:] = -V[nxcv,:]
```

针对西边界流入、东边界流出的边界条件(针对 3.5.2 节平板间流动),速度边界条件实现如下:

```
def setBC_UV():
    # bottom, wall
    U[:,0] = -U[:,1]
    V[:,0] = 0.
    # top, wall
    U[:,nycv+1] = -U[:,nycv]
    V[:,nycv] = 0.
    # left, IN
    U[0,:] = uLID
    V[0,:] = V[1,:]
    # right, OUT
    U[nxcv,:] = U[nxcv-1,:]
    V[nxcv+1,:] = V[nxcv,:]
```

3.5 计算实例

3.5.1 方腔顶盖驱动流动

方腔顶盖驱动流动问题是检验 CFD 方法可靠性的经典算例之一。图 3-7

是方腔顶盖驱动流动示意图。二维方腔中充满了流体，顶盖为移动壁面，其余三个面为固定壁面。当顶盖沿着水平方向运动时，流体被带动而形成环状运动。

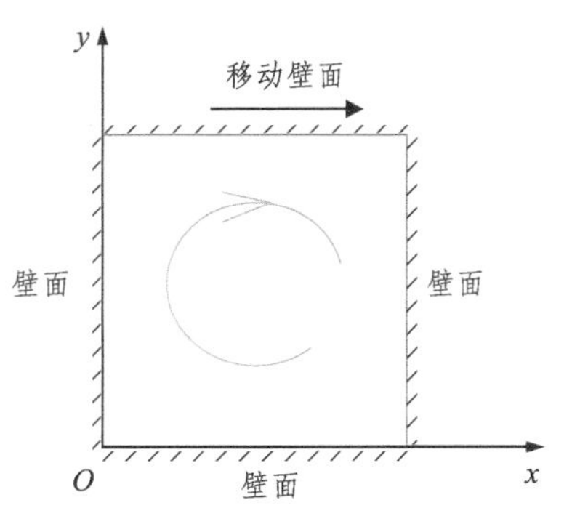

图 3-7　方腔顶盖驱动流动示意图

给定如下计算条件：方腔边长为 1.0 m、流体密度为 1.0 kg/m^3、黏度为0.01 kg/(m·s)、盖板移动速度为 1.0 m/s，对应雷诺数 Re 为 100。方腔的 4 个壁面均满足无滑移边界条件。

取网格数量为 20×20，采用显式分步算法计算，得到不同时刻的流函数分布图，见图 3-8。对应的速度矢量图如图 3-9 所示。盖板引起了一个明显的旋涡，下面进一步检验计算结果的精度。

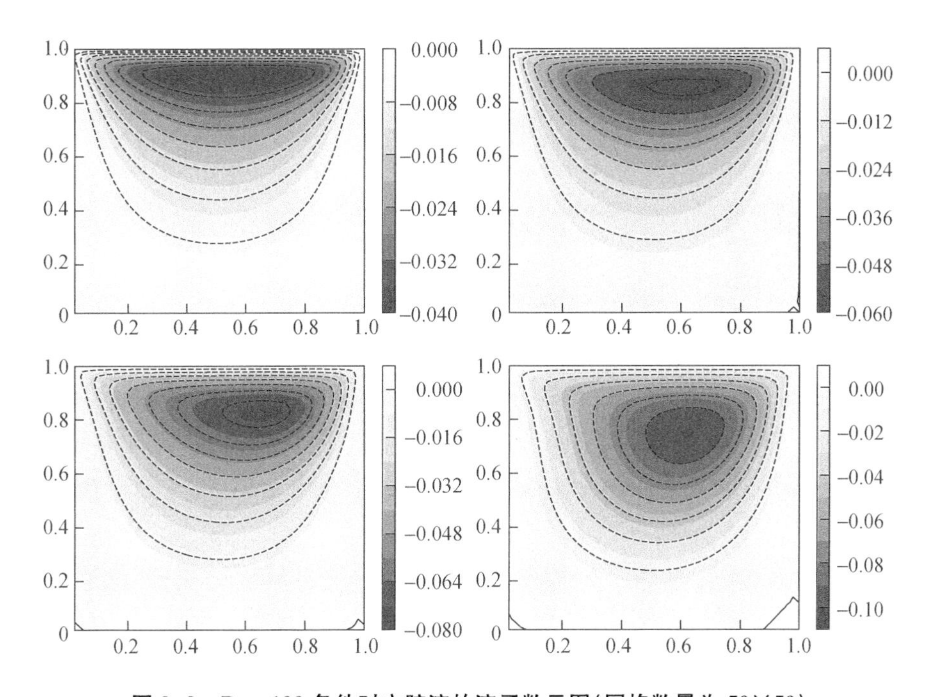

图 3-8　Re＝100 条件时方腔流的流函数云图(网格数量为 50×50)

在很多文献中可以查阅到方腔流的精确解，如文献[13]。图 3-10 和图 3-11分别给出 Re ＝100 条件下竖直中心线处速度 u、水平中心线处速度 v 的模拟结果，并与文献[13]等的精确解进行对比。可以发现，当网格数量分别是 25×25 和50× 50 时，模拟结果均和文献结果吻合。

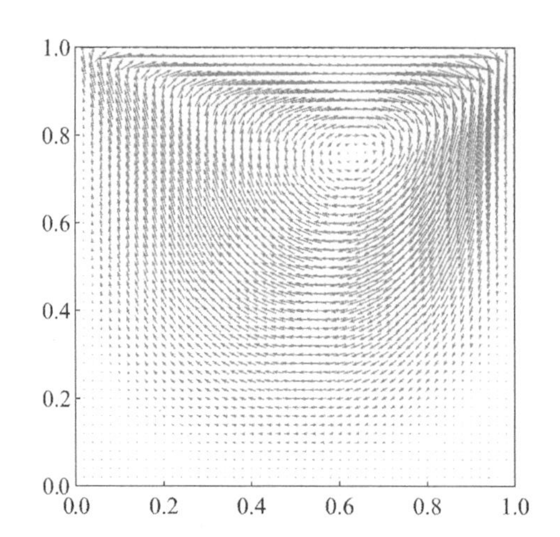

图 3-9　*Re*=100 条件时方腔流的速度矢量图(网格数量为 50×50)

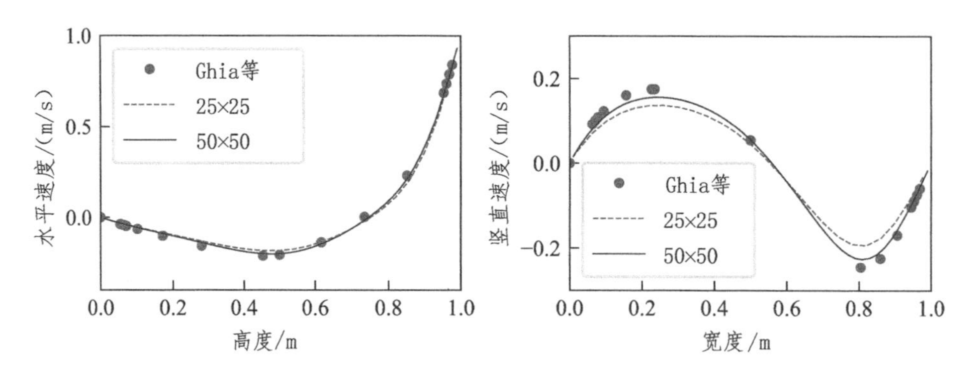

图 3-10　*Re*=100 时方腔竖直中心线处水平方向速度

图 3-11　*Re*=100 时方腔水平中心线处竖直方向速度

3.5.2　平板间流动

平板间流动是经典的流体力学问题。当流体处于层流状态时，平板间的水平速度呈抛物线分布。图 3-12 是平板间流动示意图，左边界是均匀速度进口，右边界是自由出口，上边界和下边界是无滑移壁面。

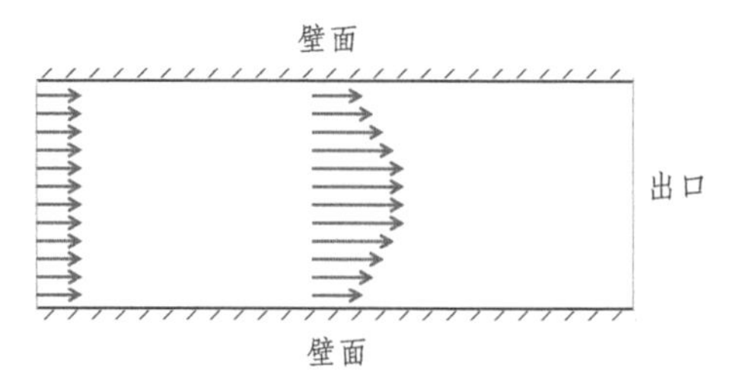

图 3-12　平板间流动问题示意图

给定如下计算条件：平板长为 1.2 m，平板间距离为 0.2 m，流体密度为1.0 kg/m^3、黏度为 0.01 kg/(m·s)，进口给定的均匀速度为1 m/s，对应雷诺数 Re 为 20。

采用显式分步算法计算，网格数量为 20×120，图 3-13 表示速度分布云图。由图可见，在进入通道后一段距离，速度沿截面形成了稳定的分布，中间区域速度大，而壁面附近流体速度小。如图 3-14，在不同网格计算条件下得到的速度沿截面呈抛物线分布，与理论解一致。在计算过程中监视出口质量流率稳定在 0.2 kg/s，等于进口质量流率。

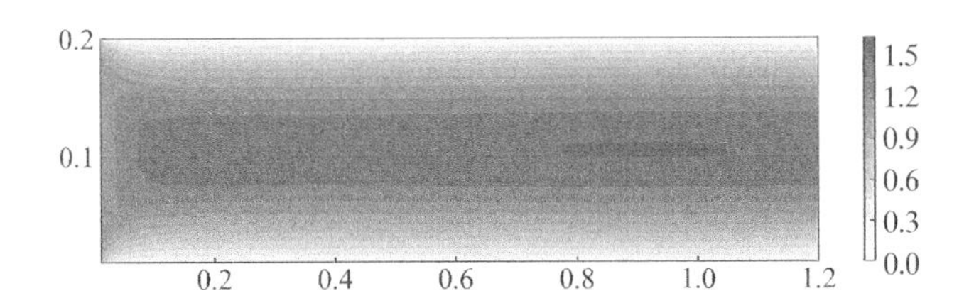

图 3-13　Re=20 时平板间速度分布云图(网格数量为 20×120)

以上两个计算实例结果的精确性很好，表明显式分步算法是可靠的计算方法。但是，需要说明的是，本章介绍的显式分步算法，其非稳态项离散只有一阶精度，空间项采用的中心差分离散格式也存在局限，在某些条件下可能会导致计算发散。本章介绍的计算实例较为简单，当计算对象复杂时，需要采用高阶的离散格式，我们将在第 6 章中介绍。对于不可压缩流动方程的求解，除了本章介绍的显式分步算法，还有隐式和半隐式、速度-压力耦合算法等，我们将在后续章节中介绍。

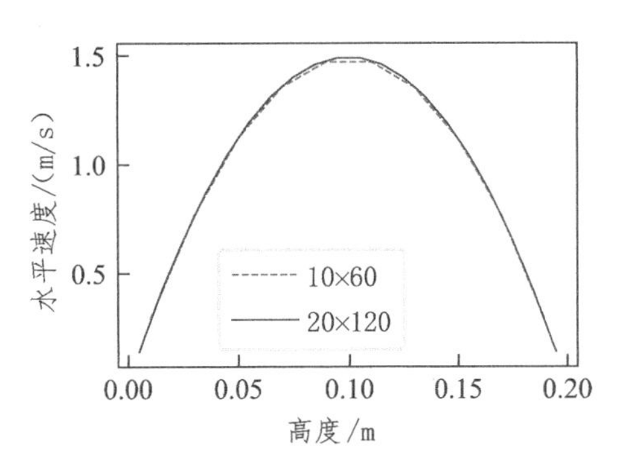

图 3-14　Re=20 时平板间水平速度沿截面的分布

3.6　本章知识要点

- 求解不可压缩流动方程的显式分步算法；
- 错位网格体系中压力和速度储存和编号方式；
- 动量方程中各项(非稳态项、对流项、黏性力项、压力梯度项)的离散化方法；

- 压力泊松方程的构建及其源项的意义；
- 典型边界条件(如壁面、速度进口、出口、对称边界等)的实现方法；
- 显式分步算法的时间步长的稳定性条件。

练习题

1. 根据动量方程速度分量 u 方程的离散化方法，详细推导速度分量 v 的离散化方程。

2. 针对方腔顶盖驱动流动问题，计算雷诺数为 400 和 1 000 时速度和流函数分布，得到速度场和压力场，与解析解对比，分析雷诺数对方腔内流函数分布特征的影响。

3. 针对平板间流动问题，将速度进口改为压力进口、上板改为移动壁面，其他边界条件不变，即 Couette 流动问题，计算速度场和压力场，与解析解对比，分析进出口压力梯度对速度分布的影响。

4. 泰勒-格林涡(Taylor-Green Vortex)描述涡逐渐衰减的非稳态流动过程，是方形区域不可压缩 Navier-Stokes 方程的精确封闭解，常用于测试和验证 Navier-Stokes 方程非稳态数值求解精度。给定方形区域，$0 \leqslant x \leqslant 2\pi$，$0 \leqslant y \leqslant 2\pi$，非定常、全周期流动，速度和压力的初始状态由下列解析式设定，泰勒-格林涡流的速度场和压力场在二维空间上表示为：

$$u(x, y, t) = \cos(kx)\sin(ky)\, \mathrm{e}^{-2\nu k^2 t}$$

$$v(x, y, t) = -\sin(kx)\cos(ky)\, \mathrm{e}^{-2\nu k^2 t}$$

$$p(x, y, t) = -\frac{1}{4}\rho[\cos x(2kx) + \cos(2kx)]\, \mathrm{e}^{-4\nu k^2 t}$$

其中，常数 k 表示周期数，可以取不同的整数。流体性质采用无量纲值，取 $\nu=1$，$\rho=1$。计算速度场和压力场随时间的动态变化特征，并和解析解对比，分析时间步长对非稳态数值求解精度的影响。

5. 在学习完第 4 章和第 5 章之后，采用有限体积法推导显式分步算法离散化方程，并与本章的有限差分法推导的离散化方程对比。

第 4 章

有限体积法

第 2 章和第 3 章分别介绍了有限差分法求解典型的模型方程和 N-S 方程。从本章开始介绍有限体积法求解标量守恒方程和 N-S 方程。与有限差分法不同,有限体积法从控制方程的积分形式出发对方程进行离散求解。在有限体积法中,首先将计算域划分为一系列互不重叠的控制体,利用守恒方程对每个控制体积分,整理成一组关于节点未知量的代数方程组并求解,从而得到变量在空间的分布。有限体积法在离散过程中保持了方程的守恒性。有限体积法适用于不同类型的网格,因此在求解复杂几何问题时具有优势,大部分的计算流体力学商业软件是基于有限体积法原理开发的。本章及后续两章的求解问题限定在直角坐标系。针对复杂几何问题的求解方法将在第 7 章中介绍。

4.1 有限体积法基础

以通用标量守恒方程为对象展开有限体积法的讲解。方程的二维标量形式如下：

$$\frac{\partial(\rho\phi)}{\partial t}+\frac{\partial(\rho u\phi)}{\partial x}+\frac{\partial(\rho v\phi)}{\partial y}=\frac{\partial}{\partial x}\left(\Gamma\frac{\partial\phi}{\partial x}\right)+\frac{\partial}{\partial y}\left(\Gamma\frac{\partial\phi}{\partial y}\right)+q_{\phi} \tag{4.1}$$

式中,ρ 是流体密度,Γ 是扩散系数,守恒方程由非稳态项、对流项、扩散项、源项组成。变量 ϕ 可以表示流体的某个性质,如温度、组分浓度、湍流度等。方程的矢量形式如下：

$$\frac{\partial(\rho\phi)}{\partial t}+\nabla\cdot(\rho\boldsymbol{u}\phi)=\nabla\cdot(\Gamma\nabla\phi)+q_{\phi} \tag{4.2}$$

本章是在速度 $\boldsymbol{u}$ 已知的情况下求解变量 ϕ 的分布。如果速度未知,则还要求解动量方程。

有限体积法将计算域划分为一系列互不重叠的控制体,图 4-1 为二维直角坐标有限体积网格示意图。每个微元控制体代表一个计算单元，控制体几何中心存储变量。微元控制体由封闭面环绕，相邻控制体共用一个面，其中一些控制体的面与计算域边界重合，计算域边界也存储变量。

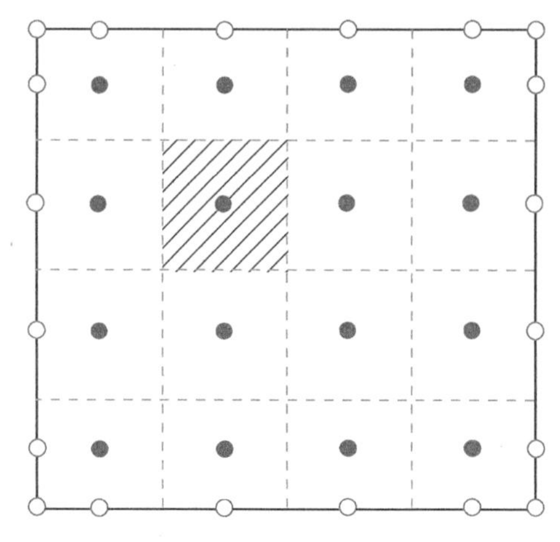

图 4-1　二维直角坐标有限体积网格示意图

将方程(4.2)应用于每个控制体，得到该节点和相邻节点的离散代数方程，从而建立一组关于节点的代数方程组。为了得到每个控制体的代数方程，需要对方程(4.2)在微元控制体上进行积分：

$$\int_V \frac{\partial(\rho\phi)}{\partial t}\,\mathrm{d}V + \int_V \nabla\cdot(\rho\boldsymbol{u}\phi)\,\mathrm{d}V = \int_V \nabla\cdot(\Gamma\,\nabla\phi)\,\mathrm{d}V + \int_V q_\phi\,\mathrm{d}V \tag{4.3}$$

采用高斯定律将对流项和扩散项的体积分转变为面积分，得：

$$\int_V \frac{\partial(\rho\phi)}{\partial t}\,\mathrm{d}V + \int_S \rho\boldsymbol{u}\phi\cdot\mathrm{d}S = \int_S \Gamma\,\nabla\phi\cdot\mathrm{d}\boldsymbol{S} + \int_V q_\phi\,\mathrm{d}V \tag{4.4}$$

以下对方程(4.4)中的面积分和体积分的近似计算做概要介绍。为了便于叙述，需要对微元控制体节点进行编号，图 4-2 给出了二维坐标有限体积法的节点记号方法。该记号方法适用于结构化网格。可以通过增加或减小网格序号，直接给出控制体的相邻节点。在有限体积法中，习惯采用局部编号方法，主节点用 P 表示，与 P 点相邻的左边、右边、下边、上边的节点分别记为 W、E、S、N，它们之间的界面分别用 w、e、s、n 表示。

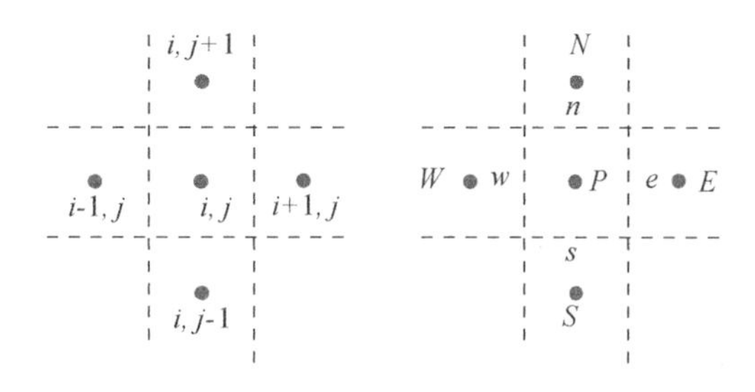

图 4-2　二维坐标有限体积法的节点记号方法

通过控制体边界的净流量是通过每个面的流量的积分之和，即：

$$F = \int_S f\,\mathrm{d}S = \sum_k \int_{S_k} f\,\mathrm{d}S \tag{4.5}$$

式中，f 表示通过面的对流流率 $\rho\boldsymbol{u}\phi\cdot\boldsymbol{n}$，或扩散流率 $\Gamma\nabla\phi\cdot\boldsymbol{n}$。当速度和流体性质已知时，该计算式中仅 ϕ 未知。如果速度未知，则该项是非线性项，它的处理方法将在后续流场求解章节中介绍。

为了精确计算面积分，需要知道变量在面各处的值，但是这不现实。通常将面积分近似为变量按面的平均值和面积的乘积，而变量按面的平均值近似等于面中心处的变量值。以东面为例：

$$F_e=\int_{S_e} f\,\mathrm{d}S=\bar{f}_e S_e\approx f_e S_e \tag{4.6}$$

则通过控制体边界的净流量为：

$$F=F_e+F_w+F_n+F_s\approx f_e S_e+f_w S_w+f_n S_n+f_s S_s \tag{4.7}$$

在方程(4.6)和(4.7)中，用面中心处的值近似变量平均值的方法称为“中心点”法则，该近似方法具有二阶精度。如果利用面多点位置处的变量值构造变量平均值，则可以得到更高阶精度的近似式。一般情况下，采用“中心点”法则。

面中心处的变量值是未知的，需要利用储存在控制体中心处的变量值插值得到，这个过程就引入了多种离散格式：针对扩散通量，通常采用中心差分格式计算；针对对流通量，有不同的离散格式，常用的有迎风格式、中心差分格式、二次方迎风插值格式、幂函数格式等经典格式，还有很多先进的高分辨格式。

方程(4.4)中源项的体积分为：

$$Q_P=\int_V q_\phi\,\mathrm{d}V=\bar{q}\Delta V\approx q_P\Delta V \tag{4.8}$$

式中，q_P 表示控制体中心处的变量值，即用控制体中心值代表控制体平均值，这是最简单的具有二阶精度的离散格式。由于网格中心处变量的值是已知的，故该式不需要进行空间插值。需要注意的是，当源项是变量的函数时，采用显式或隐式方法处理源项，得到的离散代数方程的系数不同。

方程(4.4)中非稳态项的体积分为：

$$\int_V \frac{\partial(\rho\phi)}{\partial t}\,\mathrm{d}V\approx\left(\frac{\partial\rho\phi}{\partial t}\right)_P\Delta V\approx\rho\,\frac{\phi_P-\phi_P^0}{\Delta t}\Delta V \tag{4.9}$$

这与源项的处理方法相同，采用控制体中心值代表控制体平均值。对于变量时间导数的计算，可以采用欧拉显式、欧拉隐式、龙格-库塔(Runge-Kutta)等格式，这里为了便于叙述，我们采用欧拉隐式格式离散，该格式时间上具有一阶精度，但是稳定性较好。

将方程(4.7)~(4.9)代入方程(4.4)得到:

$$\frac{\rho \Delta V}{\Delta t}(\phi_P - \phi_P^0) + \sum_k F_k^{\mathrm{c}} = \sum_k F_k^{\mathrm{d}} + q_P \Delta V \tag{4.10}$$

式中,F_k^{c} 是通过面k 的对流通量,F_k^{d} 是通过面k 的扩散通量,上角标 c 和 d 分别是对流和扩散的缩写。该方程即是离散形式的变量守恒方程,表明物理量当地变化率等于净通量和源项之和。如果将所有微元控制体的守恒方程相加,对于内部面两边的控制体单元,通量的流入量和流出量数值相等、方向相反,则积分后内部面的通量抵消,得到总体守恒方程。因此,有限体积法在离散过程中保持了方程的守恒性。

通过上述介绍可知,有限体积法的核心是:先建立微元控制体的积分守恒控制方程的离散形式,再采用节点值表示积分守恒方程,从而组建关于节点的离散方程组。本章从简单问题逐渐过渡到复杂问题,依次讲解有限体积法求解扩散方程、对流扩散方程、非稳态对流扩散方程问题。

4.2 扩散方程

4.2.1 数学方程

二维直角坐标扩散方程如下:

$$\frac{\partial}{\partial x}\left(\Gamma \frac{\partial \phi}{\partial x}\right) + \frac{\partial}{\partial y}\left(\Gamma \frac{\partial \phi}{\partial y}\right) = 0 \tag{4.11}$$

式中,Γ 表示扩散系数。方程只包括扩散项,常用于描述热传导、Stokes 流、分子扩散过程等,相应地,Γ 为导热系数、运动黏度、分子扩散系数。

4.2.2 离散化求解方法

第 1 步:网格划分

采用均匀网格划分计算区域,如图 4-3 所示。二维空间被分为 $NX \times NY$ 个控制体。NX 和 NY 分别表示 x 方向和 y 方向的网格数量。每个控制体中心

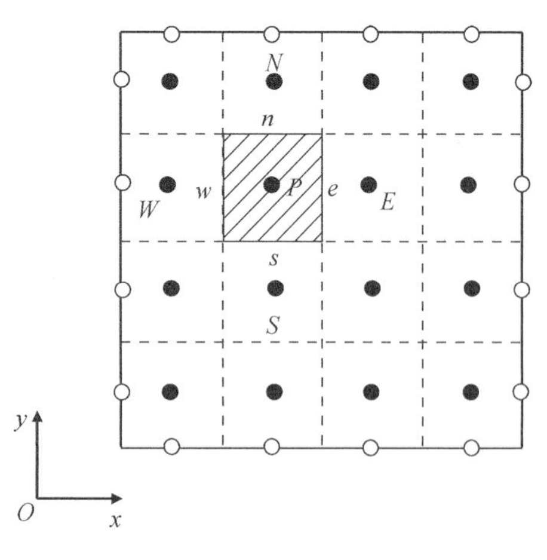

图 4-3 有限体积网格示意图

记为节点，变量储存在节点。除此以外，计算区域的边界上也布置相应的节点。在一个方向上，节点数量比网格数量多两个。采用局部编号方法，主节点用P表示，与P点相邻的东面节点记为E，它们之间的界面记为e，其他方向相邻节点采用类似方法记号。

第 2 步：离散化方程

在微元控制体上对方程进行积分，得：

$$\int_V \left[\frac{\partial}{\partial x}\left(\Gamma \frac{\partial \phi}{\partial x}\right)+\frac{\partial}{\partial y}\left(\Gamma \frac{\partial \phi}{\partial y}\right)\right] \mathrm{d}V=0 \tag{4.12}$$

应用高斯定律将体积分转变为面积分，得：

$$\int_S \Gamma \nabla \phi \cdot \mathrm{d}\boldsymbol{S}=0 \tag{4.13}$$

展开如下：

$$\int_{S_e} \Gamma \nabla \phi \cdot \mathrm{d}\boldsymbol{S}_e+\int_{S_w} \Gamma \nabla \phi \cdot \mathrm{d}\boldsymbol{S}_w+\int_{S_n} \Gamma \nabla \phi \cdot \mathrm{d}\boldsymbol{S}_n+\int_{S_s} \Gamma \nabla \phi \cdot \mathrm{d}\boldsymbol{S}_s=0 \tag{4.14}$$

以东面“e”为例，梯度和面的点积计算如下：

$$F_e^{\mathrm{d}}=\int_{S_e} \Gamma \nabla \phi \cdot \mathrm{d}\boldsymbol{S}_e \approx\left(\Gamma \frac{\partial \phi}{\partial x}\right)_e S_e \tag{4.15}$$

式中，F_e^{d} 表示通过东面的扩散通量。由于在直角坐标系中，东面的法向方向为水平方向，所以，点积计算后只用到水平方向梯度分量。假设变量在微元空间线性分布，采用中心差分计算东面面心处的梯度，得：

$$\left(\Gamma \frac{\partial \phi}{\partial x}\right)_e S_e \approx \frac{\Gamma S_e}{x_E-x_P}\left(\phi_E-\phi_P\right) \tag{4.16}$$

同理，得到另外三个面的扩散通量：

$$\begin{aligned}
F_w^{\mathrm{d}} &\approx\left(\Gamma \frac{\partial \phi}{\partial x}\right)_w S_w \approx \frac{-\Gamma S_w}{x_P-x_W}\left(\phi_P-\phi_W\right) \\
F_n^{\mathrm{d}} &\approx\left(\Gamma \frac{\partial \phi}{\partial x}\right)_n S_n \approx \frac{\Gamma S_n}{x_N-x_P}\left(\phi_N-\phi_P\right) \\
F_s^{\mathrm{d}} &\approx\left(\Gamma \frac{\partial \phi}{\partial x}\right)_s S_s \approx \frac{-\Gamma S_s}{x_P-x_S}\left(\phi_P-\phi_S\right)
\end{aligned} \tag{4.17}$$

将上述方程代入方程(4.13)，并按照节点整理，得：

$$
\frac{\Gamma S_e}{x_E - x_P}\phi_E + \frac{\Gamma S_w}{x_P - x_W}\phi_W + \frac{\Gamma S_n}{x_N - x_P}\phi_N + \frac{\Gamma S_s}{x_P - x_S}\phi_S + \left(\frac{-\Gamma S_e}{x_E - x_P} + \frac{-\Gamma S_w}{x_P - x_W} + \frac{-\Gamma S_n}{x_N - x_P} + \frac{-\Gamma S_s}{x_P - x_S}\right)\phi_P = 0 \tag{4.18}
$$

通常离散方程采用记号的形式表示，即：

$$
\begin{aligned}
& a_P\phi_P + a_E\phi_E + a_W\phi_W + a_N\phi_N + a_S\phi_S = b \\
& a_E = D_e, \quad a_W = D_w \\
& a_N = D_n, \quad a_S = D_s \\
& a_P = -\sum_{nb=E,W,N,S} a_{nb} \\
& b = 0
\end{aligned} \tag{4.19}
$$

式中，D 为通过界面的扩散阻力的倒数(也称为扩导)：

$$
\frac{\Gamma S_i}{dx_i} = D_i \tag{4.20}
$$

式中，dx_i 为节点之间的距离，S_i 为界面的面积，i 分别取值 e，w，n，s。

方程(4.19)可进一步简记为：

$$
\begin{aligned}
& a_P\phi_P + \sum_{nb=E,W,N,S} a_{nb}\phi_{nb} = b \\
& a_{nb} = D_i \\
& a_P = -\sum_{nb=E,W,N,S} a_{nb} \\
& b = 0
\end{aligned} \tag{4.21}
$$

以上代数方程适用于所有微元控制体，即建立了所有内节点的代数方程。对于与边界相邻的内节点，还需要考虑边界条件对其代数方程的影响。

第3步：实施边界条件

以西边界为例介绍边界条件的处理方法。与西边界相邻节点满足如下代数方程：

$$
a_P\phi_P + a_W\phi_W + \sum_{nb=E,N,S} a_{nb}\phi_{nb} = b \tag{4.22}
$$

式中，ϕ_W 即西边界节点。省略号表示其余内节点。

(1) 第一类边界条件：已知 ϕ_W，对应于传热过程中给定温度的边界条件，则代数方程为：

$$
a_P\phi_P + \sum_{nb=E,N,S} a_{nb}\phi_{nb} = b - a_W\phi_W \tag{4.23}
$$

则原代数方程的系数做如下修改：

$$b \leftarrow b - a_W \phi_W, \quad a_W \leftarrow 0 \tag{4.24}$$

(2) 第二类边界条件：已知 $S_w \Gamma \dfrac{\phi_P - \phi_W}{dx_{PW}} = q_B$，对应于传热过程中给定热流率的边界条件。由给定条件得：$\phi_W = \phi_P - \dfrac{dx_{PW}}{S_w \Gamma} q_B$，代入原代数方程，得：

$$a_P \phi_P + a_W \left(\phi_P - \frac{dx_{PW}}{S_w \Gamma} q_B \right) + \sum_{nb=E,\,N,\,S} a_{nb} \phi_{nb} = b \tag{4.25}$$

则原代数方程的系数做如下修改：

$$b \leftarrow b + a_W \frac{dx_{PW}}{S_w \Gamma} q_B, \quad a_P \leftarrow a_P + a_W, \quad a_W \leftarrow 0 \tag{4.26}$$

(3) 第三类边界条件：已知 $\Gamma \dfrac{\phi_P - \phi_W}{dx_{PW}} = h(\phi_W - \phi_\infty)$，对应于传热过程中对流传热的边界条件。由给定条件得：$\phi_W = \dfrac{1}{1 + dx_{PW} h / \Gamma} \phi_P + \dfrac{dx_{PW} h / \Gamma}{1 + dx_{PW} h / \Gamma} \phi_\infty$，记作 $m\phi_P + n\phi_\infty$，代入原代数方程，得：

$$a_P \phi_P + a_W (m\phi_P + n) + \sum_{nb=E,\,N,\,S} a_{nb} \phi_{nb} = b \tag{4.27}$$

则原代数方程的系数做如下修改：

$$b \leftarrow b - a_W n, \quad a_P \leftarrow a_P + a_W m, \quad a_W \leftarrow 0 \tag{4.28}$$

第 4 步：组建和求解代数方程组

至此，离散化矩阵方程的系数已经全部确定。

$$\boldsymbol{A}\{\phi\} = \boldsymbol{B}(n = 1,\ 2,\ \cdots,\ NX \times NY) \tag{4.29}$$

该矩阵方程含有 $NX \times NY$ 行和 $NX \times NY$ 个待求变量，因此方程具有确定解。矩阵中各项系数不依赖于变量 ϕ，因此，方程为线性方程。线性代数方程的求解方法有很多，如 Gauss-Seidel 迭代法，强隐式迭代法（Strongly Implict Procedure，简称 SIP），共轭梯度法，快速傅里叶变换法等，有很多成熟数学包可以使用。数学和计算机领域的学者仍然在开发更好更快的代数方程求解算法。本书使用 Gauss-Seidel 迭代法或 SIP 法。离散化代数方程组满足对角占优性质，是迭代法求解具有收敛性的必要条件。

4.2.3 计算实例：一维扩散问题

对于扩散方程(4.11)，仅考虑一维情况，给定无量纲长度 $L = 1$，扩散系数

$\Gamma=1$，边界 $x=0$ 处 $\phi=0$，$x=1$ 处 $\phi=1$。计算变量 ϕ 的分布，并和解析解对比。

4.2.4 程序实现

本节给出了一维扩散方程的计算程序。考虑本章的最终目的是求解含有非稳态项、对流项、扩散项和源项的通用标量方程，因此本节程序按照求解通用标量方程的结构设计。程序的总体框架见表 4-1。在此框架下，如果求解的是稳态问题，则时间步数为 1、时间步长无穷大。在每个时间步中，按照离散化方法求解方程，主要包括计算面通量，构造离散方程组系数，实施边界条件，然后求解代数方程，再更新边界值。

表 4-1 扩散方程(通用标量方程)求解程序的框架

(1) 设定计算条件:包括物理条件、几何条件、计算参数
(2) 为变量数组分配空间
(3) 初始化变量场
(4) 按时间循环
(4.1) 更新物性参数及源项
(4.2) 设置第一类边界条件
(4.3) 计算面通量
(4.4) 构造离散方程组系数
(4.5) 实施边界条件，修改与边界相邻节点的方程
(4.6) 求解代数方程
(4.7) 更新第二类和第三类边界值
(4.8) 每隔一定时间步保存计算结果
(5) 结束时间循环，输出结果并退出程序

程序仍然采用“全局变量、功能函数、主函数”的模块化结构。完整的计算程序见程序清单 4-1。程序首先导入了一些常用的自定义库函数，如划分网格、求解代数方程组和保存计算结果的函数，这些函数具有通用性，已经在外部程序中被定义。其次定义全局变量，包括物理条件、几何条件、计算参数、物理量数组、离散方程系数数组。然后定义一些本程序需要使用的模块化函数，如初始化变量场、设置材料物性参数、计算通过界面的通量、构造内部节点离散方程系数矩阵、设置边界条件、修改与边界相邻的节点方程系数、更新边界值。本例给出的是针对第一类边界条件的情况。对于其他类型边界，则需要修改相应的边界条件函数。最后进入主函数，首先初始化变量，然后开始进入时间循环，在每个时间循环中，通过调用模块化函数实现方程求解。

程序清单 4-1 一维稳态扩散方程有限体积法求解程序

```
import sys, os
sys.path.append("..")
from cfdbooktools import meshing1dUniform, calcGeometry1d, TDMA1d
import numpy as np
import matplotlib.pyplot as plt

# ----------------------------- global variables -----------------------------
subFolder = "results_cond1d/"
problemTitle = "cond1d"

nxcv = int(input("Please enter number of CV x direction (nxcv=50): "))

### physical and geometry condition
gam = 1.; fi0 = 0.; fi1 = 100.; xwest = 0.; xeast = 1.
isUnsteady = 0
if (isUnsteady == 1):
    timeStep = 0.05; ntmax = 20; ntsave = 5
else:
    timeStep = 1e30; ntmax = 1; ntsave = 1
epsi = 1e-3; curTime = 0.

### create mesh
xh, xFace = meshing1dUniform(xwest,xeast,nxcv)
xNode, xFraSe, DeltaV = calcGeometry1d(nxcv,xFace)

### define field variables
RHO = np.zeros((nxcv+2))
GAM = np.zeros((nxcv+2))
UX = np.zeros((nxcv+2))
FI = np.zeros((nxcv+2))
FI0 = np.zeros((nxcv+2))

### define coefficients of linear algebraic eqs
AW = np.zeros((nxcv+2))
AP = np.zeros((nxcv+2))
AE = np.zeros((nxcv+2))
SV  = np.zeros((nxcv+2))
DcondX = np.zeros((nxcv+1))
```

```
# ---------------------------------- functions ---------------------------------
def initializeFlowField():
    FI[:] = 0.

def setupMaterialPropertiesAndSource():
    RHO[:] = 1.
    GAM[:] = gam
    SV[:] = 0.

def calcFaceFlux():
    for i in range(0,nxcv+1):
        DcondX[i] = GAM[i]/(xNode[i+1]-xNode[i])

def assemblyCoeffsInteriorNodes():
    for i in range(1,nxcv+1):
        AE[i] = DcondX[i]
        AW[i] = DcondX[i-1]
        AP[i] = - (AW[i] + AE[i])
        SV[i] = 0.

def set1stBC():
    FI[0] = fi0
    FI[-1] = fi1

def modifyCoeffsBCNeighborNodes():
    SV[1] -= AW[1]*FI[0]
    AW[1] = 0.
    SV[-2] -= AE[-2]*FI[-1]
    AE[-2] = 0.

def updateBC():
    return

def saveFi(xNode, FI, figfullpath):
    np.savetxt(fname = figfullpath, X=np.c_[xNode, FI], encoding='utf-8')

#------------------------------- main program ---------------------------------
if __name__ == "__main__":
    ### initial setting
    initializeFlowField()
    if not os.path.exists(subFolder):
        os.makedirs(subFolder)
```

```
figname = "_CVx%04d_%04d.csv" %(nxcv, 0)
figfullpath = subFolder + problemTitle + figname
saveFi(xNode, FI, figfullpath)

### begin of time loop
for it in range(1,ntmax+1):
    curTime += timeStep
    print ("outiter = %4d, time=%8.5f" %(it,curTime))
    FI0[:] = FI[:]
    setupMaterialPropertiesAndSource()
    set1stBC()
    calcFaceFlux()
    assemblyCoeffsInteriorNodes()
    modifyCoeffsBCNeighborNodes()
    TDMA1d(AE, AP, AW, SV, FI, nxcv)
    updateBC()
    if it%ntsave == 0:
        figname = "_CVx%04d_%04d.csv" %(nxcv, it)
        figfullpath = subFolder + problemTitle + figname
        saveFi(xNode, FI, figfullpath)

### after time loop
fig = plt.figure(figsize = (6, 4.5))
plt.plot(xNode, FI, 'b', linewidth=2.0)
plt.show()
print('Program Complete')
```

4.2.5　计算结果

取网格 $NX=50$，计算得到变量分布如图 4-4 所示。沿 x 方向变量线性增加，这与纯扩散问题理论解呈线性分布一致。如果逐渐减少网格数量（甚至减少至 1 个网格），会发现计算结果仍然不变，因此对于扩散项的离散，采用中心差分格式始终是可行的。读者可以修改边界条件，观察不同边界条件下变量分布的变化情况。

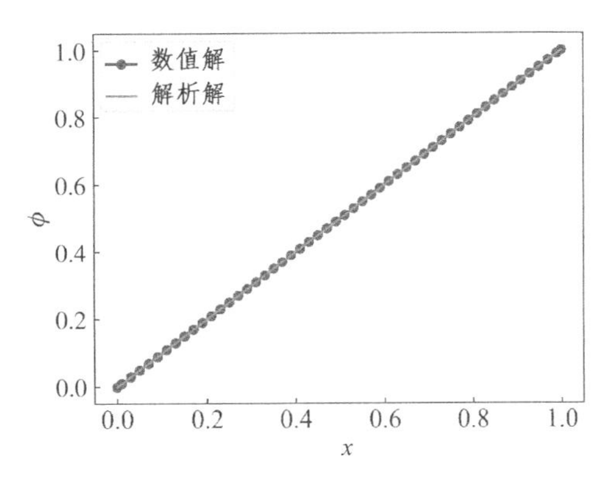

图 4-4　一维扩散问题（第一类边界条件）的计算结果

4.3 对流扩散方程

4.3.1 数学方程

二维直角坐标对流扩散方程如下：

$$\frac{\partial(\rho u\phi)}{\partial x}+\frac{\partial(\rho v\phi)}{\partial y}=\frac{\partial}{\partial x}\left(\Gamma\frac{\partial\phi}{\partial x}\right)+\frac{\partial}{\partial y}\left(\Gamma\frac{\partial\phi}{\partial y}\right) \tag{4.30}$$

或矢量形式为：

$$\nabla\cdot(\rho\boldsymbol{u}\phi)=\nabla\cdot(\Gamma\nabla\phi) \tag{4.31}$$

该方程由对流项和扩散项组成。u 和 v 是速度分量，在本章介绍标量方程求解方法中速度为给定值，但是在实际问题中，速度需要通过求解 N-S 方程确定。

4.3.2 离散化求解方法

采用均匀网格划分计算区域，与 4.2 节的网格相同，如图 4-3 所示。

在微元控制体上对方程进行积分，得：

$$\int_V\nabla\cdot(\rho\boldsymbol{u}\phi)\mathrm{d}V=\int_V\nabla\cdot(\Gamma\nabla\phi)\mathrm{d}V \tag{4.32}$$

应用高斯定律，并应用中心点法，得：

$$\sum_i\rho\boldsymbol{u}\phi\cdot\boldsymbol{S}_i=\sum_i\Gamma\nabla\phi\cdot\boldsymbol{S}_i \tag{4.33}$$

假设变量在微元空间线性分布，采用线性插值，用节点值表示面心值，并展开，得：

$$\begin{aligned}&\dot{m}_e(1-\chi_e)\phi_P+\dot{m}_e\chi_e\phi_E-\dot{m}_w(1-\chi_w)\phi_P-\dot{m}_w\chi_w\phi_W+\\&\dot{m}_n(1-\chi_n)\phi_P+\dot{m}_n\chi_n\phi_N-\dot{m}_s(1-\chi_s)\phi_P-\dot{m}_s\chi_s\phi_S\\&=\Gamma_eS_e\frac{\phi_E-\phi_P}{dx_{PE}}-\Gamma_wS_w\frac{\phi_P-\phi_W}{dx_{PW}}+\Gamma_nS_n\frac{\phi_N-\phi_P}{dx_{PN}}-\Gamma_sS_s\frac{\phi_P-\phi_S}{dx_{PS}}\end{aligned} \tag{4.34}$$

式中，χ 是网格面在两个相邻节点的相对位置。$\dot{m}_i$ 和 D_i（下角标 $i=e,w,n,s$）分别为通过网格某一个面的质量流量和扩导，定义如下：

$$\dot{m}_i = (\rho u S)_i \qquad (4.35)$$
$$D_i = \Gamma S_i / dx_i$$

按照节点重新对方程重组，得：

$$
\begin{aligned}
&a_P\phi_P + a_W\phi_W + a_E\phi_E + a_S\phi_S + a_N\phi_N = b \\
&a_W = \dot{m}_w\chi_w + D_w \\
&a_E = -\dot{m}_e\chi_e + D_e \\
&a_S = \dot{m}_s\chi_s + D_s \\
&a_N = -\dot{m}_n\chi_n + D_n \\
&a_P = -(a_W + a_E + a_S + a_N) + (\dot{m}_e - \dot{m}_w + \dot{m}_n - \dot{m}_s) \\
&b = 0
\end{aligned}
\qquad (4.36)
$$

再利用质量守恒，得：$(\dot{m}_e - \dot{m}_w + \dot{m}_n - \dot{m}_s) = 0$。

应用矢量记号，方程可简记如下：

$$
\begin{aligned}
&a_P\phi_P + \sum_{nb=E,W,N,S} a_{nb}\phi_{nb} = b \\
&\boldsymbol{a}_{nb} = \dot{\boldsymbol{m}}_i\chi_i + \boldsymbol{D}_i \\
&a_P = -\sum_{nb=E,W,N,S} a_{nb} \\
&b = 0
\end{aligned}
\qquad (4.37)
$$

以上代数方程适用于所有内节点。其中，对于与边界相邻的节点，采用4.2节的方法考虑边界条件对其代数方程系数的影响。

4.3.3 对流项离散的迎风和混合格式

在以上求解过程中，对流项的离散采用了中心差分格式。中心差分格式具有二阶精度，但是我们已经了解到，中心差分格式有时会引起计算发散。再次理解中心差分格式，以“e”面为例，在中心差分格式中，面心值为相邻节点的线性插值：

$$\phi_e = (1 - \chi_e)\phi_P + \chi_e\phi_E \qquad (4.38)$$

式中，χ 是网格面在两个相邻节点的相对位置，$\chi_e = (x_e - x_P)/(x_E - x_P)$。对于一个单纯扩散、无方向性的流动问题，线性插值是一个很好的近似方法，因为某位置的物理值受到上游和下游的影响程度相当。然而，对于流动方向明确的情形，某位置受到上游的影响大于下游，极端情况下仅受到上游流动的影响。基于这样的物理特征，人们提出了一阶迎风格式。在一阶迎风格式中，面心值近似为上游节点值：

$$\phi_e=\begin{cases}\phi_P & \text{if } \dot{m}_e \geqslant 0\\ \phi_E & \text{if } \dot{m}_e < 0\end{cases} \tag{4.39}$$

式中，$\dot{m}_e$ 是通过网格东面的质量流量。将该方程应用到离散方程组(4.36)中，则可以证明，离散方程组的系数始终满足如下条件：

$$|a_P| \geqslant \sum |a_{nb}| \tag{4.40}$$

该式满足对角占优条件。对于迭代法求解，对角占优矩阵是保证计算收敛的充分条件。一阶迎风格式无条件稳定，但是只有一阶精度，易引起伪扩散问题。在中心差分格式中，当某个邻居节点系数，如 $a_E=-\dot{m}_e\chi_e+D_e$ 为负值时，会导致离散代数方程组不满足对角占优条件，从而有可能引起计算发散。

在迎风格式和中心差分格式的基础上，发展了混合格式，即当节点系数为负值时，按照迎风格式近似计算，否则按照中心差分格式计算。

$$\boldsymbol{a}_{nb}=\begin{cases}\dot{\boldsymbol{m}}_i\chi_i+\boldsymbol{D}_i & \dot{\boldsymbol{m}}_i\chi_i>\boldsymbol{D}_i\\ \dot{\boldsymbol{m}}_i & \text{其他}\end{cases} \tag{4.41}$$

混合格式结合了迎风格式和中心差分格式的优点，是绝对稳定的计算格式，具有一阶精度。除了中心差分-迎风的混合格式，还发展了多种不同的离散格式。

4.3.4 对流项的 QUICK 离散格式

QUICK(Quadratic Upwind Interpolation for Convective Kinematics)格式是常用的改进格式之一。面心处变量值通过与面相邻两个节点以及上游一个节点的二次方程插值确定，如图 4-5。例如，当 $u_w>0$ 和 $u_e>0$ 时，采用通过节点 WW、W 和 P 的二次方程拟合式计算 ϕ_w，采用通过节点 W、P 和 E 的二次方程拟合式计算 ϕ_e。当 $u_w<0$ 和 $u_e<0$ 时，采用通过节点 W、P 和 E 的二次方程拟合式计算 ϕ_w，采用通过节点 P、E 和 EE 的二次方程拟合式计算 ϕ_e。

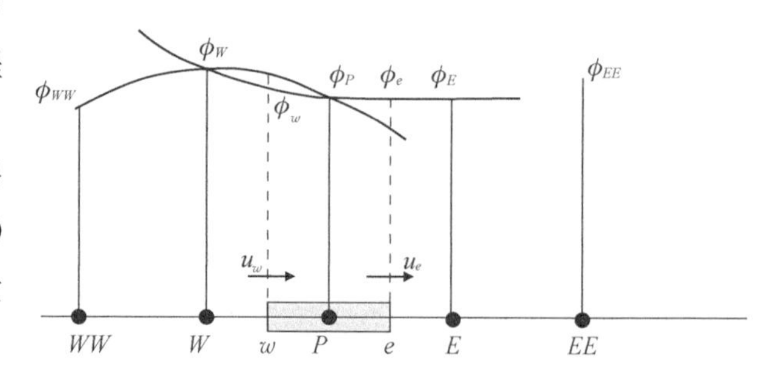

图 4-5　QUICK 格式中使用的二次方程

假设采用等间距网格划分，当 $u_w>0$ 和 $u_e>0$ 时，网格西面和东面变量值的插值计算式为：

$$
\begin{aligned}
\phi_w &= \frac{6}{8}\phi_W + \frac{3}{8}\phi_P - \frac{1}{8}\phi_{WW} \\
\phi_e &= \frac{6}{8}\phi_P + \frac{3}{8}\phi_E - \frac{1}{8}\phi_W
\end{aligned} \tag{4.42}
$$

代入一维对流扩散方程，得：

$$
\begin{aligned}
&\dot{m}_e\left(\frac{6}{8}\phi_P + \frac{3}{8}\phi_E - \frac{1}{8}\phi_W\right) - \dot{m}_w\left(\frac{6}{8}\phi_W + \frac{3}{8}\phi_P - \frac{1}{8}\phi_{WW}\right) \\
&= D_e(\phi_E - \phi_P) - D_w(\phi_P - \phi_W)
\end{aligned} \tag{4.43}
$$

按照节点整理，得：

$$
\begin{aligned}
&a_P\phi_P + a_W\phi_W + a_E\phi_E + a_{WW}\phi_{WW} = b \\
&a_W = D_w + 6/8\dot{m}_w + 1/8\dot{m}_e \\
&a_E = D_e - 3/8\dot{m}_e \\
&a_{WW} = -1/8\dot{m}_w \\
&a_P = -(a_W + a_E + a_{WW}) \\
&b = 0
\end{aligned} \tag{4.44}
$$

类似地，可以给出 $u_w < 0$ 和 $u_e < 0$ 情形的离散代数方程。QUICK 格式采用三个节点插值计算面心处的值，具有二阶精度，离散精度高于迎风格式，稳定性高于中心差分格式。但是，通过观察节点系数发现，QUICK 格式也不能确保在任何情况下所有邻居节点系数同时为正值，QUICK 是条件稳定的，有可能会引起计算发散。

4.3.5　对流项的 TVD 离散格式

总变差减小格式（Total Variation Diminishing，简称 TVD）是为了避免计算振荡而专门设计的离散格式。TVD 格式最早是针对求解空气动力学问题提出来的方法，后来在更广泛范围 CFD 求解方法中得到了应用。TVD 格式需要大量篇幅讲解，这里对 TVD 做简要介绍。总变差在标量守恒方程的解中是不增长的，这要求一个合适的离散格式设计条件使得总变差减小。定义离散的总变差为：

$$
\mathrm{TV}(\phi) = \sum_{-\infty}^{\infty} |\phi_j - \phi_{j-1}| \tag{4.45}
$$

所有 TVD 格式都是单调的。具有 TVD 性质的离散格式，在数值解中不会产生非物理的振荡。下面首先分析几种简单离散格式是否符合 TVD 性质。

仅考虑 $u>0$ 的情形，引入变量上游梯度和下游梯度的比值：

$$r=\frac{\phi_P-\phi_W}{\phi_E-\phi_P} \tag{4.46}$$

再将面心处变量值的计算式整理为一种通用的形式，即：

$$\phi_e=\phi_P+\frac{1}{2}\psi(r)(\phi_E-\phi_P) \tag{4.47}$$

式中，$\psi(r)$ 表示某一种函数，称为函数限制器。容易推导，对于迎风(Upwind Difference，简称 UD)格式，中心差分(Central Difference，简称 CD)格式，线性迎风(Linear Upwind Difference，简称 LUD)格式，QUICK 格式，函数 $\psi(r)$ 为：

$$\psi(r)=\begin{cases} 0 & \text{UD} \\ 1 & \text{CD} \\ r & \text{LUD} \\ (3+r)/4 & \text{QUICK} \end{cases} \tag{4.48}$$

图 4-6 表示针对 $u>0$ 情形不同离散格式的 $\psi(r)$ 和 r 的关系。对于 $u<0$ 情形，也能得到类似的关系式。

Sweby 等提出 TVD 格式必须使得函数 $\psi(r)$ 满足如下关系：

- 当 $0<r<1$ 时，$r<\psi(r)<1$；
- 当 $r\geqslant 1$ 时，$1\leqslant\psi(r)\leqslant r$；
- $\psi(r)$ 满足对称条件，$\dfrac{\psi(r)}{r}\leqslant\psi(1/r)$。

图 4-7 中阴影部分表示满足二阶 TVD 格式的区间。

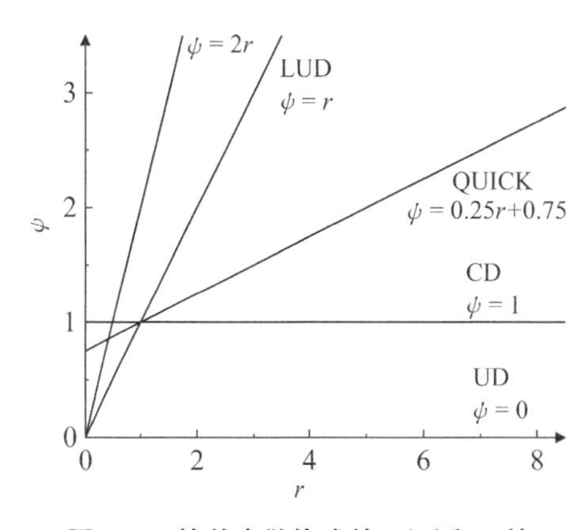

图 4-6 简单离散格式的 $\psi(r)$ 和 r 的关系(适用 $u>0$ 情形)

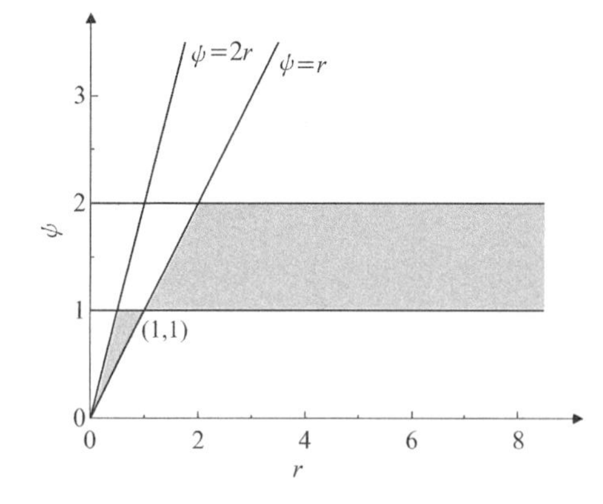

图 4-7 满足二阶 TVD 格式的区间

过去几十年,人们提出了很多函数限制器,使得 $\psi(r)$ 满足 TVD 格式要求,如表 4-2 所示的典型的函数限制器,$\psi(r)$ 和 r 的关系如图 4-8 所示。Superbee 限制器给出了二阶 TVD 域的上界,而 Min-Mod 限制器给出了二阶 TVD 域的下界。van Leer 限制器和 van Albada 限制器是折中的设计格式。

表 4-2　典型的通量限制函数

离散格式名称	通量限制函数 $\psi(r)$	来源
van Leer	$\dfrac{r+\lvert r\rvert}{1+r}$	van Leer(1974)
van Albada	$\dfrac{r+r^2}{1+r^2}$	van Albada 等(1982)
Min-Mod	$\max\{0,\ \min\{1,\ r\}\}$	Roe(1985)
Superbee	$\max\{0,\ \min\{2r,\ 1\},\ \min\{r,\ 2\}\}$	Roe(1985)

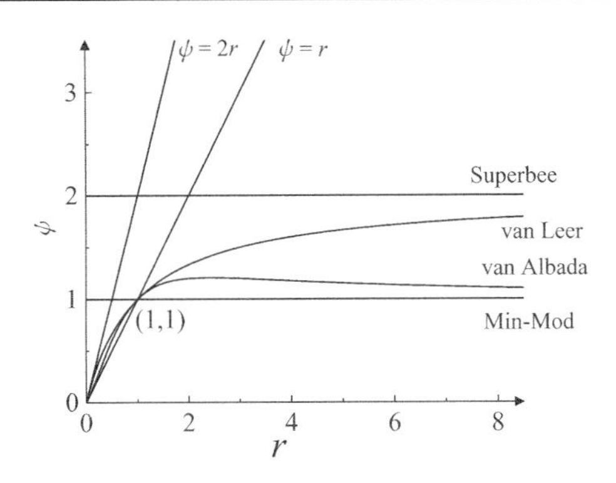

图 4-8　典型函数限制器的 $\psi(r)$ 和 r 的关系

代入一维对流扩散方程,得:

$$\dot{m}_e\left[\phi_P+\frac{1}{2}\psi(r_e)(\phi_E-\phi_P)^{m-1}\right]-\dot{m}_w\left[\phi_W+\frac{1}{2}\psi(r_w)(\phi_P-\phi_W)^{m-1}\right]$$
$$=D_e(\phi_E-\phi_P)-D_w(\phi_P-\phi_W) \tag{4.49}$$

式中,上角标 $m-1$ 表示采用上一轮值计算。再按照节点整理,得:

$$\begin{aligned}
&a_P\phi_P+a_W\phi_W+a_E\phi_E=b\\
&a_W=D_w+\dot{m}_w\\
&a_E=D_e\\
&a_P=-(a_W+a_E)\\
&b=-\dot{m}_e\left[\frac{1}{2}\psi(r_e)(\phi_E-\phi_P)^{m-1}\right]+\dot{m}_w\left[\frac{1}{2}\psi(r_w)(\phi_P-\phi_W)^{m-1}\right]
\end{aligned} \tag{4.50}$$

可以发现，该离散方程中节点系数和迎风格式的节点系数完全相同，区别在于源项中增加了修正项。所以，TVD 格式是一阶格式与具有二阶精度的修正项之和。将通量限制函数引起的额外通量的贡献计入源项，采用延迟修正法计算。TVD 格式是无条件稳定的。上述离散格式容易从一维拓展到多维。

4.3.6 计算实例：一维对流扩散问题

对于对流扩散方程(4.30)，仅考虑一维情况，给定无量纲值如下：长度 $L=1$，速度 $u_c=0.5$，扩散系数 $D=0.01$，边界条件 $x=0$ 处 $\phi=0$，$x=1$ 处 $\phi=1$。理论解见第 2 章方程(2.18)。分别采用 CD 格式、UD 格式、QUICK 格式、TVD(QUICK)格式，计算变量 ϕ 的分布，并比较计算精度。

4.3.7 程序实现

对流扩散方程的求解程序和扩散方程程序几乎相同，区别仅在于：计算面通量函数 calcFaceFlux，构造内部节点方程系数函数 assemblyCoeffsInteriorNodes。这两个函数的实现见程序清单 4-2。

在对流扩散问题中，面通量的计算包括对流通量和扩散通量两个部分，采用方程(4.35)计算。节点方程系数采用不同的离散格式计算，分别采用方程(4.38)、方程(4.39)、方程(4.41)、方程(4.44)、方程(4.50)，实现 CD 格式、UD 格式、混合格式、QUICK 格式、TVD(QUICK)格式。

程序清单 4-2　一维对流扩散方程有限体积法求解程序(面通量函数)

```
# ----------------------------- global variables-----------------------------
mdotX = np.zeros((nxcv+1,nycv+1)) # mass flux

# -------------------------------- functions --------------------------------
def calcFaceFlux():
    for i in range(0,nxcv+1):
        DcondX[i] = GAM[i]/(xNode[i+1] - xNode[i])
        if i == 0: ux = UX[i]
        elif i == nxcv: ux = UX[i+1]
        else: ux = 0.5 * (UX[i]+UX[i+1])
        mdotX[i] = RHO[i] * ux

def assemblyCoeffsInteriorNodes():
    for i in range(1,nxcv+1):
        if adveScheme == 1: # CD
```

```
        AE[i] = DcondX[i] - mdotX[i]/2
        AW[i] = DcondX[i-1] + mdotX[i-1]/2
        AP[i] = - (AW[i] + AE[i])
        SV[i] = 0.
    elif adveScheme == 2: # UD
        AE[i] = DcondX[i] + max(-mdotX[i], 0.)
        AW[i] = DcondX[i-1] + max(mdotX[i-1], 0.)
        AP[i] = - (AW[i] + AE[i])
        SV[i] = 0.
    elif adveScheme == 3: # CDS/UDS Hybird
        AE[i] = max(-mdotX[i], DcondX[i]-mdotX[i]/2, 0.)
        AW[i] = max(mdotX[i-1], DcondX[i-1]+mdotX[i-1]/2, 0.)
        AP[i] = - (AW[i] + AE[i])
        SV[i] = 0.
    elif adveScheme == 4 and i>1: #QUICK, only works for me>0 and mw>0
        AE[i] = DcondX[i] - 3./8 * mdotX[i]
        AW[i] = DcondX[i-1] + 6./8 * mdotX[i-1] + 1./8 * mdotX[i]
        aww = -1./8 * mdotX[i-1]
        AP[i] = - (AW[i] + AE[i] + aww)
        SV[i] = - aww * FI0[i-2]
    elif adveScheme == 5: # TVD(QUICK), only works for me>0 and mw>0
        AE[i] = DcondX[i]
        AW[i] = DcondX[i-1] + mdotX[i-1]
        AP[i] = - (AW[i] + AE[i])
        r = (FI0[i]-FI0[i-1])/((FI0[i+1]-FI0[i])+1e-30)
        t1 = 0.5 * (3+r)/4 * (FI0[i+1]-FI0[i])
        t2 = 0.5 * (3+r)/4 * (FI0[i]-FI0[i-1])
        SV[i] = - mdotX[i] * t1 + mdotX[i-1] * t2
    else:
        print ("input error")
```

4.3.8 计算结果

采用不同的离散格式和网格数量，解得变量 ϕ 的分布，如图 4-9 所示。

- 采用 CD 格式，当计算网格数 $N=10$ 或 20 时，数值解出现了非物理振荡；
- 采用 UD 格式和混合格式，当计算网格数 $N=10$ 时，数值解没有出现非物理振荡，但是在梯度较大处，数值解和理论解存在较明显的偏差；
- 采用 QUICK 格式和 TVD(QUICK)格式，当计算网格数 $N=10$ 时，数值解没有出现非物理振荡，但是，TVD(QUICK)格式和理论解存在明显偏差，QUICK 格式和理论解吻合较好；

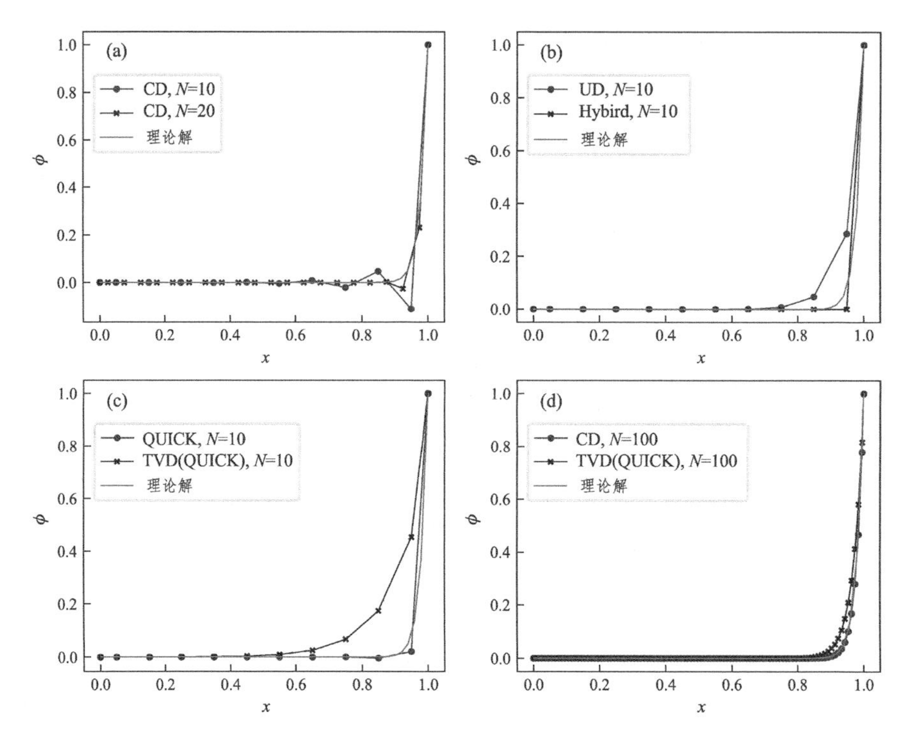

图 4-9 不同离散格式和网格条件下一维对流扩散问题的数值解和理论解的对比

• 当计算网格数增加到 $N=100$ 时,采用 CD 格式和 TVD(QUICK)格式,数值解和理论解吻合较好。如果采用其他格式,也会得到较好的数值解精度。

通过以上的计算和比较,我们发现,计算结果有可能依赖于网格尺寸,当网格较粗时,中心差分格式有可能引起振荡,迎风格式可能会引起较大的耗散,应当予以注意。

4.4 非稳态对流扩散方程

4.4.1 数学方程

二维直角坐标非稳态对流扩散方程为:

$$\frac{\partial(\rho\phi)}{\partial t}+\frac{\partial(\rho u\phi)}{\partial x}+\frac{\partial(\rho v\phi)}{\partial y}=\frac{\partial}{\partial x}\left(\Gamma\frac{\partial\phi}{\partial x}\right)+\frac{\partial}{\partial y}\left(\Gamma\frac{\partial\phi}{\partial y}\right)+q^{\phi} \tag{4.51}$$

或矢量形式为:

$$\frac{\partial(\rho\phi)}{\partial t}+\nabla\cdot(\rho\boldsymbol{u}\phi)=\nabla\cdot(\Gamma\nabla\phi)+q^{\phi} \tag{4.52}$$

方程由非稳态项、对流项、扩散项、源项组成,是完整的通用标量方程形式。

与稳态问题相比，非稳态问题增加了时间坐标。时间坐标和空间坐标有较大的区别：空间某点的作用影响周围不同方向的流体运动，但是某个瞬间的流动只能影响将来，而不能影响过去的流动状态。非稳态问题是抛物型方程，可以逐个时间步长推进计算。针对非稳态项的空间近似计算，一般采用控制体中心处变量值代替控制体平均值。

4.4.2 离散化求解方法

网格划分与前几节相同。采用均匀网格划分计算区域，如图 4-3 所示。对微元控制体积分，得：

$$\int_V \frac{\partial(\rho\phi)}{\partial t}\, \mathrm{d}V + \int_V \nabla\cdot(\rho \boldsymbol{u}\phi)\, \mathrm{d}V = \int_V \nabla\cdot(\Gamma\nabla\phi)\, \mathrm{d}V + \int_V q^{\phi}\, \mathrm{d}V \tag{4.53}$$

对流项和扩散项的离散方法在前两节已经介绍。对于非稳态项，这里采用欧拉隐式离散，并用网格中心处 ϕ 值表示网格内 ϕ 的平均值，即：

$$\int_V \frac{\partial(\rho\phi)}{\partial t}\, \mathrm{d}V = \frac{(\rho\phi)_P - (\rho\phi)_P^0}{\Delta t}\Delta V \tag{4.54}$$

式中，上角标 0 表示上个时刻，下角标 P 表示网格中心。对于源项，用控制体中心处 q^{ϕ} 值表示网格内 q^{ϕ} 平均值，即：

$$\int_V q^{\phi}\, \mathrm{d}V = q_P^{\phi}\Delta V \tag{4.55}$$

为了确保计算收敛性，通常将源项拆成常数项和系数项：$q^{\phi} = q_C + q_P\phi_P$，其中 $q_P \leqslant 0$，下角标 C 和 P 分别表示截距和斜率。

$$\int_V q_{\phi}\, \mathrm{d}V = q_P^{\phi}\Delta V = (q_C + q_P\phi_P)\Delta V \tag{4.56}$$

将非稳态项、对流项、扩散项、源项的近似计算式代入方程(4.53)，得：

$$\frac{(\rho\phi)_P - (\rho\phi)_P^0}{\Delta t}\Delta V + \sum_i \rho\boldsymbol{u}\phi \cdot \boldsymbol{S}_i = \sum_i \Gamma\nabla\phi \cdot S_i + (q_C + q_P\phi_P)\Delta V \tag{4.57}$$

再将控制体面通量的离散计算式代入得：

$$\begin{aligned}
&\frac{(\rho\phi)_P - (\rho\phi)_P^0}{\Delta t}\Delta V + \dot{m}_e(1-\chi_e)\phi_P + \dot{m}_e\chi_e\phi_E - \dot{m}_w(1-\chi_w)\phi_P - \dot{m}_w\chi_w\phi_W + \\
&\quad \dot{m}_n(1-\chi_n)\phi_P + \dot{m}_n\chi_n\phi_N - \dot{m}_s(1-\chi_s)\phi_P - \dot{m}_s\chi_s\phi_S \\
&= (D_e\phi_E - D_e\phi_P) - (D_w\phi_P - D_w\phi_W) + (D_n\phi_N - D_n\phi_P) - (D_s\phi_P - D_s\phi_S) + \\
&\quad (q_C + q_P\phi_P)\Delta V
\end{aligned} \tag{4.58}$$

式中，$\dot{m}_i=(\rho uS)_i$，$D_i=\Gamma S_i/dx_i$。按节点合并整理，得：

$$
\begin{aligned}
&a_P\phi_P+a_W\phi_W+a_E\phi_E+a_S\phi_S+a_N\phi_N=b\\
&a_W=\dot{m}_w\chi_w+D_w\\
&a_E=-\dot{m}_e\chi_e+D_e\\
&a_S=\dot{m}_s\chi_s+D_s\\
&a_N=-\dot{m}_n\chi_n+D_n\\
&a_P=-(a_W+a_E+a_N+a_S)-\rho\Delta V/\Delta t+q_P\Delta V\\
&b=-q_C\Delta V-(\rho\Delta V/\Delta t)\phi_P^0
\end{aligned}
\tag{4.59}
$$

该式即是二维直角坐标通用标量方程的离散式。将该方程和稳态对流扩散方程的离散式(4.36)对比，两者的形式一致，区别仅在于主节点线系数 a_P 和矩阵等式右边的显式项 b。观察发现：

• 由非稳态项引入的主节点系数的变化：$a_P\leftarrow a_P-\rho\Delta V/\Delta t$（主节点系数为负值），导致主节点系数的绝对值增加。当时间步长比较小时，时间步长倒数项大于其他项，因此减小时间步长使得矩阵对角占优更加明显，从而使方程求解更加稳定。

• 由源项引入的主节点系数的变化：$a_P\leftarrow a_P+q_P\Delta V$，当 $q_P\leqslant 0$ 时，主节点系数的绝对值也增加，从而使方程求解更加稳定。

因此，离散方程中增加非稳态项和系数为负数的源项（$q_P\leqslant 0$），仍然能保证代数方程组迭代求解的收敛性。若源项的系数为正，则导致主节点方程系数的绝对值减小，有可能引起代数方程的求解发散。

4.4.3 非稳态项不同的离散格式

关于非稳态项的离散，上述计算过程中采用了欧拉隐式离散，实际上非稳态项与常微分方程初值问题类似，其离散化方法非常多，在很多数值方法的书籍中做了详细介绍。考虑一阶常微分方程：

$$\frac{\partial\phi}{\partial t}=f(t,\ \phi(t)) \tag{4.60}$$

给定初值 $\phi(t_0)=\phi_0$，求解 ϕ_n，其中下角标 n 表示时刻。方程(4.60)从 t_n 到 t_{n+1} 积分，得：

$$\int_{t_n}^{t_{n+1}}\frac{\partial\phi}{\partial t}\,\mathrm{d}t\equiv\phi_{n+1}-\phi_n=\int_{t_n}^{t_{n+1}}f(t,\ \phi(t))\,\mathrm{d}t \tag{4.61}$$

则从 t_n 到 t_{n+1} 的递推关系为：

$$\phi_{n+1} \approx \phi_n + f(t, \phi(t))\Delta t \tag{4.62}$$

式中，区间 $[t_n, t_{n+1}]$ 上的 $f(t, \phi(t))$ 是计算关键，可以根据当前时刻 ϕ_n 计算，或下个时刻 ϕ_{n+1} 计算，也可以根据预估值 ϕ_n^* 计算。表 4-3 给出了常用的迭代格式的名称和计算方法。

表 4-3　常微分方程常用的迭代格式

名称	迭代计算式
欧拉显式	$\phi_{n+1} = \phi_n + f(t_n, \phi_n)\Delta t$
欧拉隐式	$\phi_{n+1} = \phi_n + f(t_{n+1}, \phi_{n+1})\Delta t$
Crank-Nicolson 法	$\phi_{n+1} = \phi_n + \frac{1}{2}[f(t_n, \phi_n) + f(t_{n+1}, \phi_{n+1})]\Delta t$
预估校正法	$\phi_{n+1}^* = \phi_n + f(t_n, \phi_n)\Delta t$ $\phi_{n+1} = \phi_n + \frac{1}{2}[f(t_n, \phi_n) + f(t_{n+1}, \phi_{n+1}^*)]\Delta t$
Adams-Bashforth 法	$\phi_{n+1} = \phi_n + \left[\frac{3}{2}f(t_n, \phi_n) - \frac{1}{2}f(t_{n-1}, \phi_{n-1})\right]\Delta t$
Runge-Kutta 法	$\phi_{n+1/2}^* = \phi_n + \frac{1}{2}f(t_n, \phi_n)\Delta t$ $\phi_{n+1/2}^{**} = \phi_n + \frac{1}{2}f(t_{n+1/2}, \phi_{n+1/2}^*)\Delta t$ $\phi_{n+1}^* = \phi_n + \frac{1}{2}f(t_{n+1/2}, \phi_{n+1/2}^{**})\Delta t$ $\phi_{n+1} = \phi_n + \frac{1}{6}\Big[f(t_n, \phi_n) + 2f(t_{n+1/2}, \phi_{n+1/2}^*) +$ $2f(t_{n+1/2}, \phi_{n+1/2}^{**}) + f(t_{n+1}, \phi_{n+1}^*)\Big]\Delta t$

将非稳态项的离散式代入通用标量方程，即得到不同的求解方法，下面以一种方法为例说明。为了便于叙述，通用标量方程简记如下：

$$\frac{\partial}{\partial t}(\rho\phi) + \boldsymbol{A} = \boldsymbol{D} + \boldsymbol{Q} \tag{4.63}$$

式中，$\boldsymbol{A}$ 表示对流项，$\boldsymbol{D}$ 表示扩散项，$\boldsymbol{Q}$ 表示源项。若对流项和扩散项均采用 Crank-Nicolson 格式，源项采用显式处理，首先对非稳态项离散，得：

$$\frac{(\rho\phi)^{n+1} - (\rho\phi)^n}{\Delta t}\Delta V + \left(\frac{1}{2}\boldsymbol{A}^{n+1} + \frac{1}{2}\boldsymbol{A}^n\right) = \left(\frac{1}{2}\boldsymbol{D}^{n+1} + \frac{1}{2}\boldsymbol{D}^n\right) + \boldsymbol{Q}^n \tag{4.64}$$

再对空间项 **A** 和 **D** 采用中心差分格式离散，然后按照节点整理，得：

$$
\begin{aligned}
& a_P\phi_P + a_W\phi_W + a_E\phi_E = b \\
& a_W = \frac{1}{2}(\dot{m}_w\chi_w + D_w) \\
& a_E = \frac{1}{2}(-\dot{m}_e\chi_e + D_e) \\
& a_P = -(a_W + a_E) - \rho\Delta V/\Delta t + q_P\Delta V \\
& b = (a_W + a_E - \rho\Delta V/\Delta t)\phi_P^{\text{old}} - a_E\phi_E^{\text{old}} - a_W\phi_W^{\text{old}} - q_C\Delta V
\end{aligned}
\tag{4.65}
$$

式中上角标 old 表示前一个时刻，即得到非稳态对流扩散方程的离散方程，其中对流项和扩散项均采用 Crank-Nicolson 格式。对流项和扩散项还可以采用不同的离散格式。若对流项采用 Adams-Bashforth 格式，扩散项采用 Crank-Nicolson 格式，源项采用显式处理，同样可以得到非稳态对流扩散方程的离散方程。按照类似的思路，可以构建多种不同的离散格式，在实际应用过程中，需综合考虑计算量、稳定性、计算格式的复杂程度。

4.4.4 计算实例：一维通用标量方程

对于通用标量方程(4.51)，仅考虑一维情况，计算条件如图 4-10 所示，流体以恒定速度 u_c 从左至右流动，在某个区间存在源项，表达式见方程(4.66)，其中 $x_1 = 0.6$ m，$x_2 = 0.2$ m，$a = -200$，$b = 100$。几何和流动参数：$L = 1.5$ m，$u_c = 2$ m/s，$\rho = 1$ kg/m^3，$\mu = 0.03$ kg/(m · s)。已知初始时刻：$\phi = 0$；边界条件：$x = 0$ 处，$\phi = 0$；$x = L$ 处，$\partial\phi/\partial x = 0$。计算标量的瞬态分布过程。

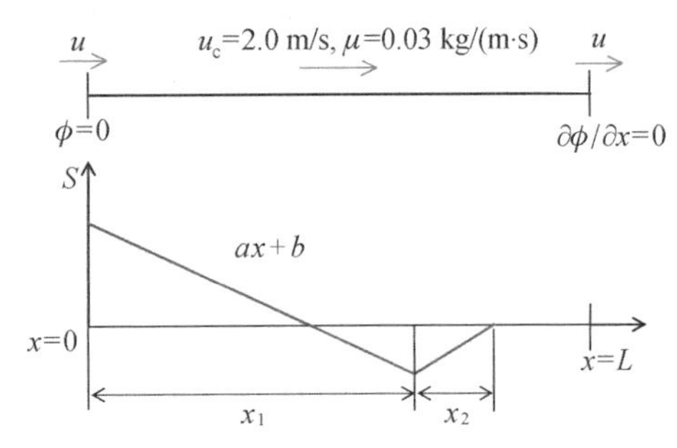

图 4-10　一维通用标量方程计算条件的示意图

$$
Q = \begin{cases} -200x + 100 & x < 0.6 \\ 100x - 80 & 0.6 \leqslant x < 0.8 \\ 0 & 0.8 \leqslant x < 1.5 \end{cases} \tag{4.66}
$$

4.4.5 程序实现

一维通用标量方程的求解程序和一维稳态对流扩散问题的求解程序几乎相

同，区别仅在于：源项设置函数 setupMaterialPropertiesAndSource，构造内部节点方程系数函数 assemblyCoeffsInteriorNodes。这两个函数的实现见程序清单 4-3。

程序清单 4-3　一维通用标量方程有限体积法求解程序(部分函数)

```
def setupMaterialPropertiesAndSource():
    RHO[:] = rho
    GAM[:] = gam
    for i in range(1,nxcv+1):
        SP[i] = 0.
        if (xNode[i] <= 0.6): SC[i] = -200 * xNode[i] + 100
        elif (xNode[i] <= 0.8): SC[i] = 100 * xNode[i] - 80
        else: SC[i] = 0.


def assemblyCoeffsInteriorNodes():
    for i in range(1,nxcv+1):
        AE[i] = DcondX[i] + max(-mdotX[i], 0.)
        AW[i] = DcondX[i-1] + max(mdotX[i-1], 0.)

        # Ap and b due to unsteady and source
        dVrdt = DeltaV[i] / timeStep * RHO[i]
        if timeScheme == 1:
            AP[i] = -(AW[i] + AE[i]) - dVrdt + SP[i] * DeltaV[i]
            SV[i] = -SC[i] * DeltaV[i] - dVrdt * FI0[i]
        elif timeScheme == 2 and it > 1:
            AW[i] *= 0.5
            AE[i] *= 0.5
            AP[i] = -(AW[i] + AE[i]) - dVrdt + SP[i] * DeltaV[i]
            SV[i] = -SC[i] * DeltaV[i] \
                    +(AW[i] + AE[i] - dVrdt) * FI0[i] \
                    -(AW[i] * FI0[i-1] + AE[i] * FI0[i+1])
        else:
            AP[i] = -(AW[i] + AE[i]) - dVrdt + SP[i] * DeltaV[i]
            SV[i] = -SC[i] * DeltaV[i] - dVrdt * FI0[i]
```

4.4.6　计算结果

取网格 $NX=200$，计算得到变量的分布动态如图 4-11 所示，结果显示，随着时间的推移，变量逐渐在区域累积，结合源项的分布(如图 4-10 所示)，在 $x\leqslant$

0.5 m 域内，源项大于 0，所以变量逐渐增加，而在 $0.5<x<0.8$ m 域内，源项小于 0，所以变量有所降低。当 $x\geqslant 0.8$ m，变量不再变化，因为源项为 0。读者可以改变网格或离散格式计算，观察计算结果是否依赖计算参数。读者还可以改变源项，考察源项对变量分布的影响。

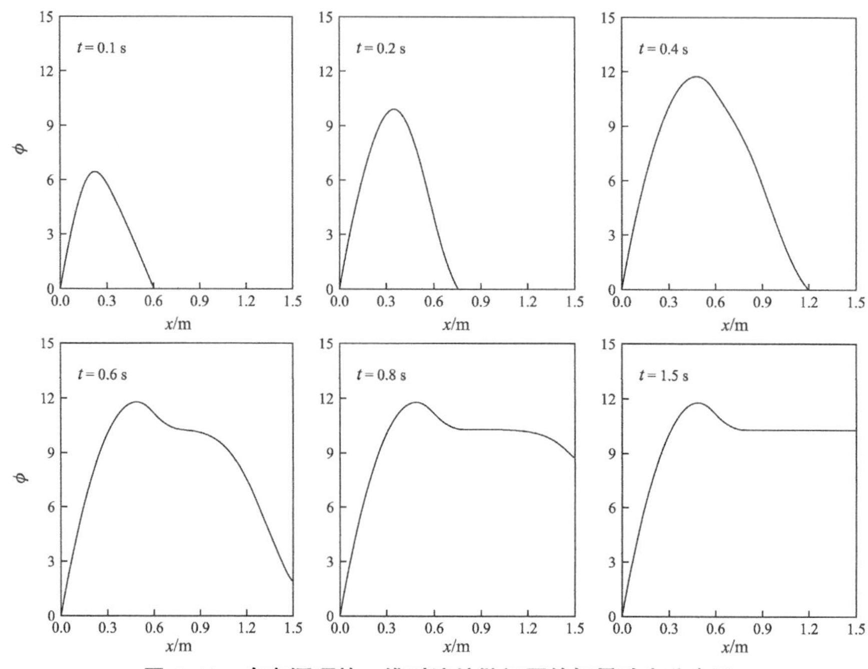

图 4-11　含有源项的一维对流扩散问题的标量动态分布图

4.5　计算实例

以上几节中的举例都是一维问题，本章最后再以一个二维问题为例，介绍有限体积法求解标量守恒方程的应用。

4.5.1　问题描述

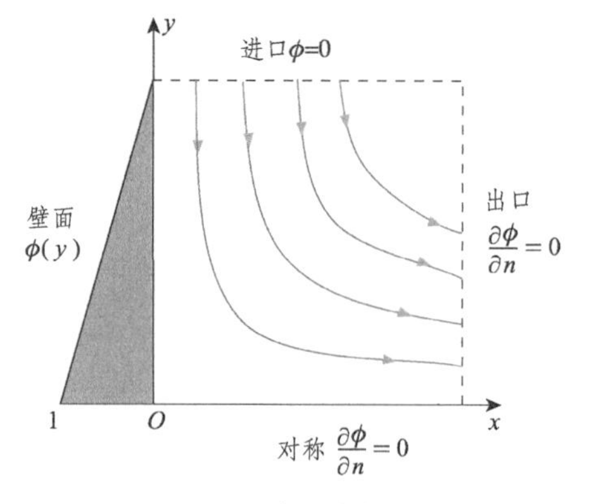

图 4-12　驻点流中标量分布计算条件的示意图

驻点流中标量分布问题。对于方程(4.30)，给定条件如图 4-12 所示，分别计算变量的稳态分布以及非稳态分布过程。流场固定不变：$u=x$，$v=$

$-y$，实际上这是无黏流体绕过驻点的流场，密度 $\rho=1$，流函数为 $xy=\text{const.}$，边界条件如下：

- 北边界为第一类边界条件，$\phi=0$；
- 西边界为第一类边界条件，满足线性分布，$y=1$ 时 $\phi=0$；$y=0$ 时 $\phi=1$；
- 南边界为对称边界；
- 东边界为出口边界。

4.5.2 稳态计算结果

对流项采用中心差分格式离散，取计算网格 40×40，扩散系数分别为 $\Gamma/\rho=0.05\ \text{m}^2/\text{s}$ 和 $0.5\ \text{m}^2/\text{s}$，计算得到的标量分布如图 4-13 所示。随着扩散系数的增加，标量在空间的分布范围变大。计算结果从定性角度是正确的，下面再从定量角度分析结果的可靠性。

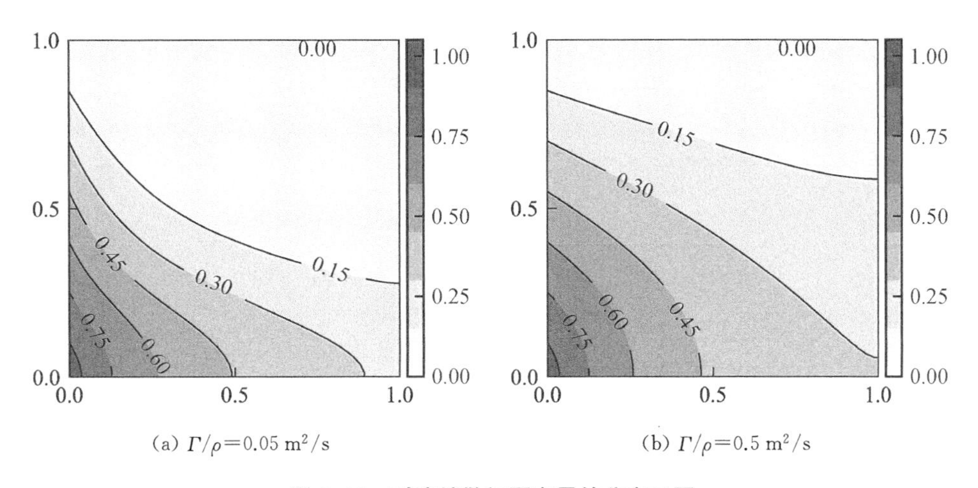

(a) $\Gamma/\rho=0.05\ \text{m}^2/\text{s}$　(b) $\Gamma/\rho=0.5\ \text{m}^2/\text{s}$

图 4-13　对流扩散问题变量的分布云图

标量在流场中的输运应当满足守恒条件，对于稳态无源项的情况，进入计算区域的通量等于离开区域的通量。我们可以通过考察标量总体的守恒性，分析计算结果的准确性。

统计各个边界的对流通量和扩散通量并进行汇总，结果见表 4-4。为了简化表格，表格中没有显示通量为 0 的边界。根据统计值发现：

- 流入计算区域的通量由下列边界通量组成：西边界扩散通量 $(F_{\text{d}}^{\text{BC},w})$；
- 流出计算区域的由下列边界通量组成：东边界对流通量 $(F_{\text{c}}^{\text{BC},e})$、北边界扩散通量 $(F_{\text{d}}^{\text{BC},n})$。

标量在整个计算区域的净流入量可忽略，所以计算是可靠的。得到的离散方程仍保持守恒性，这正是有限体积法的优点。

表 4-4　不同计算条件下统计的各个边界通量汇总值

扩散系数	流入	流出		$\sum(F_{c}^{BC,i}+F_{d}^{BC,i})$
	$F_{d}^{BC,w}$	$F_{c}^{BC,e}$	$F_{d}^{BC,n}$	
$\Gamma/\rho=0.01\ m^2/s$	0.039 8	−0.039 5	-6.79×10^{-5}	1.96×10^{-5}
$\Gamma/\rho=0.1\ m^2/s$	0.133 7	−0.118 1	−0.012 1	0.003 5

4.5.3　非稳态计算结果

给定初始时刻变量值为 0，边界条件与稳态条件下相同，计算标量的非稳态对流扩散。图 4-14 表示当扩散系数 $\Gamma/\rho=0.05\ m^2/s$，网格数量为 40×40 时，对流项采用中心差分格式，非稳态项采用欧拉隐式格式计算得到标量从西面逐渐扩散到整个区域的过程，最终标量在计算区域达到稳定分布。进一步的计算表明，若取 $\Gamma/\rho=0.5\ m^2/s$，则标量扩散过程会加快。

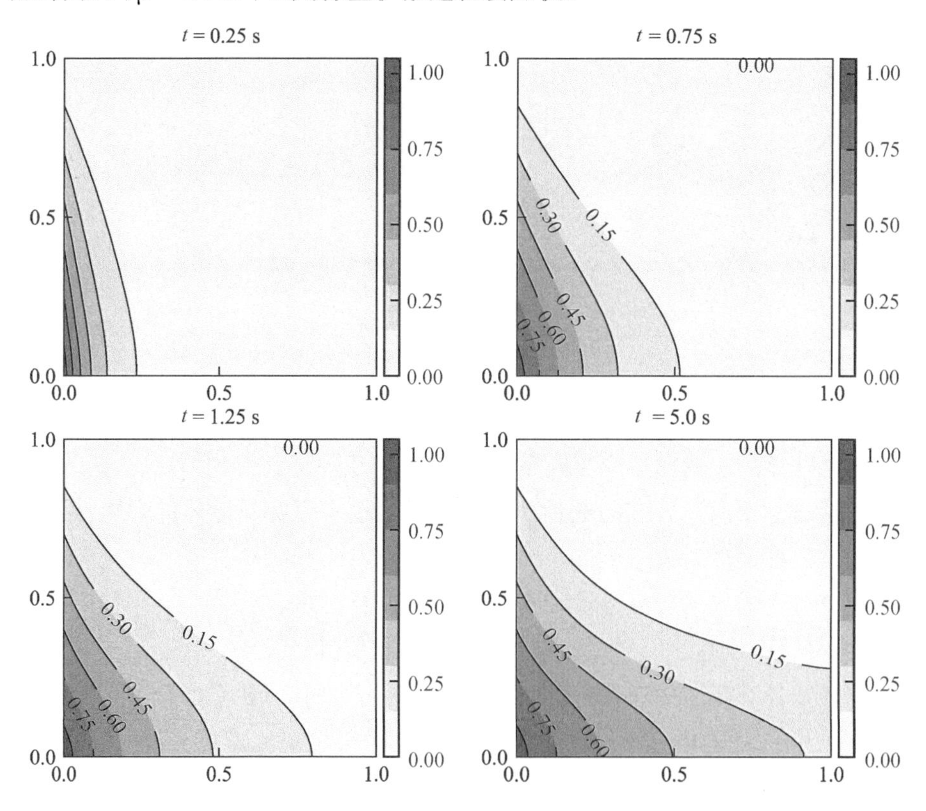

图 4-14　标量在驻点场中随时间的动态分布($\Gamma/\rho=0.05\ m^2/s$)

统计通过各个边界的通量，图 4-15 表示净通量随着时间的变化关系。随着时间的发展，净通量逐渐减小，最终达到稳定值1.7×10^{-5}，已经可以忽略，表明变量在计算区域达到了平衡。所以，在计算过程中，也可以依据监视通过边界的净通量，判断计算是否达到稳定。

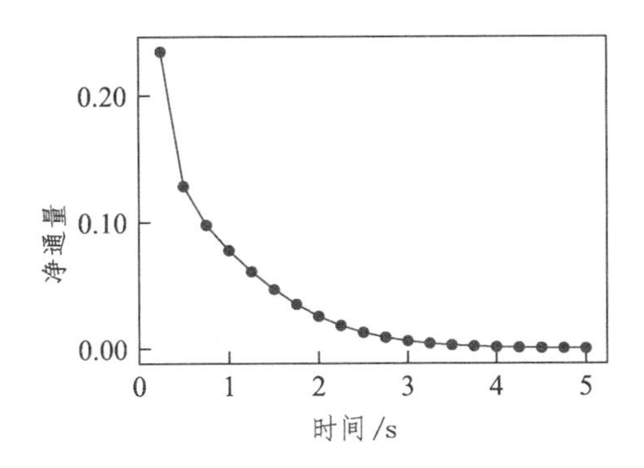

图 4-15　边界面的净通量随着时间的变化关系

4.6　本章知识要点

- 有限体积法网格划分和编号方法；
- 守恒方程的积分形式应用于微元控制体；
- 高斯定律将体积分转变为面积分的方法；
- 边界条件的实施通过修改与边界相邻节点的代数方程的系数实现；
- 通用标量守恒方程由非稳态项、对流项、扩散项、源项组成；
- 扩散方程离散得到的代数方程组的系数的特征；
- 对流扩散方程离散得到的代数方程组的系数的特征；
- 对流项有中心差分、一阶迎风、混合、QUICK、TVD 等多种离散格式；
- 非稳态项的离散有欧拉显式、欧拉隐式、预估校正法等多种离散格式；
- 非稳态项和源项对离散方程系数特征的影响；
- 标量通过计算区域边界的净通量是重要的监视量。

练习题

1. 现有一平板保温层，由三层不同导热系数的材料组成，计算保温层温度分布。已知：保温层的内表面温度 $T_1=800℃$，外表面温度 $T_0=40℃$，各层的厚度依次为 175 mm、130 mm、90 mm，各层的导热系数依次为 0.8 W/(m·K)、0.3 W/(m·K)、0.07 W/(m·K)。

2. 现有一直肋，已知：肋片根部温度 $T_B=100℃$，环境温度 $T_\infty=20℃$，肋片长度 $L=1$ m，肋片截面为薄矩形，其宽度 $a=0.05$ m，厚度不计，肋片导热系数 $\lambda=100$ W/(m·K)，肋片与环境的换热系数 $h=125$ W/(m^2·K)。由等效内热源法得到肋片温度分布的理论解如下：

$$\frac{T-T_\infty}{T_B-T_\infty}=\frac{\cosh[m(L-x)]}{\cosh(mL)}$$

式中，$m=\sqrt{hP/kA}$，其中 P 为周长，A 为截面积。计算肋片温度分布并与理论解对比。

3. 计算和分析平板间 Coutte 层流流动问题。左边为进口，右边为出口，上边和下边均为壁面，其中上壁面以恒定速度移动。流体运动方程可以简化为含有源项的一维扩散问题，并给定边界条件如下：

$$\mu\frac{\partial}{\partial y}\left(\frac{\partial u}{\partial y}\right)=-\frac{\partial p}{\partial x}$$

$$y=0 \text{ 时},\ u=0$$

$$y=y_{\max} \text{ 时},u=1$$

计算分析不同压力梯度条件下的截面速度分布。

4. 给定稳态一维对流扩散方程：

$$\frac{\partial}{\partial x}(\rho u\phi)=\frac{\partial}{\partial x}\left(\Gamma\frac{\partial \phi}{\partial x}\right)$$

已知边界条件：$x=0$ 时 $\phi=\phi_0$，$x=L$ 时 $\phi=\phi_L$，其解析解见第 2 章的方程(2.18)，采用有限体积法计算并分析对流项离散格式和计算网格对计算精度的影响。

5. 一不锈钢管的直径为 1 m，厚度为 40 mm，管外绝热。初始时刻，不锈钢管壁温度为 −20℃，瞬间通入 60℃ 的导热油。此问题可以近似为无限大半平板非稳态热传导问题。

$$\frac{\partial}{\partial t}(\rho c_p T)=\lambda\frac{\partial^2 T}{\partial x^2}\quad (0<x<\delta,\ t>0)$$

初始和边界条件：$t=0$ 时 $T=T_0$；$x=0$ 时 $\partial T/\partial x=0$；$x=\delta$ 时 $-\lambda\partial T/\partial x=h(T-T_\infty)$，该方程的理论解为：

$$\frac{\theta(\eta,\tau)}{\theta_0}=\sum_{n=1}^{\infty}\frac{2\sin(\mu_n)\cos(\mu_n\eta)\exp(-\mu_n^2F_O)}{\mu_n+\sin(\mu_n)\cos(\mu_n)}$$

式中，$\theta=T(\eta,\tau)-T_0$ 是过余温度，$\eta=x/\delta$ 是无量纲距离，$a=\lambda/(c_p\rho)$ 是热扩散系数，无量纲数 $F_O=a\tau/\delta^2$，无量纲数 $Bi=h\delta/\lambda$，μ_n 是方程 $\mu_n\tan\mu_n=Bi$，$n=1, 2, \cdots$ 的正根。计算管壁温度分布的动态变化，并与理论解对比。

6. 针对一维非稳态对流扩散问题，若对流项采用 Adams-Bashforth 格式，扩散项采用 Crank-Nicolson 格式，源项采用显式处理，推导一维非稳态对流扩散方程的离散计算式。

7. 流体以恒定层流速度外掠平板。根据边界层理论，由于 $u\gg v$，$\frac{\partial}{\partial y}\gg\frac{\partial}{\partial x}$，N-S 方程可简化为：

$$\frac{\partial u}{\partial x}+\frac{\partial v}{\partial y}=0$$

$$\frac{\partial(\rho uu)}{\partial x}+\frac{\partial(\rho uv)}{\partial y}=-\frac{\mathrm{d}p}{\mathrm{d}x}+\mu\frac{\partial^2 u}{\partial y^2}$$

给定边界条件：

$$y=0 \text{ 时}，\quad u=0,\ v=0$$

$$y=\delta \text{ 时}，\quad u=u_\infty$$

给定：平板长度 $L=1.0\,\mathrm{m}$，速度 $u=0.1\,\mathrm{m/s}$，流体为常温空气。计算边界层厚度以及流体与平板间的阻力系数，并与理论解对比。

8. 给定一维 Burgers 方程：$\frac{\partial u}{\partial t}+u\frac{\partial u}{\partial x}=\nu\frac{\partial^2 u}{\partial x^2}$。已知边界条件与初始条件如下：

$$u(x,0)=10 \quad 0\leqslant x<20$$

$$u(x,0)=0 \quad 20\leqslant x\leqslant 40$$

$$u(0)=1$$

$$u(40)=0$$

其中，注意对流项中的系数 u 也是未知值，因此该方程是非线性对流扩散方程，需要对该项进行线性化处理，即取变量在前一次迭代过程中的值。应用有限体积法离散化求解，计算和分析不同时刻的速度分布。

第 5 章

不可压缩流动方程 SIMPLE 数值解法

第 4 章介绍了有限体积法求解通用标量方程，针对非稳态项、对流项、扩散项、源项的离散化方法逐一进行了讲解。第 4 章在已知速度的条件下求解标量的输运过程，本章将介绍有限体积法求解不可压缩流场。从方程形式看，连续性方程和动量方程都可以写成通用标量守恒方程的形式，因此，通用标量方程各项的离散化方法可以应用于求解连续性方程和动量方程，但不同之处是，N-S 方程包含速度、压力和密度等多个待求解变量，必须考虑变量之间的耦合关系。根据流体密度是否变化，方程之间的耦合关系有很大区别。对于不可压缩流体，在连续性方程中，密度对时间的导数为零，速度方程和动量方程通过压力耦合。而对于可压缩流体，密度在压力变化的作用下发生变化，需要补充热力学状态方程才能封闭 N-S 方程。本章和后续几章都是针对不可压缩流动问题。我们将在第 9 章介绍可压缩流动问题的数值解法。

不可压缩、牛顿黏性流体 N-S 方程（忽略外力）的微分形式为：

$$\nabla\cdot(\rho\boldsymbol{u})=0 \tag{5.1a}$$

$$\frac{\partial(\rho\boldsymbol{u})}{\partial t}+\nabla\cdot(\rho\boldsymbol{u}\boldsymbol{u})=\nabla\cdot(\mu\nabla\boldsymbol{u})-\nabla p \tag{5.1b}$$

积分形式为：

$$\int_S \rho\boldsymbol{u}\cdot\boldsymbol{n}\mathrm{d}S=0 \tag{5.2a}$$

$$\frac{\partial}{\partial t}\int_V \rho u_i\,\mathrm{d}V+\int_S \rho u_i\boldsymbol{u}\cdot\boldsymbol{n}\mathrm{d}S=\int_S \mu\nabla u_i\cdot\boldsymbol{n}\mathrm{d}S-\int_S p\,\boldsymbol{i}_i\cdot\boldsymbol{n}\mathrm{d}S \tag{5.2b}$$

式中，u_i 表示某个坐标轴方向的速度分量，$\boldsymbol{i}_i$ 表示某个坐标轴方向的单位长度矢量。利用动量方程求解速度 u_i，和第 4 章中通用标量守恒方程的离散化过程非常类似，但是存在两点区别。

其一，动量方程中的对流项是非线性项，微分和积分形式如下：

$$\nabla\cdot(\rho\boldsymbol{u}\boldsymbol{u})\quad 或\quad \int_S \rho u_i\boldsymbol{u}\cdot\boldsymbol{n}\mathrm{d}S \tag{5.3}$$

该式是质量流率和速度的乘积，方程中速度 $\boldsymbol{u}$ 既是待求变量，也是系数。通常采用线性化处理，假设计算质量流率用到的速度为已知值，即采用上一轮迭代过程中的值：

$$\nabla \cdot (\rho \boldsymbol{u}\boldsymbol{u}^*) \quad \text{或} \quad \int_S \rho u_i \boldsymbol{u}^* \cdot \boldsymbol{n} \mathrm{d}S \tag{5.4}$$

采用线性化方法处理对流项，需要通过多次迭待求解方程，直到相邻两轮迭代速度的变化足够小才能停止计算。

其二，动量方程中压力梯度项引入了新的变量:压力。压力梯度的体积力形式或表面力形式如下：

$$-\int_V \nabla p \mathrm{d}V \quad \text{或} \quad -\int_S p \boldsymbol{i}_i \cdot \boldsymbol{n} \mathrm{d}S \tag{5.5}$$

因此，必须知道压力才能计算压力梯度对动量方程源项的贡献，但是，我们发现缺少关于压力的独立方程。克服该难点的一种思路是:将连续性方程作为约束，转换为关于压力的方程，只有建立合适的压力场，连续性方程才满足守恒条件。通过对动量方程求散度，可以建立关于压力的方程。对动量方程求散度，得：

$$\nabla \cdot (\nabla p) = -\nabla \cdot \left[\nabla \cdot (\rho \boldsymbol{u}\boldsymbol{u}) - \nabla \cdot (\mu \nabla \boldsymbol{u}) + \frac{\partial (\rho \boldsymbol{u})}{\partial t}\right] \tag{5.6}$$

在笛卡儿坐标系中，方程形式如下：

$$\begin{aligned}\frac{\partial}{\partial x_i}\left(\frac{\partial p}{\partial x_i}\right) = & -\frac{\partial}{\partial x_i}\left(\frac{\partial (\rho u_j u_i)}{\partial x_j}\right) \\ & + \frac{\partial}{\partial x_i}\left[\frac{\partial}{\partial x_j}\left(\mu \frac{\partial u_i}{\partial x_j}\right)\right] + \frac{\partial}{\partial x_i}\left(\frac{\partial (\rho u_i)}{\partial t}\right)\end{aligned} \tag{5.7}$$

利用连续性方程以及密度和黏度为常数的条件，方程中关于非稳态项和黏性项的散度为零。方程简化如下：

$$\frac{\partial}{\partial x_i}\left(\frac{\partial p}{\partial x_i}\right) = -\frac{\partial}{\partial x_i}\left(\frac{\partial (\rho u_j u_i)}{\partial x_j}\right) \tag{5.8}$$

这就得到了关于压力的方程，该方程具有椭圆型方程特性，称为压力泊松方程。

综合以上讨论，我们明确了不可压缩流动方程中速度和压力的耦合关系。压力梯度既影响动量方程源项，又是连续性方程的约束条件。因此，如何处理速度和压力的耦合关系，是求解不可压缩流动方程的关键。本章将介绍一种广泛应用的方法：SIMPLE算法。SIMPLE算法的全名是压力耦合方程组的半隐式方法(Semi-Implicit Method for Pressure Linked Equations),由 Patankar 和 Spalding 提出,很多计算流体力学商业软件都包含了 SIMPLE 系列的算法。本章首先介绍 SIMPLE 算法的基本原理,再详细介绍方程的离散化求解过程、边界条件处理方法以及同位网格,最后给出几个典型计算实例。

5.1 SIMPLE 算法的基本原理

SIMPLE 算法采用压力修正法解决 N-S 方程中的压力-速度耦合问题。如上所述,构建压力(或压力修正)方程是算法的核心。采用有限体积法对连续性方程和动量方程离散,得:

$$\sum_k \rho \boldsymbol{u} \cdot \boldsymbol{S}_k = 0 \tag{5.9}$$

$$\frac{\rho \Delta V}{\Delta t}(u_P - u_P^0) + \sum_k F_k^{\mathrm{c}} = \sum_k F_k^{\mathrm{d}} - \left(\frac{\partial p}{\partial x}\right)_P \Delta V \tag{5.10}$$

其中,动量方程以速度分量 u 为例,下角标 k 表示对网格面的遍历。对离散化动量方程的系数按照节点重组,得:

$$a_P^u u_P + \sum_{nb} a_{nb}^u u_{nb} = b^u - (p_e S_e - p_w S_w) \tag{5.11}$$

式中,下角标 nb 表示邻居节点。方程中的压力是未知的,而且离散方程的系数和待求速度有关,因此该方程是非线性方程。为此,采用前一次迭代计算中的速度和压力确定方程系数,得到线性化的动量方程为:

$$a_P^{u(m-1)} u_P^* + \sum_{nb} a_{nb}^{u(m-1)} u_{nb}^* = b^{u(m-1)} - (p_e^{(n-1)} S_e - p_w^{(n-1)} S_w) \tag{5.12}$$

式中,上角标 $(m-1)$ 表示在求解本方程(称为内迭代)时前一次迭代值,上角标星号(*)表示预估值,上角标 $(n-1)$ 表示在求解方程组(称为外迭代)时前一次迭代值。以下为了简便,省略上角标 $(m-1)$。方程简记为:

$$A_D u_P^* + A_{OD} u_{nb}^* = b^u - G_i(p^{(n-1)}) \tag{5.13}$$

式中,A 是系数矩阵的简记,下角标 D 表示主对角,下角标 OD 表示非主对角,G_i 是 i 方向梯度运算的简记。虽然在迭代计算过程中方程的系数比速度滞后一步,但是通过多次迭代计算,相邻两轮迭代解的变化已足够小,因此,不影响最终求解结果。在求解动量方程(5.13)时利用已知的压力值,因此得到预估速度满足动量方程，但是预估速度不一定满足连续性方程，所以还需要对预估速度进行修正。引入速度和压力修正值：

$$u = u^* + u' \qquad (5.14)$$
$$p = p^* + p'$$

式中，u^*、p^* 表示预估值，u'、p' 表示修正值。用动量方程(5.13) 减去方程(5.11)，得：

$$A_D u'_P + A_{OD} u'_{nb} = -G_i(p') \qquad (5.15)$$

由于方程中含有非主对角的速度修正，故推导压力修正方程的难度较大。忽略非主对角的速度修正，则：

$$A_D u'_P \approx -G_i(p') \qquad (5.16)$$

即 $u'_P \approx -(A_D)^{-1} G_i(p')$，$u = u^* + u'$，一起代入连续性方程，得：

$$\sum_i \rho (A_D)^{-1} G_i(p') S_i = \sum_i \rho u_i^* S_i \qquad (5.17)$$

这样就组建了关于 p' 的方程。只要求解得到 p'，就可以根据方程(5.16)确定 u'，从而再根据方程(5.14)对速度和压力进行修正。因为在计算 u' 时采用了一些假设，所以修正后的速度不一定满足连续性方程，还要进一步迭代计算，以上即是 SIMPLE 算法的基本思想。在推导过程中，完全忽略了非主对角的速度修正。也可以不完全忽略非主对角的速度修正，而做如下假设：

$$\sum_{nb} a_{nb}^u u'_P \approx \sum_{nb} a_{nb}^u u'_{nb} \qquad (5.18)$$

即非主对角的速度修正值近似等于主对角的速度修正值。代入方程(5.15)，得：

$$(A_D + A_{OD}) u'_P \approx -G_i(p') \qquad (5.19)$$

此时，主对角的速度修正值和压力修正的关系为：

$$u'_P \approx -(A_D + A_{OD})^{-1} G_i(p') \qquad (5.20)$$

同理，可以代入连续性方程，组建关于 p' 的方程，这是 SIMPLE 改进算法，称为 SIMPLEC 算法。综上讨论可以看到，SIMPLE 算法的主要过程是：首先利用已知的压力，求解动量方程得到速度预估值；其次求解压力修正方程得到压力修正值；然后利用压力修正计算速度修正；最后对速度预估值进行修正，并检查是否满足连续性方程，如果不满足连续性方程，则还要进行迭代计算。在推导过程中，忽略了非主对角的速度修正，对计算收敛速度有影响，但是不影响最后收敛结果。

N-S方程求解的另一个难点是关于压力梯度的离散化计算。如果简单地采用线性中心差分格式近似，有可能产生振荡的解。如图5-1，以一维均匀网格为例，基于微元空间变量线性分布假设，采用中心差分对动量方程中的压力梯度项进行离散，得：

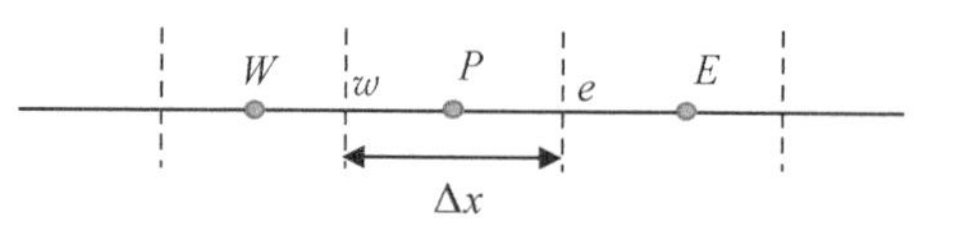

图5-1 一维均匀网格

$$\begin{aligned}\int_V -\frac{\partial p}{\partial x}\mathrm{d}V &= -\frac{p_e - p_w}{\Delta x}V = (p_w - p_e) \\ &= \left(\frac{p_W + p_P}{2} - \frac{p_E + p_P}{2}\right) = \left(\frac{p_W - p_E}{2}\right)\end{aligned} \tag{5.21}$$

观察发现，上式给出的压力梯度，通过两个间隔网格的压力计算得到，不能通过两个相邻网格计算，这导致该计算式弱化了速度和压力的耦合关系。实际计算经验表明，该计算式不能很好地反映和消除压力在空间的数值振荡。Harlow 和 Welch 提出采用错位网格确保离散过程中压力和速度的耦合关系。在错位网格条件下，针对水平速度的控制微元从 P 点到 E 点进行积分离散，得到压力梯度计算式为：

$$\int_V -\frac{\partial p}{\partial x}\mathrm{d}V = -\frac{p_E - p_P}{\Delta x}V = (p_P - p_E) \tag{5.22}$$

式中，压力梯度通过两个相邻节点的值计算得到，确保了速度和压力的耦合关系。类似地，对连续性方程进行离散，可直接使用主节点网格的面速度，而不需要通过插值得到。由于上述优点，错位网格在 CFD 发展早期得到了广泛应用。

5.2 有限体积错位网格的编号

第3章已经介绍了有限差分错位网格的布置，本章介绍的错位网格本质与之相同，但是错位网格在有限体积法中的记号习惯与之不同，因此这里再作完整的介绍。如图5-2所示的二维直角坐标错位网格，将标量布置在网格中心，如压力、密度、温度等，称为主节点；将速度变量布置在网格面，即水平速度布置在主节点的竖直面，竖直速度布置在主节点的水平面。需要注意的是，当网格复杂时，错位网格的编号非常麻烦。

图5-3表示错位网格的编号方法，分为主节点（m-CV）、速度 u 节点

(u-CV)、速度 v 节点(v-CV),分别用●、→、↑ 表示。对于三个变量,均采用独立的局部编号,当前节点用 P 表示,周围节点用大写字母 E、W、N、S 表示,网格面用小写字母 e、w、n、s 表示。注意,m-CV 的 e 面的位置和 u-CV 的 P 节点的位置相同,类似地,m-CV 的 n 面的位置和 v-CV 的 P 节点的位置相同。网格采用局部编号的优点是,在推导离散方程时,不需要考虑变量存储数组元素与哪个位置对应,而只需要用字母 P 和相应节点字母表示即可。

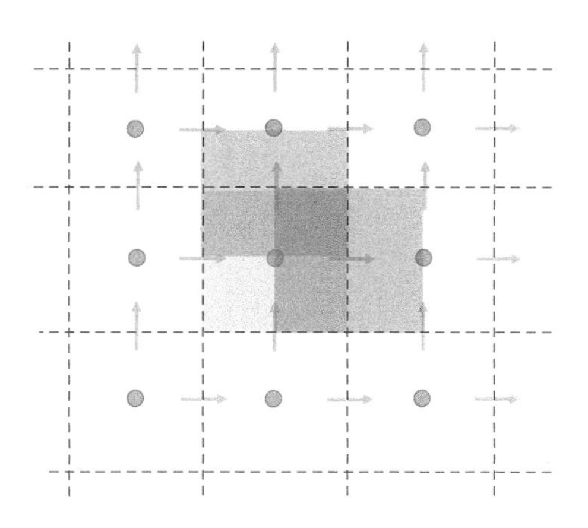

图 5-2　二维直角坐标错位网格

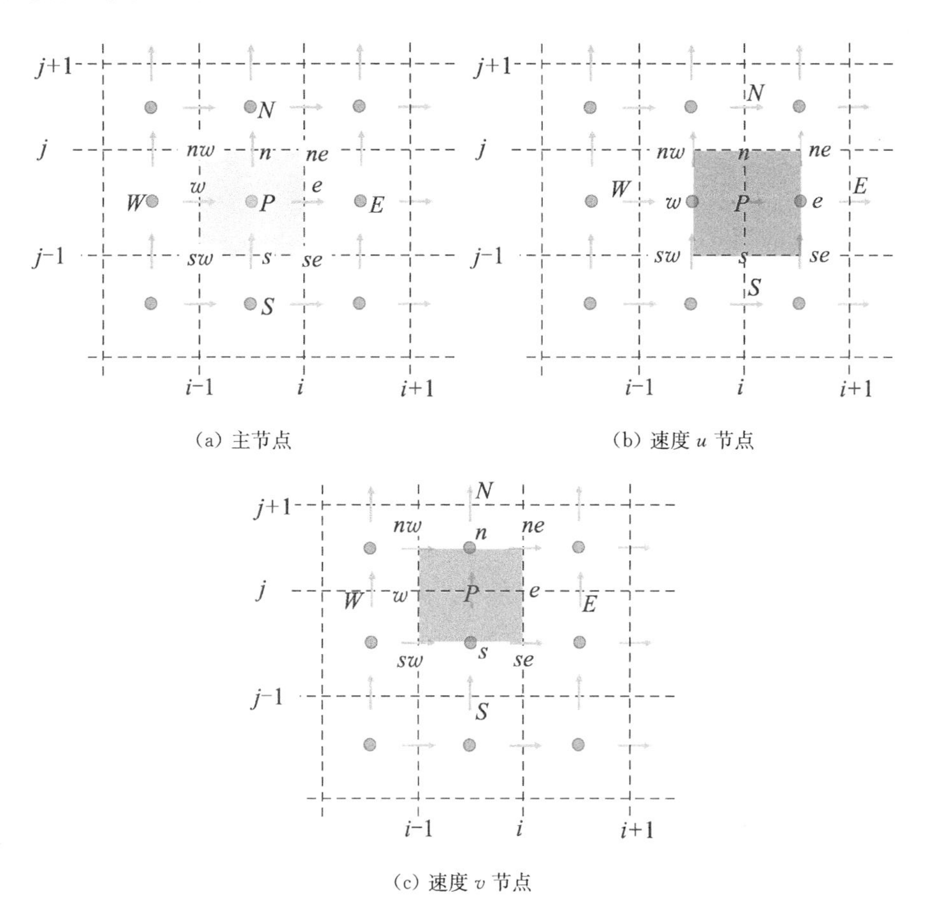

图 5-3　二维直角坐标错位网格的编号方法

无论采用局部编号还是全局编号，m-CV，u-CV，v-CV 网格的位置关系是固定不变的。从网格全局编号看，主节点中心位于$(i-1/2,\ j-1/2)$，主节点四周的速度节点，按照东西南北的顺序，编号依次是 $(i,\ j-1/2)$，$(i-1,\ j-1/2)$，$(i-1/2,\ j-1)$，$(i-1/2,\ j)$。

5.3 方程离散化

5.3.1 动量方程离散化

速度 u_i 的控制方程积分形式为：

$$\frac{\partial}{\partial t}\int_V \rho u_i \mathrm{d}V + \int_S \rho u_i \boldsymbol{u} \cdot \boldsymbol{n} \mathrm{d}S = \int_S \mu \nabla u_i \cdot \boldsymbol{n} \mathrm{d}S - \int_S p \boldsymbol{i}_i \cdot \boldsymbol{n} \mathrm{d}S \tag{5.23}$$

针对 u_i(以下简记 u）方程的各项进行离散化，包括非稳态项、对流项、扩散项、压力梯度项。

针对非稳态项，采用欧拉隐式离散：

$$\left[\frac{\partial}{\partial t}\int_V \rho u \mathrm{d}V\right]_P = \int_V \left(\frac{\partial \rho u}{\partial t}\right)_P \mathrm{d}V = \frac{\rho \Delta V}{\Delta t}(u_P^n - u_P^{n-1}) \tag{5.24}$$

式中，$n-1$ 表示上个时刻，n 表示当前时刻。控制体平均值采用中心位置处变量值近似表示。

针对对流项，采用中心差分格式离散：

$$\begin{aligned}
\sum_f F_f^{\mathrm{c}} &= \int_S \rho u \boldsymbol{u} \cdot \boldsymbol{n} \mathrm{d}S = \sum_f (\rho u \boldsymbol{u} \cdot \boldsymbol{S}) \\
&= \dot{m}_e^u u_e + \dot{m}_w^u u_w + \dot{m}_n^u u_n + \dot{m}_s^u u_s \\
&= \dot{m}_e^u [(1-\chi_e) u_P + \chi_e u_E] + \dot{m}_w^u [(1-\chi_w) u_P + \chi_w u_W] + \\
&\quad\ \dot{m}_n^u [(1-\chi_n) u_P + \chi_n u_N] + \dot{m}_s^u [(1-\chi_s) u_P + \chi_s u_S]
\end{aligned} \tag{5.25}$$

式中，F_f^{c} 为对流通量，$\dot{m}^u = \rho \boldsymbol{u} \cdot \boldsymbol{S}$ 为质量流量。这里需要注意的是，质量流量计算式中包含了速度，而速度是该方程的待求变量。为了得到线性化方程，$\dot{m}^u$ 取上一次迭代过程的值，从而简化了方程求解。虽然在迭代计算过程中方程的系数比速度更新滞后一步，会对收敛速度有影响，但是不影响最终解。如前所述，中心差分格式具有二阶精度，但是该格式是条件收敛的，而迎风格式为绝对稳定格式，面中心处 u_f 采用迎风格式近似，即：

$$u_f = u_f^{\mathrm{UDS}} = \begin{cases} u_P & \dot{m}_f \geqslant 0 \\ u_N & \dot{m}_f < 0 \end{cases} \tag{5.26}$$

该离散格式具有一阶精度。一种常用的方法是：结合迎风格式和中心差分格式的优点，采用“延迟修正”方法将中心差分式以源项的形式计算：

$$F_f^{\mathrm{c}} = \dot{m}_f u_f^{\mathrm{UDS}} + \dot{m}_f \left(u_f^{\mathrm{CDS}} - u_f^{\mathrm{UDS}}\right)^{m-1} \tag{5.27}$$

式中，上角标 $m-1$ 指前一次迭代值。等号右边第一项通过隐式计算，它的影响计入离散矩阵的系数。等号右边第二项通过显式计算，它的影响计入离散矩阵的源项。虽然在计算过程中，源项修正值滞后一步迭代，但是当计算达到收敛时，该离散式与具有二阶精度的中心差分格式等价。

针对扩散项，采用中心差分格式离散：

$$\begin{aligned} \sum_f F_f^{\mathrm{d}} &= \int_S \mu \nabla u \cdot \boldsymbol{n} \mathrm{d}S = \sum_f (\mu \nabla u \cdot \boldsymbol{n} \mathrm{d}S) \\ &= D_n^u (u_N - u_P) + D_s^u (u_S - u_P) \\ &\quad + D_e^u (u_E - u_P) + D_w^u (u_W - u_P) \end{aligned} \tag{5.28}$$

式中，F_f^{d} 为扩散通量，$D_f = \mu S_f / dx_f$ 为扩导。对于扩散项，一般采用中心差分格式离散，该格式具有二阶精度，且计算稳定性好。注意，这里的扩散项是针对密度为常数时剪切力项的简化。如果密度发生变化，还要补充完整剪切力的计算。

针对压力梯度项，采用积分离散：

$$-\int_S p \, \boldsymbol{i}_i \cdot \boldsymbol{n} \mathrm{d}S = -(p_e S_e - p_w S_w)^{n-1} \tag{5.29}$$

式中，上角标 $n-1$ 表示压力采用上一次外迭代的值。

把非稳态项、对流项、扩散项、压力梯度项代入方程(5.23)，得：

$$\begin{aligned} &\frac{\rho \Delta V}{\Delta t}(u_P^n - u_P^{n-1}) + \dot{m}_e^u [(1-\chi_e) u_P + \chi_e u_E)] + \\ &\dot{m}_w^u [(1-\chi_w) u_P + \chi_w u_W] + \dot{m}_n^u [(1-\chi_n) u_P + \chi_n u_N] + \\ &\dot{m}_s^u [(1-\chi_s) u_P + \chi_s u_S] = D_n^u (u_N - u_P) + D_s^u (u_S - u_P) + \\ &D_e^u (u_E - u_P) + D_w^u (u_W - u_P) - (p_e S_e - p_w S_w)^{n-1} \end{aligned} \tag{5.30}$$

按照节点重组方程并简记，得到速度 u 的离散方程为：

$$
\begin{aligned}
& a_P^u u_P + \sum_{nb} a_{nb}^u u_{nb} = b^u + (p_e S_e - p_w S_w)^{n-1} \\
& a_E^u = D_e^u - \dot{m}_e^u \chi_e, \quad a_W^u = D_w^u - \dot{m}_w^u \chi_w \\
& a_N^u = D_n^u - \dot{m}_n^u \chi_n, \quad a_S^u = D_s^u - \dot{m}_s^u \chi_s \\
& a_P^u = -\sum_{nb} a_{nb}^u - \frac{\rho \Delta V}{\Delta t} \\
& b^u = -\frac{\rho \Delta V}{\Delta t} u_P^{n-1}
\end{aligned}
\tag{5.31}
$$

式中，将压力项从源项中分离出来，因为压力需要单独处理。

按照同样的方法，得到速度 v 的离散方程为：

$$
\begin{aligned}
& a_P^v v_P + \sum_{nb} a_{nb}^v v_{nb} = b^v + (p_n S_n - p_s S_s)^{n-1} \\
& a_E^v = D_e^v - \dot{m}_e^v \chi_e, \quad a_W^v = D_w^v - \dot{m}_w^v \chi_w \\
& a_N^v = D_n^v - \dot{m}_n^v \chi_n, \quad a_S^v = D_s^v - \dot{m}_s^v \chi_s \\
& a_P^v = -\sum_{nb} a_{nb}^v - \frac{\rho \Delta V}{\Delta t} \\
& b^v = -\frac{\rho \Delta V}{\Delta t} v_P^{n-1}
\end{aligned}
\tag{5.32}
$$

为了方便下文叙述，离散动量方程简记如下：

$$
\begin{aligned}
& a_P^u u_P + \sum_{nb} a_{nb}^u u_{nb} = b^u + (p_e S_e - p_w S_w)^{n-1} \\
& a_P^v v_P + \sum_{nb} a_{nb}^v v_{nb} = b^v + (p_n S_n - p_s S_s)^{n-1}
\end{aligned}
\tag{5.33}
$$

5.3.2 压力修正方程离散化

现在从动量方程离散式(5.33)出发展开计算，为了使计算能够迭代进行，假设压力分布为 p^*，则动量方程如下：

$$
\begin{aligned}
& a_P^u u_P^* + \sum_{nb} a_{nb}^u u_{nb}^* = b^u + (p_e^* S_e - p_w^* S_w)^{n-1} \\
& a_P^v v_P^* + \sum_{nb} a_{nb}^v v_{nb}^* = b^v + (p_n^* S_n - p_s^* S_s)^{n-1}
\end{aligned}
\tag{5.34}
$$

式中，u^* 和 v^* 是根据 p^* 确定的速度预估值。经过求解得到的 u^* 和 v^* 满足方程(5.34)，但是不一定满足连续性方程，还需要进行修正，希望通过若干次修正和迭代计算，速度满足连续性方程。定义压力修正值和速度修正值如下：

$$
\begin{aligned}
u &= u^* + u' \\
v &= v^* + v' \\
p &= p^* + p'
\end{aligned}
\tag{5.35}
$$

式中，u'，v' 和 p' 分别为速度和压力的修正值。代入离散动量方程(5.34)，并与方程(5.33)相减，假设源项与速度无关，得：

$$
\begin{aligned}
a_P^u u'_P + \sum_{nb} a_{nb}^u u'_{nb} &= (p'_e S_e - p'_w S_w)^{n-1} \\
a_P^v v'_P + \sum_{nb} a_{nb}^v v'_{nb} &= (p'_n S_n - p'_s S_s)^{n-1}
\end{aligned}
\tag{5.36}
$$

将上式写成关于主节点速度修正值的显式计算式：

$$
\begin{aligned}
u'_P &= -\frac{1}{a_P^u}\sum_{nb} a_{nb}^u u'_{nb} + \frac{1}{a_P^u}(p'_e S_e - p'_w S_w)^{n-1} \\
v'_P &= -\frac{1}{a_P^v}\sum_{nb} a_{nb}^v v'_{nb} + \frac{1}{a_P^v}(p'_n S_n - p'_s S_s)^{n-1}
\end{aligned}
\tag{5.37}
$$

该式表明，主节点速度修正值由邻居节点速度修正值和压力修正值的梯度引起，再代入速度修正方程(5.35)，得到修正后的速度如下：

$$
\begin{aligned}
u &= u^* - \frac{1}{a_P^u}\sum_{nb} a_{nb}^u u'_{nb} + \frac{1}{a_P^u}(p'_e S_e - p'_w S_w)^{n-1} \\
v &= v^* - \frac{1}{a_P^v}\sum_{nb} a_{nb}^v v'_{nb} + \frac{1}{a_P^v}(p'_n S_n - p'_s S_s)^{n-1}
\end{aligned}
\tag{5.38}
$$

因为邻居节点处速度修正值是未知的，所以不能直接应用上式修正速度。对上式做假设，忽略 $\sum_{nb} a_{nb}^u u'_{nb}$，$\sum_{nb} a_{nb}^v v'_{nb}$，得：

$$
\begin{aligned}
u &\approx u^* + \frac{1}{a_P^u}(p'_e S_e - p'_w S_w)^{n-1} \\
v &\approx v^* + \frac{1}{a_P^v}(p'_n S_n - p'_s S_s)^{n-1}
\end{aligned}
\tag{5.39}
$$

该式将主节点速度与压力梯度关联起来。将方程(5.39)代入连续性方程，可以构建关于压力修正 p' 的方程。我们先回到连续性方程，对连续性方程进行积分，得：

$$
\int_S \boldsymbol{u} \cdot \boldsymbol{n} \, \mathrm{d}S = 0 \tag{5.40}
$$

采用中心点法对主节点进行离散，得：

$$[(\rho u^m S)_e-(\rho u^m S)_w]+[(\rho v^m S)_n-(\rho v^m S)_s]=0 \tag{5.41}$$

式中，m 表示当前迭代值。将方程(5.39)代入方程(5.41)，由于主节点的东面和西面是速度 u 节点，而主节点的北面和南面是速度 v 节点，因此不需要进行插值，直接通过存储的速度获得。具体对应关系如下：

$$\begin{aligned}&(u^m)_e\ 对应(u^u)_P,\quad (u^m)_w\ 对应(u^u)_W\\&(v^m)_n\ 对应(v^v)_P,\quad (v^m)_s\ 对应(v^v)_S\end{aligned} \tag{5.42}$$

式中，上角标表示节点类型（m-CV、u-CV 或 v-CV），下角标表示位置。对于各个速度，应用速度修正计算式(5.39)，得：

$$\begin{aligned}u_P^u&=u_P^*+\frac{S_e}{a_P^u}(p'_E-p'_P)\\u_W^u&=u_W^*+\frac{S_w}{a_W^u}(p'_P-p'_W)\\v_P^u&=v_P^*+\frac{S_n}{a_P^v}(p'_N-p'_P)\\v_S^u&=v_S^*+\frac{S_s}{a_S^v}(p'_P-p'_S)\end{aligned} \tag{5.43}$$

将上式代入主节点的离散连续性方程(5.41)，得：

$$\begin{aligned}&[(\rho u^m S)_e-(\rho u^m S)_w]+[(\rho v^m S)_n-(\rho v^m S)_s]\\&=\rho u_P^* S_e+\frac{\rho S_e S_e}{a_P^u}(p'_E-p'_P)-\rho u_W^* S_w-\frac{\rho S_w S_w}{a_W^u}(p'_P-p'_W)+\\&\rho v_P^* S_n+\frac{\rho S_n S_n}{a_P^v}(p'_N-p'_P)-\rho v_S^* S_s-\frac{\rho S_s S_s}{a_S^v}(p'_P-p'_S)\end{aligned} \tag{5.44}$$

再按照节点将方程各项重组，并简记如下：

$$\begin{aligned}&a_P^p p'_P+a_E^p p'_E+a_W^p p'_W+a_N^p p'_N+a_S^p p'_S=b^p\\&a_E^p=\rho S_e S_e/a_P^u,\quad a_W^p=\rho S_w S_w/a_W^u\\&a_N^p=\rho S_n S_n/a_P^v,\quad a_S^p=\rho S_s S_s/a_S^v\\&a_P^p=-\sum_{nb}a_{nb}^p\\&b^p=-\rho u_P^* S_e+\rho u_W^* S_w-\rho v_P^* S_n+\rho v_S^* S_s\end{aligned} \tag{5.45}$$

方程(5.45)简记如下：

$$a_P^p p'_P + \sum_{nb} a_{nb}^p p'_{nb} = \sum_f \dot{m}_f^* \tag{5.46}$$

该式即是压力修正方程，方程等号右边的项 $\sum_f \dot{m}_f^*$ 表示由速度预估值引起的质量不平衡。在计算过程中，$\sum_f \dot{m}_f^*$ 用于监测连续性方程是否达到收敛。当预估速度满足连续性方程时，等号右边为 0，停止迭代计算。

5.4 SIMPLE 算法小结

至此，我们已经得到 SIMPLE 算法的各个离散化方程。SIMPLE 算法的计算过程总结如下：

第 1 步：假设压力场 p^*，u^*，v^*；

第 2 步：根据方程(5.34)求解动量方程得到 u^*，v^*；

第 3 步：根据预估速度，计算质量不平衡 $\sum_f \dot{m}_f^*$，根据方程(5.46)求解压力修正量方程，得到压力修正值 p'；

第 4 步：根据方程(5.35)和(5.43)修正压力和速度；

第 5 步：如果速度满足连续性方程，则计算结束；否则，返回第 2 步进行下一轮迭代计算。

因为在推导压力修正方程的过程中，忽略了周围节点速度修正值对主节点速度修正值的影响，从而导致计算的压力修正值过高。所以，将压力修正值乘以一个小于 1 的系数，能够提高压力修正方程的收敛性。压力采用亚松弛因子处理：

$$p = p^* + \alpha_p p' \tag{5.47}$$

式中，α_p 为压力松弛因子，理论取值范围为(0, 1)。

对于速度，将亚松弛过程代入代数方程的求解过程中。对于离散速度方程：

$$a_P \phi_P + \sum_{nb} a_{nb} \phi_{nb} = b \tag{5.48}$$

式中，ϕ 表示某个分量速度。在迭代计算过程中：

$$\phi_P = \frac{1}{a_P}\left(-\sum_{nb} a_{nb} \phi_{nb} + b\right) \tag{5.49}$$

采用亚松弛处理上述迭代式，得：

$$\phi_P = \phi_P^0 + \alpha_u \left[\frac{1}{a_P} \left(-\sum_{nb} a_{nb} \phi_{nb} + b \right) - \phi_P^0 \right] \tag{5.50}$$

式中，α_u 为速度松弛因子，理论取值范围为(0, 1)，其目的是限制相邻两次迭代值的变化，以利于非线性问题迭代收敛。将上式和动量方程(5.34)进行对比，可以得到考虑亚松弛处理的动量方程离散式：

$$\left(\frac{a_P^u}{\alpha_u} \right) u_P^* + \sum_{nb} a_{nb}^u u_{nb}^* = b^u + (p_e^* S_e - p_w^* S_w)^{n-1} + \frac{a_P^u}{\alpha_u} (1 - \alpha_u) u^{m-1} \tag{5.51}$$

即对于原离散动量方程(5.34)的系数做如下修改：

$$\begin{aligned} a_P^u &\leftarrow \left(\frac{a_P^u}{\alpha_u} \right) \\ b &\leftarrow b + \frac{a_P^u}{\alpha_u} (1 - \alpha_u) u^{m-1} \end{aligned} \tag{5.52}$$

大量实践表明，在 SIMPLE 算法中，当 α_p 的取值范围为 0.2～0.5、α_u 的取值范围为 0.6～0.8 时，对提高 N-S 方程数值求解的收敛性效果较好。

5.5 边界条件

还需要补充边界条件，方程才能有确定解。N-S 方程常见的边界条件类型有：壁面、速度进口、出口、对称面，此外，边界上的压力也需要定解条件。以下逐一说明边界条件的处理方法。

(1) 壁面

以法向速度 u，切向速度 v 的情形为例。根据无滑移壁面条件，速度 u 等于壁面速度。对于法向速度，根据连续性方程确定法向黏性力等于 0。

$$\left(\frac{\partial u}{\partial x} \right)_{\text{wall}} = 0 \quad \Rightarrow \quad \left(\frac{\partial v}{\partial y} \right)_{\text{wall}} = 0 \quad \Rightarrow \quad \tau_{yy} = 2\mu \left(\frac{\partial v}{\partial y} \right)_{\text{wall}} = 0 \tag{5.53}$$

(2) 速度进口

以法向速度 u，切向速度 v 的情形为例。速度 u 为给定速度，切向速度满足 $\partial v / \partial y = 0$。

(3) 出口

以法向速度 u，切向速度 v 的情形为例。在计算过程中出口的状态是未知的，因此，应当把出口取在流动下游较远处，使流体流过出口整个截面，并尽量使出口流速与出口截面法向一致。在此情况下：$\partial u/\partial y=0$，$v=0$。

除此之外，出口还需要满足总体质量守恒条件：

$$f\cdot\sum_{i=S,\ \mathrm{out}}(\rho uS)=\sum_{i=S,\ \mathrm{in}}(\rho uS) \tag{5.54}$$

式中，f 是出口质量流率和进口质量流率的比值。再根据 f 对出口速度进行修正，得：

$$u_{i,M_1}=f\cdot u_{i,M_2}\quad (i=S,\ \mathrm{out}) \tag{5.55}$$

式中，M_1 是出口边界的节点，M_2 是出口边界上游的节点，该措施可以提高收敛速度。

(4) 对称面

以法向速度 v，切向速度 u 的情形为例。根据对称性条件，$\partial u/\partial y=0$，$v=0$。

(5) 边界上的压力

边界压力由邻近内节点的压力通过线性插值得到。压力修正方程的边界条件均为 $\partial p'/\partial n=0$(即全部为第二类边界条件，而没有第一类边界条件，此条件下方程无定解)。为了使该方程具有唯一解，需要将流场中某点压力设为定值(压力参考点)，或将流场中压力的平均值设为固定值。

5.6　同位网格

虽然错位网格能确保速度与压力的耦合关系，但是错位网格在复杂网格、多重网格、自适应网格等情况下的实施非常麻烦。同位网格将速度和压力等所有变量都布置在网格中心，如图 5-4，数据储存相对方便，但是有可能引起速度和压力失耦的问题。

Rhie 和 Chow 针对同位网格体系，提出了包含邻近压力梯度的网格面心处速度插值式，保证了速度与压力的耦合关系，其给出的网格面心处的速度计算式如下：

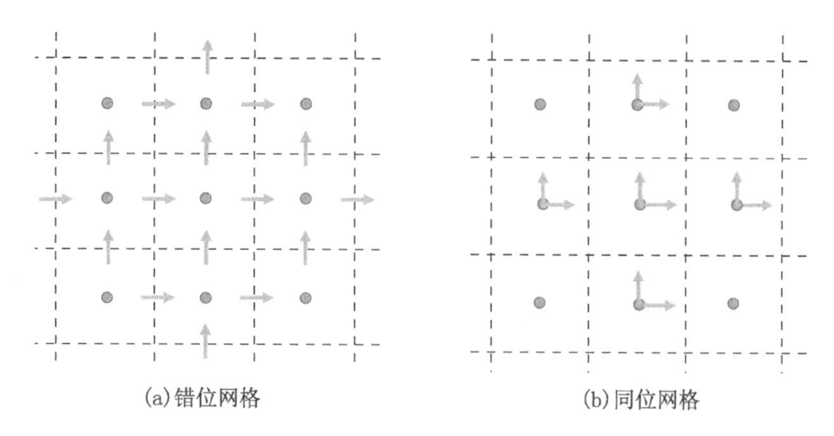

图 5-4　有限体积法中错位网格和同位网格条件下变量布置示意图

$$u_e = \overline{u_e} - \overline{D_e^u}\left[\left(\frac{\partial p}{\partial x}\right)_e - \overline{\left(\frac{\partial p}{\partial x}\right)_e}\right] \tag{5.56}$$

式中，上横线表示根据插值得到的值，该式表示面心处速度等于速度插值与一个修正项之和，而修正项为压力梯度的两种计算方法的差值。该插值格式能监测到局部压力锯齿形分布，并能使之平滑。该插值式由动量方程推导而来，称为动量插值式。

下面简要推导动量插值方程式，以一维均匀网格为例，如图 5-5。

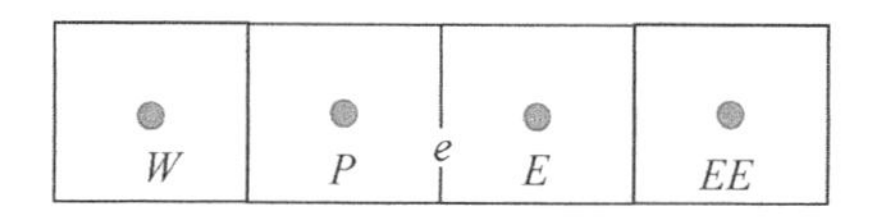

图 5-5　一维均匀网格和节点记号

对于节点 P 和节点 E，离散化动量方程如下：

$$a_P^u u_P + \sum_{nb} a_{nb}^u u_{nb} = b_P^u - V_P \left(\frac{\partial p}{\partial x}\right)_P \tag{5.57}$$

$$a_E^u u_E + \sum_{nb} a_{nb}^u u_{nb} = b_E^u - V_E \left(\frac{\partial p}{\partial x}\right)_E \tag{5.58}$$

通过类比，在网格东面面心 e 处，离散化动量方程同样也成立，即：

$$a_e^u u_e + \sum_{nb} a_{nb}^u u_{nb} = b_e^u - V_e \left(\frac{\partial p}{\partial x}\right)_e \tag{5.59}$$

将上述方程各项除以主节点系数，得：

$$u_e + \frac{1}{a_e^u}\sum_{nb} a_{nb}^u u_{nb} = \frac{1}{a_e^u} b_e^u - \frac{1}{a_e^u} V_e \left(\frac{\partial p}{\partial x}\right)_e \tag{5.60}$$

为了简化叙述，上式简记为：

$$u_e + H_e(u) = B_e^u - D_e^u \left(\frac{\partial p}{\partial x}\right)_e \tag{5.61}$$

式中，H，B，D 为各项的记号，通过节点 P 和 E 方程中的各项插值得到，即：

$$u_e + \overline{H_e(u)} = \overline{B_e^u} - \overline{D_e^u} \left(\frac{\partial p}{\partial x}\right)_e \tag{5.62}$$

将节点 P 和节点 E 的方程相加并整理，得：

$$\frac{u_P + u_E}{2} + \frac{H_P(u) + H_E(u)}{2} = \frac{B_P^u + B_E^u}{2} + \frac{-D_P^u \left(\frac{\partial p}{\partial x}\right)_P - D_E^u \left(\frac{\partial p}{\partial x}\right)_E}{2} \tag{5.63}$$

即：

$$\overline{u_e} + \overline{H_e(u)} = \overline{B_e^u} - \overline{D_e^u} \overline{\left(\frac{\partial p}{\partial x}\right)_e} \tag{5.64}$$

对比方程(5.64)和(5.62)，消除 H 和 B，得：

$$u_e = \overline{u_e} - \overline{D_e^u}\left[\left(\frac{\partial p}{\partial x}\right)_e - \overline{\left(\frac{\partial p}{\partial x}\right)_e}\right] \tag{5.65}$$

此式即动量插值式，压力梯度可以通过高斯定律计算，其余各项通过主节点插值得到。若在直角均匀坐标体系下，动量插值式退化如下：

$$\begin{aligned} u_e &= \overline{u_e} - \overline{D_e^u}\left[\left(\frac{\partial p}{\partial x}\right)_e - \overline{\left(\frac{\partial p}{\partial x}\right)_e}\right] \\ &= \overline{u_e} - D_u\left[\frac{p_E - p_P}{h} - \frac{1}{2}\left(\frac{p_E - p_W}{2h} + \frac{p_{EE} - p_P}{2h}\right)\right] \\ &= \overline{u_e} - D_u\left(\frac{3p_E - 3p_P - p_{EE} + p_W}{4h}\right) \end{aligned} \tag{5.66}$$

从该式看到，网格面心处的速度是主节点速度插值和压力梯度修正项之和，该压力梯度修正是具有三阶精度的近似式。

5.7 SIMPLE 算法的程序实现

5.7.1 程序整体流程

表 5-1 列出同位网格 SIMLPE 程序的总体框架。程序的主体按照时间步循环。如果是稳态问题，则时间步数为 1、时间步长无穷大。在每个时间步中，按照 SIMPLE 算法设计程序。程序采用“全局变量、功能函数、主函数”的模块化结构。

表 5-1 SIMPLE 程序算法框架

(1) 设定计算条件，包括：计算参数、物理条件、几何条件
(2) 为变量数组分配空间
(3) 初始化变量
(4) 按时间循环
(4.1) 设置物性参数场
(4.2) 设置边界条件
(4.3) 非线性迭代循环
(a) 计算主节点面通量
(b) 构建速度预估方程并求解
(c) 构建压力修正方程并求解
(d) 修正压力和速度
(e) 如果满足连续性方程，则跳出非线性迭代循环，否则重新回到(a)
(4.4) 每隔一定时间步保存计算结果
(5) 结束时间循环，输出结果并退出程序

5.7.2 程序主要部分说明

程序清单 5-1 是同位网格 SIMPLE 程序的主要部分，包括全局变量、自定义函数、主函数。全局变量和主函数是完整程序段，自定义函数仅给出了函数名，函数实现在下文给出。

在全局变量的定义中，依次定义计算参数、几何条件、物理条件；接着划分网格，定义变量数组、离散方程系数数组。在全局变量之后，是一些模块化函数的定义。

在主函数中，首先初始化流场并保存结果，然后进入时间循环计算。在每个时间循环计算中，依次定义边界条件、计算面通量、求解预估速度方程、求解压力修正方程、修正速度和压力，然后每隔一定时间步数计算流函数和涡量函数并保存结果。

程序清单 5-1　求解二维流场的同位网格 SIMPLE 程序(全局变量和主函数)

```
# ------------------------------ global variables ------------------------------
### problme state
subFolder = "results_case3/"
problemTitle = "channel_obstacle"
isAxisXSymmetry = 0
isUnsteady = 0

### geometry setting
xwest = 0.; xeast = 0.5; ysouth = 0.; ynorth = 0.2
nxcv = int(input("Please enter number of CV x direction (nxcv=50): "))
nycv = int(input("Please enter number of CV y direction (nycv=20): "))

### physical setting
RE = 200.; rho_ref = 1.; velIN = 1.
vis_ref = rho_ref * velIN * (xeast - xwest)/RE
nu = vis_ref/rho_ref
global flowIN, flowOUT
LARGE_LIM = 1.0e30
SMALL_LIM = -1.0e30

### numerical setting
if (isUnsteady == 1):
    totalTimeSteps = 20; ntSave = 1; timeStep = 0.1; maxOutIter = 100
else:
    totalTimeSteps = 1; ntSave = 1; timeStep = 1.0e20; maxOutIter = 10000
curTime = 0.; iUEqu = 0; iVEqu = 1; iPEqu = 2
blendCDS = [1, 1, 1]
urf = [0.8, 0.8, 0.2] # relaxation factors for U-V-P
epsi = [1e-3, 1e-3, 1e-3]
sourceMAX = 1.0e-4
resor = np.zeros((4))
idMon = [5,5]
numUDS = 5
titleUDS = ("stream","vortex","temp","k","epsi")
global tecFileID

### CREATE mesh array
xh, xFace = meshing1dUniform(xwest,xeast,nxcv)
yh, yFace = meshing1dUniform(ysouth,ynorth,nycv)
xNode,yNode,xFraSe,yFraSn,DeltaV,Rf,Rp = \
    calcGeometry(nxcv,xFace,nycv,yFace,isAxisXSymmetry)

### CREATE filed variable array
```

```
UX = np.zeros((nxcv+2,nycv+2))
UY = np.zeros((nxcv+2,nycv+2))
P = np.zeros((nxcv+2,nycv+2))
UX0 = np.zeros((nxcv+2,nycv+2))
UY0 = np.zeros((nxcv+2,nycv+2))
P0 = np.zeros((nxcv+2,nycv+2))
Pcor = np.zeros((nxcv+2,nycv+2))
UDS = np.zeros((nxcv+2,nycv+2,numUDS))
RHO = np.zeros((nxcv+2,nycv+2))
VIS = np.zeros((nxcv+2,nycv+2))

### CREATE coefficients of linear algebraic matrix
AW = np.zeros((nxcv+2,nycv+2))
AP = np.zeros((nxcv+2,nycv+2))
AE = np.zeros((nxcv+2,nycv+2))
AS = np.zeros((nxcv+2,nycv+2))
AN = np.zeros((nxcv+2,nycv+2))
SC = np.zeros((nxcv+2,nycv+2))
SU = np.zeros((nxcv+2,nycv+2))
SV = np.zeros((nxcv+2,nycv+2))
APU = np.zeros((nxcv+2,nycv+2))
APV = np.zeros((nxcv+2,nycv+2))
DPX = np.zeros((nxcv+2,nycv+2))
DPY = np.zeros((nxcv+2,nycv+2))
mdotX = np.zeros((nxcv+2,nycv+2))
mdotY = np.zeros((nxcv+2,nycv+2))
FLAG = np.zeros((nxcv+2,nycv+2))

# -------------------------------- functions -----------------------------------
def initializeFlowField():
def openAndSaveResultsHead():
def set1stBC():
def modifyUVEquCoefsBCneighbour():
def extrapolatPressureBC(pb):
def assemblyAndSolveUVstarEqu():
def assemblyAndSolvePCorEqu():
def correctUVPandMassFlux():
def calcStreamVortex():

#------------------------------- main program ---------------------------------
if __name__ == "__main__":
    global tecFileID
    ### initial setting
    initializeFlowField()
    openAndSaveResultsHead()
```

```
    ### begin of time loop
    totIter = 0
    iterHistCount = []
    iterHistMassErr = []
    for timeIter in range(1,totalTimeSteps+1):
        curTime += timeStep
        print ("time=%6.3e,pres=%6.3e" %(curTime,P[idMon[0]][idMon[1]]))
        if (isUnsteady==1):
            UX0[:,:] = UX[:,:]
            UY0[:,:] = UY[:,:]
            P0[:,:] = P[:,:]
        set1stBC()
        # outer iteration
        for outIter in range(1,maxOutIter+1):
            assemblyAndSolveUVstarEqu()
            massErr = assemblyAndSolvePCorEqu()
            correctUVPandMassFlux()
            # check convergence
            totIter += 1
            print ("it=%3d, massErr=%6.2e, res(V,p)=%4.2e,%4.2e,%4.2e" \
                  %(outIter,massErr,resor[0],resor[1],resor[2]))
            #maxerr = max(massErr,max(resor))
            iterHistCount.append(totIter)
            iterHistMassErr.append(massErr)
            if (massErr<sourceMAX):
                print ("converged at iter: %d, massErr=%8.5e" %(outIter,massErr))
                break
        # converged
        if ((isUnsteady==1 and timeIter%ntSave == 0) or (isUnsteady==0)):
            calcStreamVortex()
            exportToTecplot(tecFileID,curTime,xNode,yNode,UX,UY,P,\
                            UDS,titleUDS,numUDS,nxcv,nycv)

    ### after time loop
    tecFileID.close()
# plot and save residual error
    fig = plt.figure(figsize = (6, 4.5))
    plt.plot(iterHistCount, iterHistMassErr, 'b', linewidth=2.0)
    plt.xlabel('Iter', fontsize=18)
    plt.ylabel('Residual error', fontsize=18)
    plt.show()
    print('Program Complete')
```

在程序清单 5－1 中，为实现 SIMPLE 算法调用了若干函数。函数 assemblyAndSolveUVstarEqu 根据方程(5.31)和(5.32)构造离散化动量方程矩阵系数并求解预估速度 u^*，v^*。

```
def assemblyAndSolveUVstarEqu():
    urfu = 1./urf[iUEqu]
    urfv = 1./urf[iVEqu]

    extrapolatPressureBC(P)

    SU[:,:] = 0.
    SV[:,:] = 0.
    SC[:,:] = 0.
    APU[:,:] = 0.
    APV[:,:] = 0.

    # coefficient contributed by flux through CV faces: east/west
    for i in range(1,nxcv):
        fxe = xFraSe[i]
        fxP = 1. - fxe
        for j in range(1,nycv+1):
            De = VIS[i][j] * ((yFace[j]-yFace[j-1]) * Rp[j])/(xNode[i+1] -
            xNode[i])
            CE = min(mdotX[i][j],0.)
            CP = max(mdotX[i][j],0.)
            AE[i][j] =   CE - De
            AW[i+1][j] = -CP - De
            # source term contributed at P and E due to deferred correction
            fuuds = CP*UX[i][j] + CE*UX[i+1][j]
            fvuds = CP*UY[i][j] + CE*UY[i+1][j]
            fucds = mdotX[i][j] * (fxe*UX[i+1][j] + fxP*UX[i][j])
            fvcds = mdotX[i][j] * (fxe*UY[i+1][j] + fxP*UY[i][j])
            SU[i][j] += blendCDS[iUEqu]*(fuuds-fucds)
            SU[i+1][j] -= blendCDS[iUEqu]*(fuuds-fucds)
            SV[i][j] += blendCDS[iUEqu]*(fvuds-fvcds)
            SV[i+1][j] -= blendCDS[iUEqu]*(fvuds-fvcds)

    # coefficient contributed by flux through CV faces: north/south
    for j in range(1,nycv):
        fyn = yFraSn[j]
        fyP = 1. - fyn
```

```
    for i in range(1,nxcv+1):
        Dn = VIS[i][j] * (xFace[i] - xFace[i-1]) * Rf[j]/(yNode[j+1] -
        yNode[j])
        CN = min(mdotY[i][j],0.)
        CP = max(mdotY[i][j],0.)
        AN[i][j] =      CN - Dn
        AS[i][j+1] = -CP - Dn
        # source term contributed at P and N due to deferred correction
        fuuds = CP * UX[i][j] + CN * UX[i][j+1]
        fvuds = CP * UY[i][j] + CN * UY[i][j+1]
        fucds = mdotY[i][j] * (fyn * UX[i][j+1] + fyP * UX[i][j])
        fvcds = mdotY[i][j] * (fyn * UY[i][j+1] + fyP * UY[i][j])
        SU[i][j] += blendCDS[iVEqu] * (fuuds - fucds)
        SU[i][j+1] -= blendCDS[iVEqu] * (fuuds - fucds)
        SV[i][j] += blendCDS[iVEqu] * (fvuds - fvcds)
        SV[i][j+1] -= blendCDS[iVEqu] * (fvuds - fvcds)

# source terms contributed by pressure gradient, unsteady term
for i in range(1,nxcv+1):
    for j in range(1,nycv+1):
        pe = P[i+1][j] * xFraSe[i] + P[i][j] * (1.-xFraSe[i])
        pw = P[i][j] * xFraSe[i-1] + P[i-1][j] * (1.-xFraSe[i-1])
        pn = P[i][j+1] * yFraSn[j] + P[i][j] * (1.-yFraSn[j])
        ps = P[i][j] * yFraSn[j-1] + P[i][j-1] * (1.-yFraSn[j-1])
        DPX[i][j] = (pe-pw)/(xNode[i] - xNode[i-1])
        DPY[i][j] = (pn-ps)/(yNode[j] - yNode[j-1])
        SU[i][j] -= DPX[i][j] * DeltaV[i][j]
        SV[i][j] -= DPY[i][j] * DeltaV[i][j]
        if (isAxisXSymmetry==1):
            APV[i][j] += VIS[i][j] * DeltaV[i][j]/Rp[j] ** 2
        if (isUnsteady==1):
            apt = RHO[i][j] * DeltaV[i][j] * (1./timeStep)
            SU[i][j] += apt * UX0[i][j]
            SV[i][j] += apt * UY0[i][j]
            APU[i][j] += apt
            APV[i][j] += apt

# boundary conditions
modifyUVEquCoefsBCneighbour()

# under-relaxation for u-velocity
for i in range(1,nxcv+1):
```

```
        for j in range(1,nycv+1):
            if (FLAG[i][j] == -1): # set obstacle
                AP[i][j] = LARGE_LIM
                SC[i][j] = SMALL_LIM * 0.
                APU[i][j] = 1.0/AP[i][j]
            else:
                AP[i][j] = (-AE[i][j]-AN[i][j]-AW[i][j]-AS[i][j]+APU
                [i][j]) * urfu
                SC[i][j] = SU[i][j] + (1-urf[iUEqu]) * AP[i][j] * UX[i][j]
                APU[i][j] = 1.0/AP[i][j]

    resor[iUEqu] = SIPSOL2D(AE, AW, AN, AS, AP, SC, UX, nxcv, nycv, epsi
    [iUEqu])

    # under-relaxation for v-velocity
    for i in range(1,nxcv+1):
        for j in range(1,nycv+1):
            if (FLAG[i][j] == -1): # set obstacle
                AP[i][j] = LARGE_LIM
                SC[i][j] = SMALL_LIM * 0.
                APV[i][j] = 1.0/AP[i][j]
            else:
                AP[i][j] = (-AE[i][j]-AN[i][j]-AW[i][j]-AS[i][j]+APV
                [i][j]) * urfv
                SC[i][j] = SV[i][j] +  (1-urf[iVEqu]) * AP[i][j] * UY[i][j]
                APV[i][j] = 1.0/AP[i][j]

    resor[iVEqu] = SIPSOL2D(AE, AW, AN, AS, AP, SC, UY, nxcv, nycv, epsi
    [iVEqu])
```

函数 assemblyAndSolvePCorEqu 根据方程(5.45)构造离散化压力修正方程矩阵系数并求解压力修正 p'。

```
def assemblyAndSolvePCorEqu():
    for i in range(1,nxcv):
        for j in range(1,nycv+1):
            Se = (yFace[j]-yFace[j-1]) * Rp[j]
            vole = (xNode[i+1]-xNode[i]) * Se
            apue = APU[i+1][j] * xFraSe[i] + APU[i][j] * (1.0-xFraSe[i])
            dpxe = (P[i+1][j]-P[i][j])/(xNode[i+1]-xNode[i])
            ue = UX[i+1][j] * xFraSe[i] + UX[i][j] * (1.0-xFraSe[i]) \
```

```
            - apue * vole * (dpxe - 0.5 * (DPX[i+1][j] + DPX[i][j]))
        mdotX[i][j] = RHO[i][j] * Se * ue
        AE[i][j] = -RHO[i][j] * Se * Se * apue
        AW[i+1][j] = AE[i][j]

for i in range(1,nxcv+1):
    for j in range(1,nycv):
        Sn = (xFace[i] - xFace[i-1]) * Rf[j]
        voln = (yNode[j+1] - yNode[j]) * Sn
        apvn = APV[i][j+1] * yFraSn[j] + APV[i][j] * (1. - yFraSn[j])
        dpyn = (P[i][j+1] - P[i][j])/(yNode[j+1] - yNode[j])
        vn = UY[i][j+1] * yFraSn[j] + UY[i][j] * (1. - yFraSn[j]) \
            - apvn * voln * (dpyn - 0.5 * (DPY[i][j+1] + DPY[i][j]))
        mdotY[i][j] = RHO[i][j] * Sn * vn
        AN[i][j] = -RHO[i][j] * Sn * Sn * apvn
        AS[i][j+1] = AN[i][j]

# boundary conditions
# no special treatment required

# source term and coefficient of node P
massErr = 0.
for i in range(1,nxcv+1):
    for j in range(1,nycv+1):
        if (FLAG[i][j] == -1): # set obstacle
            AP[i][j] = LARGE_LIM
            SU[i][j] = SMALL_LIM * 0.
            Pcor[i][j] = 0.
        else:
            AP[i][j] = (-AE[i][j] - AN[i][j] - AW[i][j] - AS[i][j])
            SC[i][j] = mdotX[i-1][j] - mdotX[i][j] \
                     + mdotY[i][j-1] - mdotY[i][j]
            Pcor[i][j] = 0.
            massErr += abs(SC[i][j])

resor[iPEqu] = SIPSOL2D(AE,AW,AN,AS,AP,SC,Pcor,nxcv,nycv,epsi[iPEqu])

# set boundary pressure correction (linear extrapolation from inside)
extrapolatPressureBC(Pcor)

return massErr
```

函数 correctUVPandMassFlux 根据(5.43)和(5.47)修正压力和速度,根据方程(5.66)采用动量插值计算新一轮迭代的面心处速度值。

```
def correctUVPandMassFlux():
    for i in range(1,nxcv):
        for j in range(1,nycv+1):
            mdotX[i][j] += AE[i][j] * (Pcor[i+1][j] - Pcor[i][j])
    for i in range(1,nxcv+1):
        for j in range(1,nycv):
            mdotY[i][j] += AN[i][j] * (Pcor[i][j+1] - Pcor[i][j])

    pre_ref = Pcor[1][1]
    for i in range(1,nxcv+1):
        for j in range(1,nycv+1):
            ppe = Pcor[i+1][j] * xFraSe[i] + Pcor[i][j] * (1.- xFraSe[i])
            ppw = Pcor[i][j] * xFraSe[i-1] + Pcor[i-1][j] * (1.- xFraSe[i-1])
            ppn = Pcor[i][j+1] * yFraSn[j] + Pcor[i][j] * (1.- yFraSn[j])
            pps = Pcor[i][j] * yFraSn[j-1] + Pcor[i][j-1] * (1.- yFraSn[j-1])
            UX[i][j] -= (ppe - ppw) * (yNode[j] - yNode[j-1]) * Rp[j] * APU[i][j]
            UY[i][j] -= (ppn - pps) * (xNode[i] - xNode[i-1]) * Rp[j] * APV[i][j]
            P[i][j] += urf[iPEqu] * (Pcor[i][j] - pre_ref)
```

速度和压力的边界条件函数实现如下(针对 5.8.3 节圆柱绕流问题):

```
def set1stBC():
    global flowIN
    # west
    UX[0,1:-1] = velIN
    UY[0,1:-1] = 0.
    flowIN = 0.
    for j in range(1,nycv+1):
        mdotX[0,j] = RHO[0,j] * UX[0,j] * (yFace[j] - yFace[j-1]) * Rp[j]
        flowIN += mdotX[0,j]

def modifyUVEquCoefsBCneighbour():
    # west, IN, (mass flux <> F, D <>0 )
    for j in range(1,nycv+1):
        D = VIS[0][j] * (yFace[j] - yFace[j-1]) * Rp[j]/(xNode[1] - xNode[0])
        awc = D + mdotX[0][j]
        APU[1][j] += awc
        APV[1][j] += awc
        SU[1][j] += awc * UX[0][j]
        SV[1][j] += awc * UY[0][j]
```

```
    # east, OUT
    AE[-2,1:-1] = 0.
    # south
    for i in range(1,nxcv+1):
        D = VIS[i][0] * (xFace[i] - xFace[i-1]) * Rf[0]/(yNode[1] - yNode[0])
        # no-slip wall
        APU[i][1] += D
        SU[i][1] += D * UX[i][0]
        # symmetry
        # APV[i][1] += D
    # north
    for i in range(1,nxcv+1):
        D = VIS[i][-1] * (xFace[i] - xFace[i-1]) * Rf[-2]/(yNode[-1] -
        yNode[-2])
        # no-slip wall
        APU[i][-2] += D
        SU[i][-2] += D * UX[i][-1]
        # symmetry
        # APV[i][-2] += D

def updateUVBC():
    # east, OUT
    global flowOUT
    flowOUT = 0.
    for j in range(1,nycv+1):
        mdotX[-2,j] = RHO[-2,j] * UX[-2,j] * (yFace[j] - yFace[j-1]) * Rp[j]
        flowOUT += mdotX[-2,j]
    fac = flowIN/(flowOUT + 1.0e-30)
    mdotX[-2,1:-1] *= fac
    UX[-1,1:-1] = UX[-2,1:-1] * fac
    print('    flowIN = %6.3e, flowOUT = %6.3e' %(flowIN,flowOUT))
    # south, Symmetry
    #UX[:,0] = UX[:,1]
    # north, Symmetry
    #UX[:,-1] = UX[:,-1]

def extrapolatPressureBC(pb):
    # set boundary pressure (linear extrapolation from inside)
    for i in range(1,nxcv+1):
        pb [i][0] = pb [i][1] + (pb [i][1] - pb [i][2]) * yFraSn[1]
        pb[i][-1] = pb[i][-2] + (pb[i][-2] - pb[i][-3]) * (1 - yFraSn[-3])
    for j in range(1,nycv+1):
        pb [0][j] = pb [1][j] + (pb [1][j] - pb [2][j]) * xFraSe[1]
        pb[-1][j] = pb[-2][j] + (pb[-2][j] - pb[-3][j]) * (1 - xFraSe[-3])
```

5.8 计算实例

5.8.1 方腔顶盖驱动流动

再以方腔顶盖驱动流动问题为对象，边界条件与 3.5 节相同，顶盖为移动壁面，其余三个边界为固定壁面。方腔边长为 1.0 m、流体密度为1.0 kg/m^3、黏度为 0.01 kg/(m·s)、盖板移动速度为 1.0 m/s、对应雷诺数 Re 为 100。

采用同位网格 SIMPLE 程序计算，速度松弛因子取 0.8，压力松弛因子取0.2。图 5-6 是迭代计算过程中三个方程的残差。经过大约 60 步迭代，连续性方程残差达到 10^{-4}，计算停止。

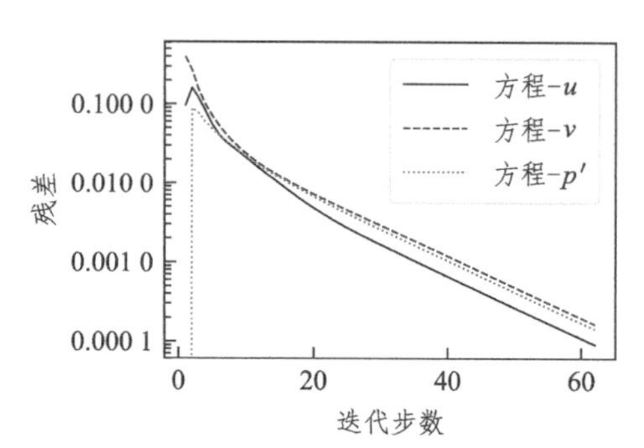

图 5-6　迭代计算过程三个方程的残差曲线 (*Re*=100，网格数量为 20×20)

图 5-7 是 Re=100 和 2 000 时(网格数量均为 20×20)，计算得到的流函数分布云图。由图可知顶盖引起了一个明显的旋涡，随着顶盖速度增加，旋涡的中心向下移动。

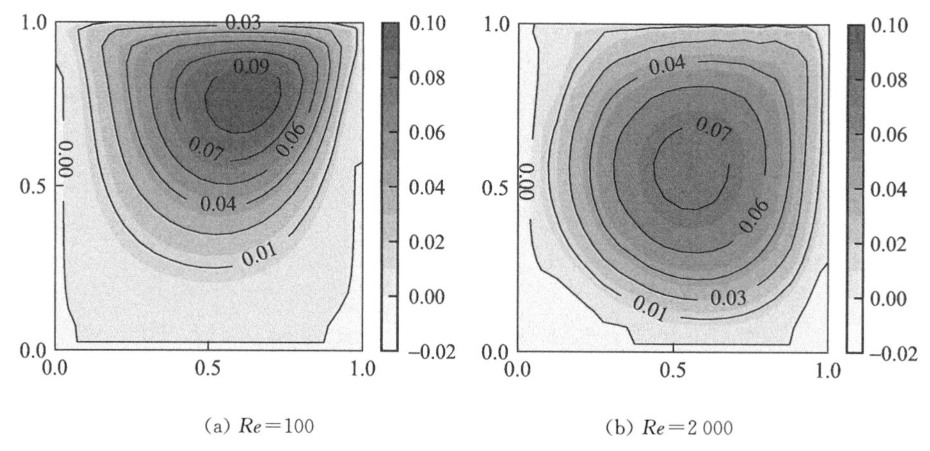

(a) Re=100　　(b) Re=2 000

图 5-7　不同雷诺数条件下方腔内的流函数云图(网格数量为 20×20)

图 5-8 给出了不同 Re 条件下竖直中心线和水平中心线的速度分布。随着 Re 的增加，竖直中心线处水平速度逐渐变得平坦，而水平中心线处竖直速度的最大值增加，这表明旋涡向下移动，且涡旋强度增加。

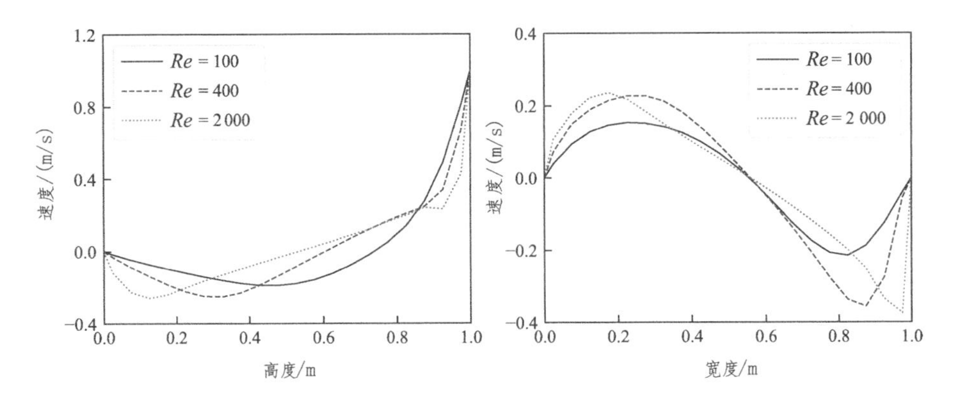

(a) 竖直中心线处水平方向速度　　(b) 水平中心线处竖直方向速度

图 5-8　不同雷诺数条件下方腔内速度分布(网格数量为 20×20)

5.8.2　圆管内流动

对于管内层流流动，当流体处于充分发展状态时，轴向速度呈抛物线分布。图 5-9 是管内流动示意图。采用二维轴对称简化几何模型，左边界是均匀速度进口，右边界是自由出口，上边界是无滑移壁面，下边界为对称边界。

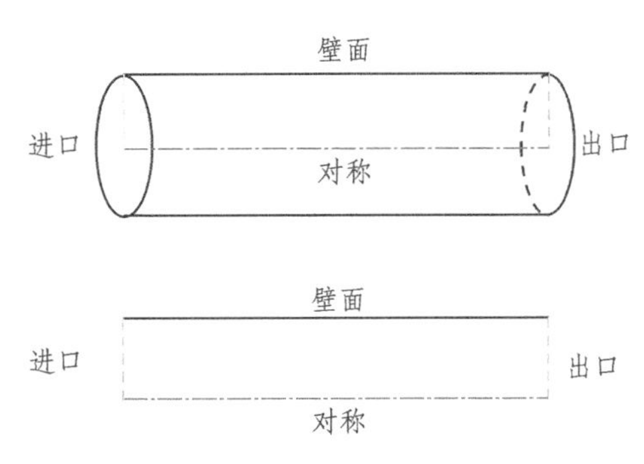

图 5-9　管内流动问题示意图

给定计算条件：圆管长度为 0.5 m，半径为 0.1 m，流体密度为 1.0 kg/m^3、黏度为 0.05 kg/(m·s)，进口给定均匀速度 1 m/s，对应雷诺数 Re 为 10。

采用同位网格 SIMPLE 程序计算，图 5-10 和图 5-11 是 Re＝10 时(网格数量为50×10)，速度分布云图和轴向不同位置处速度分布曲线图。经过一定距离，速度在轴向不同位置呈抛物线分布，且几乎重合。

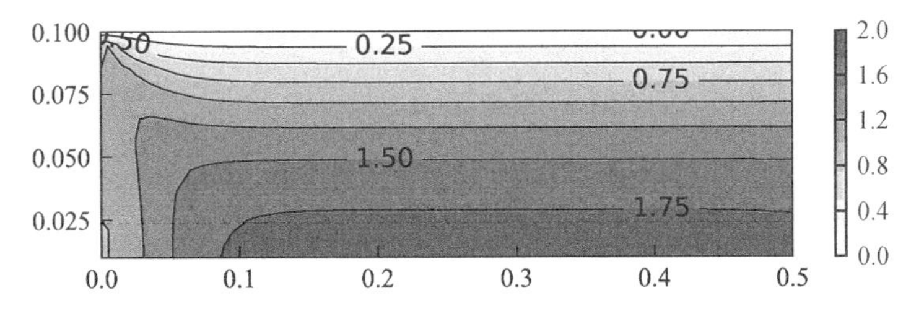

图 5-10　管内速度分布云图(网格数量为 50×10)

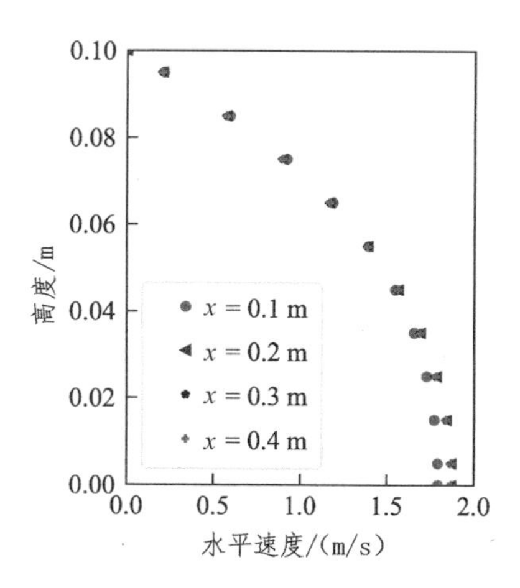

图 5-11 轴向不同位置处速度分布

5.8.3 圆柱绕流问题

对于绕过圆柱的流动，会在圆柱后面形成一个低速区。图 5-12 是绕流问题的示意图，即两块平行板组成流动区域，在流动区域中间位置放置一个圆柱，左边界是均匀速度进口，右边界是自由出口，上边界和下边界是无滑移壁面。

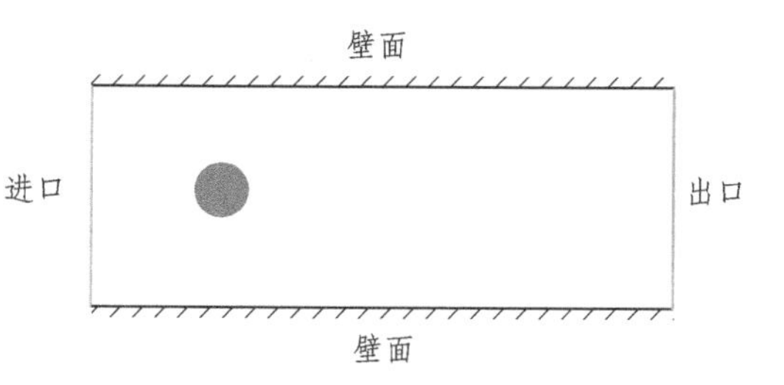

图 5-12 圆柱绕流问题示意图

平板长度为 0.5 m，平板间距离为 0.2 m，流体密度为 1.0 kg/m^3、流体黏度为0.002 5 kg/(m·s)，进口给定均匀速度 1 m/s，对应雷诺数 Re 为 200。圆柱区域的速度为 0，采用“源项置大数”法设置该区域速度值。“源项置大数”法可以为某区域指定值，对于任一变量 ϕ，若要设置为 ϕ_{fix}，则在离散方程中修改源项如下：

$$q_C = -10^{30}\phi_{\text{fix}}, \quad q_P = 10^{30} \tag{5.67}$$

代入离散代数方程，得：

$$\left[-\sum_{nb} a_{nb} - \frac{\rho \Delta V}{\Delta t} + 10^{30}\Delta V\right]\phi_P + \sum_{nb} a_{nb}\phi_{nb} = \left[10^{30}\ \phi_{\text{fix}}\ \Delta V - \frac{\rho \Delta V \phi_P^{\text{old}}}{\Delta t}\right] \tag{5.68}$$

观察上式发现，当主节点系数加上一个无穷大的数时，邻居节点系数和非稳态项对主节点系数的贡献可以忽略，因此得到：$\phi = \phi_{\text{fix}}$。

采用同位网格SIMPLE程序计算，图5-13和图5-14是$Re=200$时（网格数量为50×20），速度分布云图和轴向不同位置处速度分布曲线图，由图可知圆柱后面形成了一个低流速区。

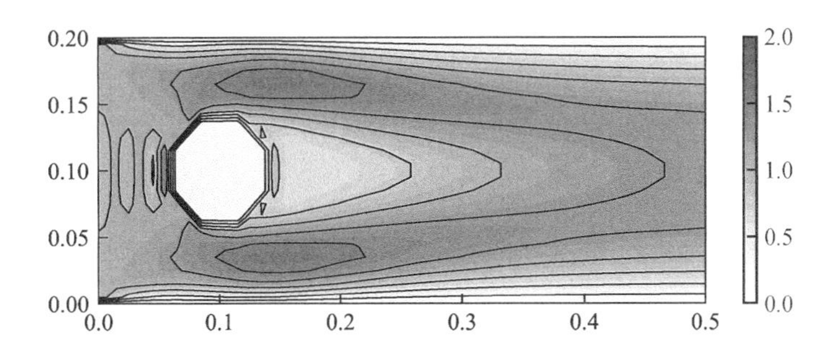

图5-13　圆柱绕流速度分布云图（网格数量为50×20）

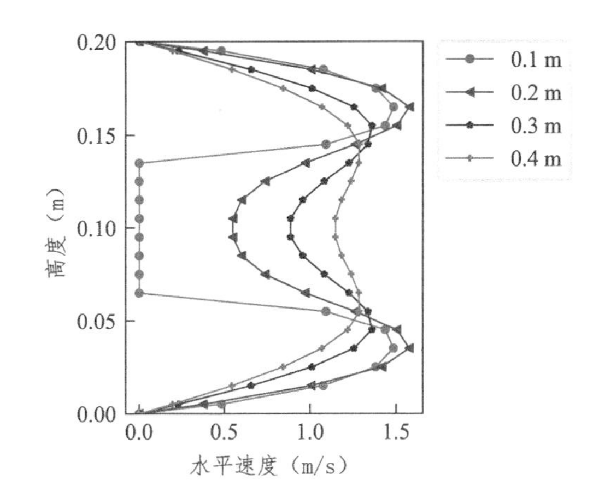

图5-14　圆柱绕流轴向不同位置处水平速度分布

5.8.4　方腔内浮升力驱动流动

在封闭方腔内，若壁面与流体之间存在温差，则气体的温度会发生变化，由于温差而引起浮升力，驱动方腔内气体流动。图5-15是方腔内浮升力驱动气体流动问题的示意图，东边界为高温壁面，西边界为低温壁面，其余两个壁面为绝热壁面。给定无量纲数值，方腔边长$L=1$，气体密度$\rho=1$，黏度$\mu=0.001$，普朗特数$Pr=0.1$，重力加速度$g=10$，体积膨胀系数$\beta=0.01$，高温壁面$T_{hot}=10$，低温壁面$T_{cold}=0$，则对应瑞利数为：

$$Ra=\frac{\rho^2 g\beta\Delta T L^3}{\mu^2}Pr=10^5 \tag{5.69}$$

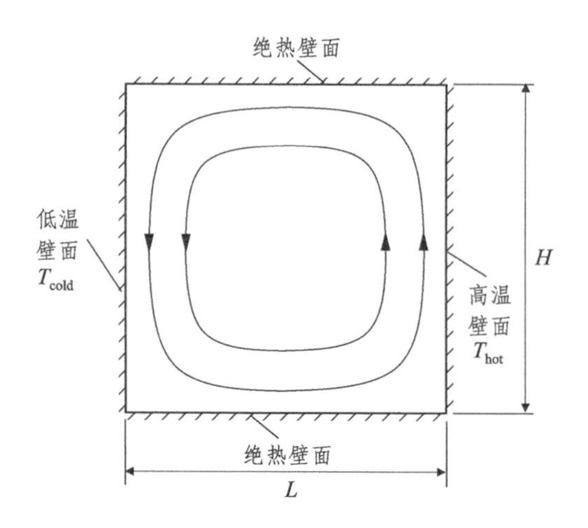

图 5-15 方腔内浮升力驱动气体流动问题的示意图

采用同位网格 SIMPLE 程序计算，图 5-16 是网格数量为 40×40 条件下计算得到的温度分布和速度矢量。方腔内形成了一个大尺寸的逆时针的旋涡，这是由于东壁面加热气体，而西壁面冷却气体的作用。热量从东边界输入，西边界输出，温度分布梯度主要沿水平方向。在温度梯度较大的区域，速度变化也较大。在方腔的中间区域，速度和温度梯度变化都很小。图 5-17 给出了东界面和西界面的局部热流率随高度的变化，两者几乎呈旋转对称，输入热量数值上等于输出热量。在不同的网格条件下得到的局部热流率的分布几乎是重合的。这些结果都很好地反映计算结果的可靠性。

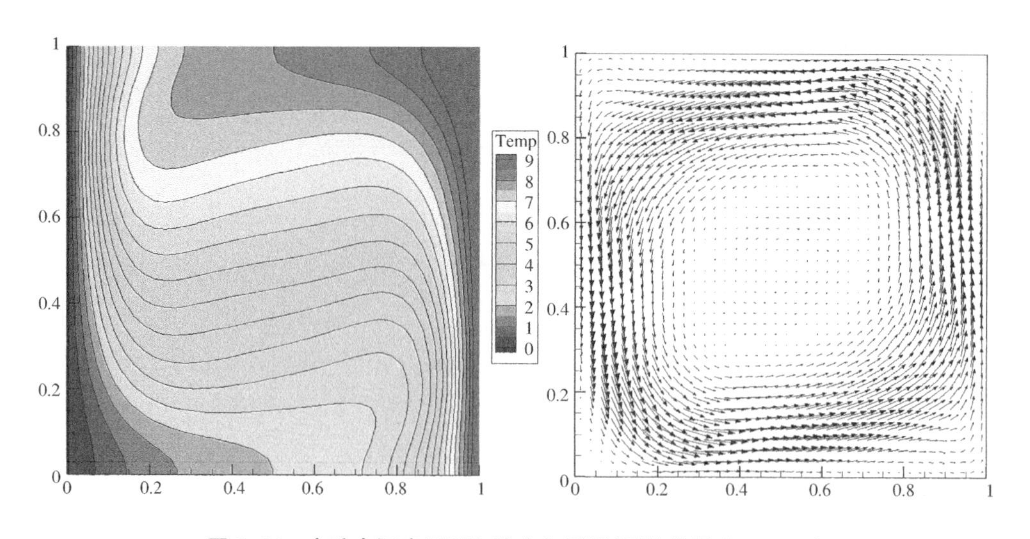

图 5-16 方腔内温度云图和速度矢量图(网格数量为 40×40)

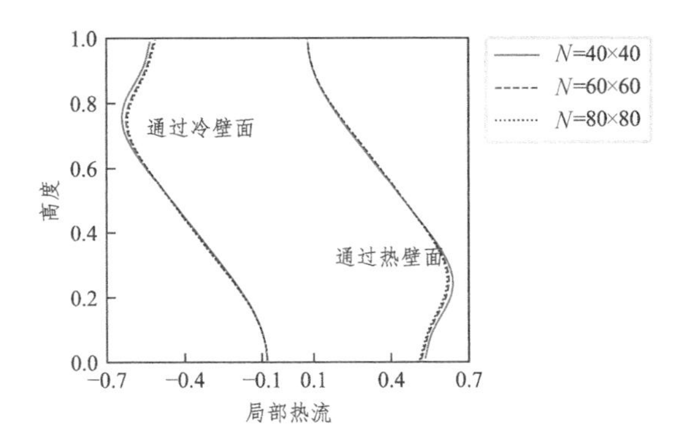

图 5-17 东边界和西边界局部热流率随高度的变化

5.9 本章知识要点

- 不可压缩流动方程中速度和压力的耦合关系；
- SIMPLE 算法采用压力修正法解决 N-S 方程中速度-压力耦合问题；
- 有限体积法在错位网格中的编号方法；
- 线性化动量方程中各项的离散化方法；
- 压力修正方程的构建和离散化方法；
- 速度和压力亚松弛因子的作用和经验值；
- 常见的边界条件(即壁面、速度进口、出口、对称边界)的实施方法；
- 同位网格的特点和网格面心处速度的动量插值计算式；
- SIMPLE 程序的实现和典型应用。

练习题

1. 在方腔流动算例的基础上，结合收敛残差随迭代次数的变化，对比速度松弛因子和压力松弛因子对计算收敛速度的影响。

2. 流体以恒定速度外掠平板。计算边界层厚度以及流体与平板间的阻力系数。已知：平板长度 $L=0.6$ m，速度 $u=3$ m/s，流体为常温空气。

3. 现有竖直加热的平板，放置在静止的空气中。计算热边界层厚度、速度分布以及空气与平板间的自然对流传热系数。已知：平板高度 $L=0.20$ m，空气温度 $t_f=298$ K，平板温度 $t_w=343$ K。

4. 在圆管内流动算例的基础上，增加流体和圆管的对流传热过程，计算圆管内流场和温度场，并分析流体和圆管间的阻力系数和传热系数。

5. 在圆柱绕流算例的基础上，增加流体和圆柱的对流传热过程，计算圆柱周围流场和温度场，并分析流体和圆柱间的阻力系数和传热系数。

6. 现有后台阶流动问题，空气以一定的速度从左边流入，经过台阶向后流动，计算并分析不同雷诺数下管道内的流场。已知：台阶前管道高度为 80 mm，台阶后管道高度为 110 mm。

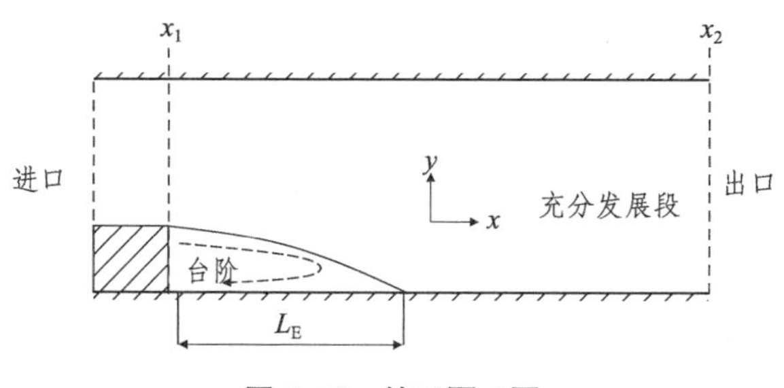

图 5-18　练习题 6 图

7. 现有局部进出口矩形区域内流动问题，计算区域内的速度和压力分布，分析出口位置对速度场和气体通过矩形区域停留时间的影响。已知：矩形区域为 100 mm×40 mm，进口和出口如图所示，流体黏度 $\mu=10$ kg/(m·s)，密度 $\rho=1\,100$ kg/m^3。

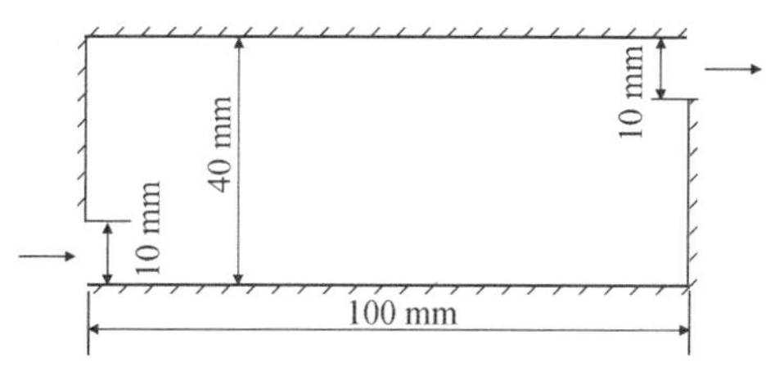

图 5-19　练习题 7 图

8. 现有空气流经 T 形通道问题，计算和分析 T 形通道内的流场。已知空气以 10 m/s 的流速从左边流入，其中通道高度为0.2 m，其余尺寸见图中标注。

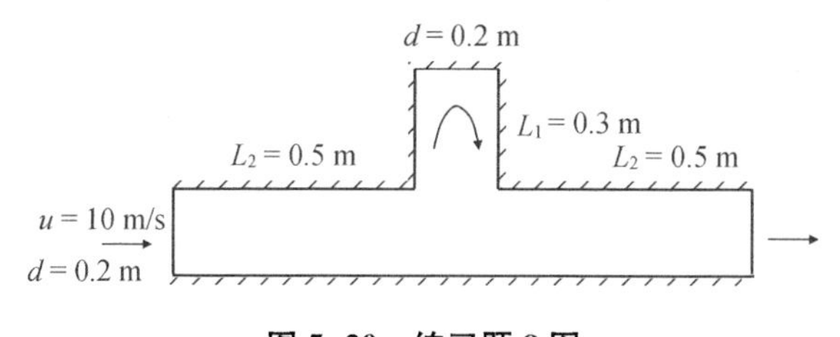

图 5-20　练习题 8 图

9. 在习题 8 的基础上，给定 T 形通道宽度 $d=0.2$ m，计算并分析三维条件下 T 形通道内的流场。

第6章
不可压缩流动方程的解法分类

针对不可压缩黏性流体运动方程，第3章介绍了显式分步计算方法，第5章介绍了压力-速度耦合半隐算法，这两类方法的应用都非常广泛，针对不可压缩黏性流体N-S方程，发展了很多不同的求解方法。为了使读者对这些方法有一个整体的理解，本章对常用的不同的解法进行分类介绍。需要指出的是，本章不包括所有的不可压缩黏性流体N-S解法，例如，人工黏度法、流函数法等，这些方法在一定场合下也得到了应用，有兴趣的读者可以参阅相关书籍。

6.1 压力泊松方程

通过前面几章的学习，我们已经理解求解不可压缩N-S方程的主要难点在于缺少关于压力的独立方程，而解决这一难点的方法是将连续性方程转变为关于压力的方程。

不可压缩黏性流体的连续性方程和动量方程分别为：

$$\frac{\partial(\rho u_j)}{\partial x_j}=0 \tag{6.1a}$$

$$\frac{\partial(\rho u_i)}{\partial t}+\frac{\partial(\rho u_j u_i)}{\partial x_j}=\frac{\partial}{\partial x_j}\left(\mu\frac{\partial u_i}{\partial x_j}\right)-\frac{\partial p}{\partial x_i} \tag{6.1b}$$

其中，动量方程中忽略了体积力。

对动量方程求散度，得：

$$\frac{\partial^2}{\partial x_i \partial t}(\rho u_i)+\frac{\partial^2}{\partial x_i \partial x_j}(\rho u_j u_i)=\frac{\partial^2}{\partial x_i \partial x_j}\left(\mu\frac{\partial u_i}{\partial x_j}\right)-\frac{\partial^2 p}{\partial x_i^2} \tag{6.2}$$

将等号左边第一项和等号右边第一项分别重新整理，得：

$$\frac{\partial^2}{\partial x_i \partial t}(\rho u_i)=\frac{\partial}{\partial t}\left(\frac{\partial(\rho u_i)}{\partial x_i}\right)$$
$$\frac{\partial^2}{\partial x_i \partial x_j}\left(\mu\frac{\partial u_i}{\partial x_j}\right)=\frac{\partial}{\partial x_j}\left[\frac{\partial}{\partial x_j}\left(\mu\frac{\partial u_i}{\partial x_i}\right)\right] \tag{6.3}$$

根据连续性方程条件，以及 ρ，μ 均为常数，可知方程的右边均等于 0。所以，方程(6.2)退化成如下：

$$\frac{\partial^2 p}{\partial x_i^2}=-\frac{\partial^2}{\partial x_i \partial x_j}(\rho u_i u_j) \tag{6.4}$$

该式即为压力泊松方程。在得到速度值之后，求解泊松方程得到压力。

采用欧拉显式离散动量方程，得：

$$\frac{(\rho u_i)^{n+1}-(\rho u_i)^n}{\Delta t}=-\frac{\partial(\rho u_j u_i)^n}{\partial x_j}+\frac{\partial}{\partial x_j}\left(\mu\frac{\partial u_i}{\partial x_j}\right)^n-\frac{\partial p^n}{\partial x_i} \tag{6.5}$$

$$\frac{\partial^2 p^{n+1}}{\partial x_i^2}=-\frac{\partial^2}{\partial x_i \partial x_j}(\rho u_i u_j)^{n+1} \tag{6.6}$$

式中，n 表示当前时刻，$n+1$ 表示下个时刻。显式求解方法的思路是，根据当前时刻的速度和压力，代入动量方程(6.5)，解得下个时刻的速度。然后，确定压力泊松方程(6.6)的等号右边项，解得压力。这种求解思路理论上可行，但是实际应用并不多，因为直接构造的压力泊松方程的收敛性不好。

6.2 分步求解算法

与上述欧拉显式解法思路类似，一种得到广泛应用的求解方法是分步求解算法或称为投影算法。第 3 章已经对基本的分步算法做了详细介绍。这里只讨论算法，而不涉及每一项的离散计算。对流项和黏性项分别简记为：

$$\boldsymbol{A}=-\nabla\cdot(\boldsymbol{uu})$$
$$\boldsymbol{D}=\nu\nabla\cdot(\nabla\boldsymbol{u}) \tag{6.7}$$

在分步算法中，动量方程的求解分成两步，即：

$$\boldsymbol{u}^F=\boldsymbol{u}^n+\Delta t(\boldsymbol{A}^n+\boldsymbol{D}^n) \tag{6.8}$$

$$\boldsymbol{u}^{n+1}=\boldsymbol{u}^{F}-\Delta t\ \nabla P^{n+1} \tag{6.9}$$

式中，$\boldsymbol{u}^F$ 是预估速度。在方程(6.8)中，完全忽略压力梯度对速度的贡献，解得速度预估值；在方程(6.9)中，利用压力梯度对预估速度进行修正，得到下个时刻的速度。在这两步之间，还需要确定下个时刻的压力 P^{n+1}。对方程(6.9)求散度，并根据连续性方程 $\nabla\cdot\boldsymbol{u}^{n+1}=0$，得到关于压力的泊松方程：

$$\nabla^2 P^{n+1}=\frac{1}{\Delta t}\nabla\cdot\boldsymbol{u}^{F} \tag{6.10}$$

因此，压力泊松方程继承了连续性方程的性质。方程右边为预估速度的散度，表示由预估速度引起的质量不平衡。压力泊松方程可以采用 Gauss-Seidel 迭代法或其他方法求解。需要注意的是，在分步算法中，没有外循环，即"计算预估速度—计算压力—修正速度"这三步计算在每个时间循环步中只进行一次。在显式时间推进过程中，需满足 $CFL<1$ 的条件，相应地，时间步长由对流和扩散与网格尺度的关系决定，即：

$$\Delta t=\min\left\{\left(\frac{|u|}{\Delta x}+\frac{|v|}{\Delta y}\right)^{-1},\ \left[2\nu\left(\frac{1}{\Delta x^2}+\frac{1}{\Delta y^2}\right)\right]^{-1}\right\} \tag{6.11}$$

式中，Δx，Δy 是网格尺寸。分步算法特别适用于瞬态、时间步长较小的情况。

以上算法是 Marker and Cell(简称 MAC)方法最原始的形式。为了提高计算的稳定性和精度，在 MAC 的基础上发展了一系列的分步算法。在原始 MAC 算法中，计算预估速度时完全不考虑压力梯度的影响。另外一种常见的做法是，计算预估速度时考虑压力梯度的影响：

$$\boldsymbol{u}^{*}=\boldsymbol{u}^{n}+\Delta t(\boldsymbol{A}^{n}+\boldsymbol{D}^{n}-\nabla P^{*}) \tag{6.12}$$

$$\boldsymbol{u}^{n+1}=\boldsymbol{u}^{*}-\Delta t\ \nabla P^{n} \tag{6.13}$$

式中，$\boldsymbol{u}^*$ 和 P^* 分别是预估速度和预估压力。引入压力修正 $P^n=P^*+P'$，对方程(6.12)求散度，并利用连续性方程，经过整理得到压力修正的泊松方程为：

$$\nabla^2 P'=\frac{1}{\Delta t}\nabla\cdot\boldsymbol{u}^{*} \tag{6.14}$$

该算法的实施步骤也分为 3 步：第 1 步，假设压力梯度项，求解动量方程，得到预估速度；第 2 步，求解压力修正的泊松方程，得到压力修正值；第 3 步，根据压力修正值更新压力和速度。同样地，在时间推进过程中，时间步长需满足 $CFL<1$ 的条件，这三步计算在每个时间循环中只进行一次。

在以上的算法中，时间项采用一阶欧拉显式格式离散。在实际应用中，为了提高计算精度和稳定性，常采用高阶格式。若时间项采用 Runge-Kutta 格式，并把对流项和黏性力项之和简记为 $\boldsymbol{A}^n+\boldsymbol{D}^n=\boldsymbol{H}^n$，则：

$$
\begin{aligned}
&\boldsymbol{u}^{*}=\boldsymbol{u}^{n}+\frac{\Delta t}{6}(\boldsymbol{H}^{n_1}+2\boldsymbol{H}^{n_2}+2\boldsymbol{H}^{n_3}+\boldsymbol{H}^{n_4})\\
&\boldsymbol{H}^{n1}=f(\boldsymbol{u}^{n})\\
&\boldsymbol{H}^{n2}=f\left(\boldsymbol{u}^{n}+\frac{\Delta t}{2}\boldsymbol{H}^{n_1}\right)\\
&\boldsymbol{H}^{n3}=f\left(\boldsymbol{u}^{n}+\frac{\Delta t}{2}\boldsymbol{H}^{n_2}\right)\\
&\boldsymbol{H}^{n4}=f(\boldsymbol{u}^{n}+\boldsymbol{H}^{n_3})
\end{aligned}
\tag{6.15}
$$

采用 Runge-Kutta 格式，提高了离散精度，而且时间步长可以大一些。

在显式计算中，时间步长需要同时满足对流和扩散相应的条件。当网格尺寸比较小时，如在壁面附近，这时黏性项对时间步长的限制非常大。因此，另一种常见的做法是对流项采用显式处理，而黏性项采用隐式处理。一种具有二阶精度的离散方法是：对流项采用二阶 Adams-Bashforth 格式、黏性项采用 Crank-Nicolson 格式，即：

$$
\begin{aligned}
&\frac{\boldsymbol{u}^{n+1}-\boldsymbol{u}^{n}}{\Delta t}=-\left(\frac{3}{2}\boldsymbol{A}^{n}-\frac{1}{2}\boldsymbol{A}^{n-1}\right)+\frac{\nu}{2}(\nabla^{2}\boldsymbol{u}^{n}+\nabla^{2}\boldsymbol{u}^{n+1})-\nabla P\\
&\nabla\cdot\boldsymbol{u}^{n+1}=0
\end{aligned}
\tag{6.16}
$$

式中，$n-1$、n、$n+1$ 分别表示前一个时刻、当前时刻、下个时刻。同样地，引入预估速度，将动量方程分解成两步，即：

$$
\frac{\boldsymbol{u}^{F}-\boldsymbol{u}^{n}}{\Delta t}=-\left(\frac{3}{2}\boldsymbol{A}^{n}-\frac{1}{2}\boldsymbol{A}^{n-1}\right)+\frac{\nu}{2}\nabla^{2}\boldsymbol{u}^{n}
\tag{6.17a}
$$

$$
\frac{\boldsymbol{u}^{n+1}-\boldsymbol{u}^{F}}{\Delta t}=-\nabla P+\frac{\nu}{2}\nabla^{2}\boldsymbol{u}^{n+1}
\tag{6.17b}
$$

式中，上角标 F 表示预估值。把方程(6.17b)中的隐式项移到等号左边，得：

$$
\boldsymbol{u}^{n+1}-\Delta t\frac{\nu}{2}\nabla^{2}\boldsymbol{u}^{n+1}=-\Delta t\nabla P+\boldsymbol{u}^{F}
\tag{6.18}
$$

同样地，利用连续性方程可以得到压力泊松方程。方程求解仍然可以通过三步实现：计算预估速度；根据预估速度确定压力泊松方程，计算压力；计算下个时刻速度。

此外，还可以把对流项和黏性项都作为隐式处理，在中间步中不考虑压力梯度，得到全隐式的离散方程如下：

$$\frac{\boldsymbol{u}^F - \boldsymbol{u}^n}{\Delta t} = -\frac{1}{2}(\boldsymbol{A}^n + \boldsymbol{A}^F) + \frac{\nu}{2}(\nabla^2 \boldsymbol{u}^n + \nabla^2 \boldsymbol{u}^F) \tag{6.19a}$$

$$\boldsymbol{u}^{n+1} = \boldsymbol{u}^F - \Delta t\ \nabla P^{n+1} \tag{6.19b}$$

$$\nabla \cdot \boldsymbol{u}^{n+1} = 0 \tag{6.19c}$$

式中，n、$n+1$ 分别表示当前时刻、下个时刻。把方程(6.19b)中的隐式项移到等号左边，得：

$$\boldsymbol{u}^F - \Delta t\ \frac{1}{2}\ \nabla \boldsymbol{u}^n \boldsymbol{u}^F - \Delta t\ \frac{\nu}{2}\ \nabla^2 \boldsymbol{u}^F = \boldsymbol{u}^n + \Delta t\left(\frac{\boldsymbol{A}^n}{2} + \frac{\boldsymbol{A}^F}{2}\right) \tag{6.20}$$

得到了预估速度后，再根据压力泊松方程计算压力，然后再对速度进行修正得到下个时刻速度。全隐式的实施步骤也是"计算预估速度—计算压力—修正速度"。和上述方法不同的是，预估速度方程也需要采用迭代法求解。因为离散格式较为复杂，全隐式在实际应用中并不多见。

6.3　SIMPLE 系列算法

第 5 章详细讲解了利用 SIMPLE 压力修正方法求解流场。SIMPLE 算法也分为三个步骤：先计算速度预估值，再计算压力修正值，然后修正速度和压力，但是这三步是循环迭代的，直到速度满足连续性方程。此外，SIMPLE 算法在构造预估速度和压力修正方程时，一般都采用隐式方法。与分步算法相比，SIMPLE 压力修正法在稳态流场计算方面更具有优势。

SIMPLE 算法得到了广泛应用，主流的计算流体力学软件几乎都包含了 SIMPLE 算法。SIMPLE 也有很多的发展和改进。例如，SIMPLER 算法(1980)、SIMPLEC 算法(1984)、SIMPLEX 算法(1986)、SIMPLE 算法的 Date 修正(1986)、PISO 算法(1986)等。各种方法都有其优点，但是迄今尚不能说某种算法在所有问题中都表现出优势。以下简要介绍 SIMPLEC 算法和 PISO 算法。

构造压力修正方程时，得到主节点速度修正值是邻居节点速度修正值和压力修正值的函数，即：

$$u'_P = -\frac{1}{a_P^u}\sum_{nb} a_{nb}^u u'_{nb} + \frac{1}{a_P^u}(p'_e S_e - p'_w S_w)^{m-1} \tag{6.21}$$

将等号右边第一项简记为 $\hat{u}_{nb}$，则：

$$u'_P = \hat{u}_{nb} + \frac{1}{a_P^u}(p'_e S_e - p'_w S_w)^{m-1} \tag{6.22}$$

在 SIMPLE 算法中，假设忽略邻居节点的影响。

$$a_P^u u'_P \approx (p'_e S_e - p'_w S_w)^{m-1} \tag{6.23}$$

这在一定程度上高估了速度修正值，影响迭代计算的稳定性，因此最后还要对离散动量方程进行亚松弛处理。在几种改进的算法中，都围绕如何估计邻居节点的速度修正值。

在 SIMPLEC 算法中，假设主节点速度修正值等于邻居节点速度修正值的加权平均，即：

$$u'_P \approx \frac{\sum_{nb} a_{nb}^u u'_{nb}}{\sum_{nb} a_{nb}^u} \quad \Rightarrow \quad \sum_{nb} a_{nb}^u u'_{nb} \approx \sum_{nb} a_{nb}^u u'_P \tag{6.24}$$

代入方程(6.21)，并整理，得：

$$(a_P^u + \sum_{nb} a_{nb}^u) u'_P = (p'_e S_e - p'_w S_w)^{m-1} \tag{6.25}$$

对比方程(6.23)和方程(6.25)，用 $a_P^u + \sum_{nb} a_{nb}^u$ 代替 a_P^u，即得到 SIMPLEC 算法。SIMPLEC 算法考虑了邻居节点速度修正值的影响，因此有利于提高迭代收敛速度。

压力隐式算子分裂(Pressure Implicit by Splitting Operator，简称 PISO)算法的基本思想和算法结构与 SIMPLE 非常相似。在 PISO 算法中，采用两次外迭代：在第一次外迭代中完全忽略 $\hat{u}_{nb}$，计算过程与 SIMPLE 相同；在第二次外迭代中，利用第一次外迭代得到的修正值 u'_{nb} 计算 $\hat{u}_{nb}$。这样得到了节点速度的二次修正：

$$u''_P = \hat{u}_{nb} + \frac{1}{a_P^u}(p'_e S_e - p'_w S_w)^{m-1} \tag{6.26}$$

于是，在第二次外迭代中，压力修正方程的源项会增加一项：

$$a_P^u p''_P + \sum_{nb} a_{nb}^u p''_{nb} = \sum_f \dot{m}_f^* + \sum_f (\rho u''_f S_f) \tag{6.27}$$

PISO 算法每次迭代后得到的速度更加接近于满足连续性方程，因此，只需要较少的迭代步数便能收敛。但是，单次迭代计算量增加。计算经验表明，对于定常状态问题，PISO 算法并不一定比 SIMPLE 算法或 SIMPLEC 算法好。PISO 算法最初是针对非稳态不可压缩流动提出的，对于非定常流动问题，建议选用 PISO 算法。

6.4　速度-压力全耦合求解算法

以上介绍的分步算法和压力修正算法，均属于速度和压力分离式求解方法，通过迭代计算预估速度和压力并修正，直到方程组收敛。还有一类求解方法是同时求解压力和速度。稳态动量方程的离散形式为：

$$\sum_{f=nb(P)} (\rho \boldsymbol{uu} - \mu \nabla \boldsymbol{u})_f \cdot \boldsymbol{S}_f + \sum_{f=nb(P)} p_f \boldsymbol{S}_f = \boldsymbol{b}_P V_P \tag{6.28}$$

将节点计算式代入方程(6.28)，并整理得：

$$\begin{aligned} a_P^{uu} u_P + \sum_{k=NB(P)} a_k^{uu} u_k + a_P^{up} p_P + \sum_{k=NB(P)} a_k^{up} p_k = b_P^u \\ a_P^{vv} v_P + \sum_{k=NB(P)} a_k^{vv} v_k + a_P^{vp} p_P + \sum_{k=NB(P)} a_k^{vp} p_k = b_P^v \end{aligned} \tag{6.29}$$

为了推导压力方程，从连续性方程的离散形式出发，得：

$$\sum_{f=nb(P)} \rho_f \boldsymbol{u}_f \cdot \boldsymbol{S}_f = 0 \tag{6.30}$$

其中，网格面心的速度 $\boldsymbol{u}_f$ 通过 Rhie-Chow 插值确定，则：

$$\sum_{f=nb(P)} \rho_f [\overline{\boldsymbol{u}_f} - \overline{\boldsymbol{D}_f} (\nabla p_f - \overline{\nabla p_f})] \cdot \boldsymbol{S}_f = 0 \tag{6.31}$$

其中，$\overline{\boldsymbol{u}_f}$ 进一步用节点的速度表示。将方程(6.31)展开并重组，得：

$$\begin{aligned} a_P^{pu} u_P + \sum_{k=NB(P)} a_k^{pu} u_k + a_P^{pv} v_P + \sum_{k=NB(P)} a_k^{pv} v_k + \\ a_P^{pp} p_P + \sum_{k=NB(P)} a_k^{pp} p_k = b_P^p \end{aligned} \tag{6.32}$$

式中，每个离散方程的系数矩阵独立保存，分别用下角标 p，u，v 表示。将速度和压力系数构造成如下一个整体矩阵：

$$\begin{bmatrix} \boldsymbol{A}_u^u & \boldsymbol{0} & \boldsymbol{A}_u^p \\ \boldsymbol{0} & \boldsymbol{A}_v^v & \boldsymbol{A}_v^p \\ \boldsymbol{A}_p^u & \boldsymbol{A}_p^v & \boldsymbol{A}_p^p \end{bmatrix} \begin{bmatrix} \boldsymbol{u}^P \\ \boldsymbol{u}^P \\ \boldsymbol{p}^P \end{bmatrix} = \begin{bmatrix} \boldsymbol{b}_u^P \\ \boldsymbol{b}_v^P \\ \boldsymbol{b}_p^P \end{bmatrix} \tag{6.33}$$

全耦合算法利用整体的离散矩阵同时求解速度和压力,不再需要多次迭代压力和速度方程进行求解,但是该方法单步的计算量大且占用内存多。有兴趣的读者可以参阅相关文献。

6.5 格子 Boltzmann 方法

格子 Boltzmann 方法(LBM)是近三十年来发展起来的一种流体系统建模和模拟新方法,其研究思路与传统的计算流体力学方法不同,是介于流体的微观分子动力学模型和宏观连续模型的一种方法,具有许多优势:例如,边界条件处理简单、程序易于实现、天然的并行性等优点。在 20 世纪 80 年代后半期,Frish, Hasslecher 和 Pomeau(以下称为 FHP)发展了一种新的计算流动的格子气自动机(Lattice Gas Automata, 简称 LGA)方法,把元胞自动机(Celluar Automata, 简称 CA)应用于计算流体力学,基于相互作用粒子的离散格子模型间接求解 N-S 方程。LGA 是一类特别的 CA,它将大量抽象的流体微观粒子在离散网格空间,根据一定的法则相互作用和移动。从离散的网格来看,它具有 Euler 方法的属性;从离散粒子的观点来看,它又具有 Lagrange 方法的属性。它将流体力学以统计物理描述的微观层次和以 N-S 方程描述的宏观层次联系起来,在流体力学引起一场小变革。然而这些 CA 方法存在一些缺陷,如它们的计算量随 Re 数的增加迅速增加;对一些情况基于 CA 的计算可能比求解 N-S 方程还昂贵;只有在小马赫数限制下,才能正确地代表不可压缩流体动力学;统计量具有很大的噪音等。

6.5.1 控制方程

格子 Boltzmann 方法是一个有效避免 CA 噪音的方法,其思想是对 CA 系统的动理学方程进行时间-空间积分。陈十一和其合作者提出一个二维情况下,使用一个有 3 个速率、9 个速度的正方形格子,具体是它们有八个沿正方形边界的非零速度和一个静止粒子的零速度,如下:(±1, 0), (0, ±1), (±1, ±1), (0, 0)。

格子 Boltzmann 方程可以被认为是连续 Boltzmann 方程的离散相似物,但离散在一个不完备的速度空间(相空间)上,两者是相似的。用 $f_i(\boldsymbol{x}, t)$ 表示速度 $\boldsymbol{c}_i$ 在 $(\boldsymbol{x}, t)$ 处的速度分布函数,且假设碰撞算子可用 Bhatnagar-Gross-Krook(BGK)模型近似描述,则格子 Boltzmann-BGK(LBGK)演化方程为:

$$f_i(\boldsymbol{x}+\boldsymbol{c}_i\Delta t,\ t+\Delta t)-f_i(\boldsymbol{x},\ t)=\frac{1}{\tau}(f_i-f_i^{eq}) \tag{6.34}$$

式中，$f_i^{eq}(i=0,\ 1,\ \cdots,\ 8)$ 是平衡分布函数，τ 为弛豫时间。公式(6.35)给出了一个常用的平衡分布，它与 Maxwell-Boltzmann 平衡分布的近似性已达二阶精度，可写为：

$$f_i^{eq}=w_i\rho\left[1+\frac{c_{i\alpha}u_\alpha}{c_s^2}+\frac{(c_{i\alpha}c_{i\beta}-c_s^2\delta_{\alpha\beta})}{2c_s^4}u_\alpha u_\beta\right] \tag{6.35}$$

式中，下标 $i=0,\ 1,\ \cdots\ 8$，α、β 是两个笛卡儿方向。所有的流体速度由 $\sqrt{3RT}$ 归一化，因此音速 $c_s=1/\sqrt{3}$，运动黏度 $\nu=(2\tau-1)/6$，同时，w_i 为权重系数。密度和速度由与 Boltzmann 方程相似的公式求得，其中用求和代替积分，即：

$$\rho=\sum_i f_i \tag{6.36a}$$

$$\rho\boldsymbol{u}=\sum_i \boldsymbol{c}_i f_i \tag{6.36b}$$

在长波长和低 Ma 数限制下，采用 Chapman-Enskog 多尺度展开，可以得到如下方程：

$$\frac{\partial\rho}{\partial t}+\nabla_\alpha\cdot(\rho\boldsymbol{u}_\alpha)=0 \tag{6.37a}$$

$$\frac{\partial(\rho\boldsymbol{u}_\alpha)}{\partial t}+\nabla_\beta\cdot(\rho\boldsymbol{u}_\alpha\boldsymbol{u}_\beta)=-\nabla_\alpha P+\nabla_\beta\cdot\{\nu[\nabla_\alpha(\rho\boldsymbol{u}_\beta)+\nabla_\beta(\rho\boldsymbol{u}_\alpha)]\} \tag{6.37b}$$

式中，压力为 $P=c_s^2\rho$。如果密度的变化很小，就可以将上述方程恢复成熟悉的 N-S 方程形式，实现从格子 Boltzmann 方程得到 N-S 方程。

6.5.2 边界条件

边界处理在 LBM 中占据重要地位，通常 LBM 的边界处理分为启发式、动力学格式和外推格式。启发式中通常包含周期格式和反弹格式，它们是处理简单壁面的两种常用格式。周期格式通常是指在某一方向上，流体格点离开流场出口后从进口处再回到流场。若流场在 x 方向上为周期性边界条件，则其格式可表示为：

$$f_i(x_0,\ t+\Delta t)=f'_i(x_N,\ t),\quad f_i(x_N,\ t+\Delta t)=f'_i(x_0,\ t) \tag{6.38}$$

通常当达到壁面无滑移状态时会采用壁面反弹格式，该格式认为当一个流体粒子沿着运动方向到达边界后，在下一时间步该粒子将沿着原来运动方向的相反方向反弹回去，即原路返回。标准反弹格式在壁面的分布函数可表示为：

$$f'_{\bar{i}}(x_b,\ t)=f'_i(x_0,\ t) \tag{6.39}$$

式中 x_b 为与流体格点 x_0 相邻的边界格点，$\bar{i}$ 为 i 的相反方向。标准反弹格式能够充分保证壁面处流体的质量和动量守恒，但是其数值精度仅为一阶。当边界格点能够进行碰撞步时，就会得到修正反弹格式，其格式表达为：

$$f_{\bar{i}}(x_b,\ t)=f(x_b,\ t) \tag{6.40}$$

另外一种常用的改进反弹格式为半步长反弹格式，其将边界设置在边界格点与相邻流体格点的中线上，然后在流体格点上执行标准的反弹格式。修正反弹格式和半步长反弹格式均被证明具有二阶精度。

动力学格式则是利用 LBM 中宏观物理量的直接定义，如密度和速度，直接求解以下方程组：

$$\sum_i f_i=\rho_w,\quad \sum_i \boldsymbol{c}_i f_i=\rho_w \boldsymbol{u}_w \tag{6.41}$$

式中，ρ_w 和 $\boldsymbol{u}_w$ 分别为壁面密度和速度。通常由于壁面附近未知方向分布函数较多，不能完成该方程组的闭合得到唯一解，因此采用动力学格式时一般需要引入适当的条件才能完成该方程组的求解。

相较于启发式和动力学格式，外推格式具有更广的应用范围，可用于处理多种边界条件。该方法借鉴传统计算方法中的边界处理过程，在物理边界外设置一层虚拟边界，虚拟边界和边界上的格点均按照标准演化进行，而虚拟边界上需要传递至流体格点方向上的分布函数使用外推方法计算得到。

6.5.3 计算流程

采用 LBM 对物理问题的基本求解过程如图 6-1 所示，以二维 LBGK 模型为例，对 LBM 计算流程进行一个简单的说明。首先需要完成的是前处理步骤：

(1) 根据所需解决的问题，对计算区域、流场初始条件、边界条件等信息进行确认；

(2) 对计算区域进行网格划分，可采用不同的颜色表示不同的边界类型，通过对像素点颜色进行识别完成网格坐标对应格点类型的初始化。

其次是流场相关分布函数的初始化，通常是通过宏观量计算各格点的平衡态分布函数得到。然后利用碰撞迁移规则对 LBGK 方程进行求解，对边界进行处理。最后通过 LBGK 算法完成对宏观物理量的计算。

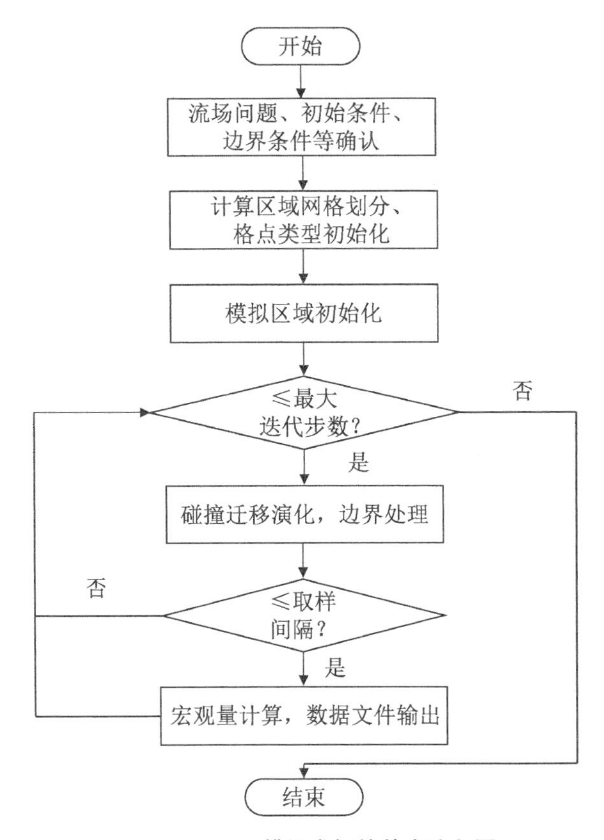

图 6-1　LBM 模拟求解的基本流程图

6.6　计算实例

圆柱绕流包含边界层分离、涡旋生成、涡旋脱落之间的相互作用，是经典的流体力学流动问题。在一定的来流条件下，会在圆柱下游形成周期性的涡旋，称为卡门涡街。

6.6.1　分步求解

给定计算对象如图 6-2 所示，已知无量纲参数：通道高 $H=1$，长 $L=4$，圆

柱直径 $D=0.125$，位于通道中间，距离入口处 $x=0.8$，流体的雷诺数 $Re=2\,300$。采用 Runge-Kutta 分步算法求解该问题。根据方程(6.15)，非稳态项采用 Runge-Kutta 格式，扩散项采用中心差分格式，对流项采用 QUICK 格式。计算网格为正方形，取计算网格数量 $NX=80$，$NY=320$。

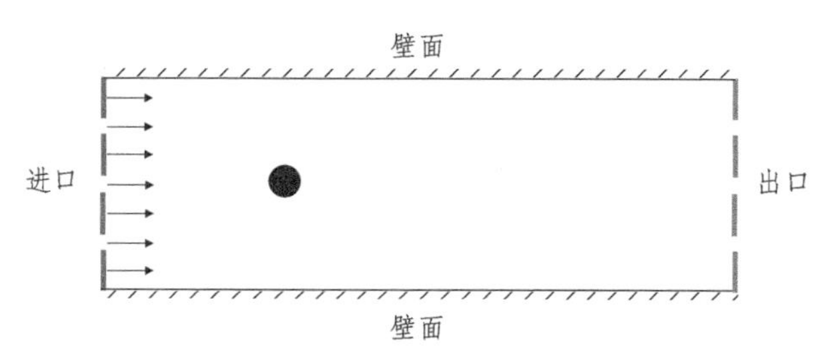

图 6-2　圆柱绕流问题示意图

图 6-3 是几个典型时刻的旋度分布云图。来流经过圆柱，会在圆柱前侧形成驻点，在圆柱后侧脱落形成涡旋。我们可以观察到，旋转方向相反、排列规则的双列涡旋，在圆柱两侧周期性交替出现。图 6-4 是圆柱下游某点处速度和旋度的变化，可以判断涡旋生成周期大约为 1 s。

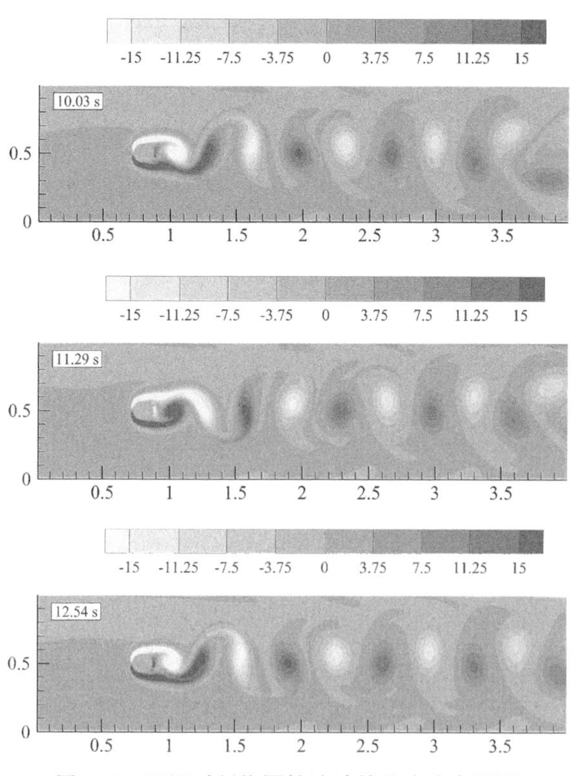

图 6-3　不同时刻绕圆柱流动的旋度分布云图

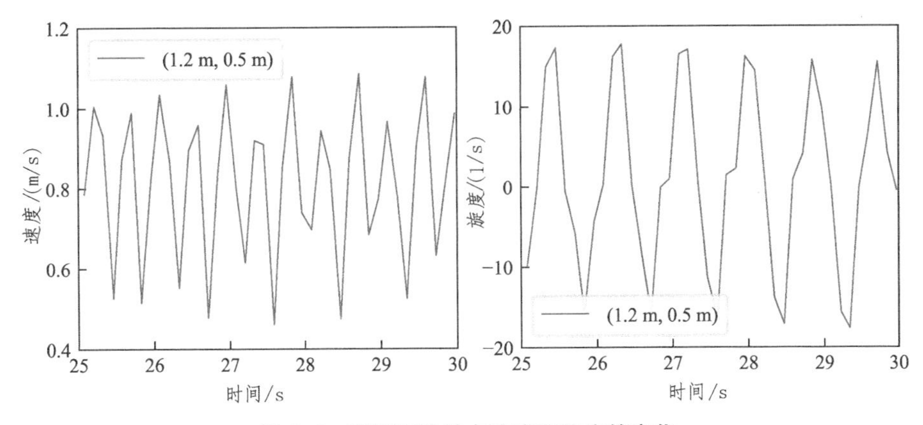

图 6-4　圆柱下游某点速度和旋度的变化

6.6.2　LBM 求解

采用 LBM 求解，雷诺数为 149，其他已知无量纲数值为：通道高 $H=525$，长 $L=1\,000$，圆柱直径 $D=28$，与入口距离为 300，在垂直方向上位于水平槽道中心。

网格数量为 $1\,000\times525$，在圆柱壁面附近采用标准反弹格式，满足壁面无滑移条件，进口满足恒定速度边界条件，垂直方向上为周期性边界条件，时间步数为 10 万步时，圆柱绕流局部区域的瞬时流线图如图6-5所示，从图中清晰可见流体绕过圆柱后形成了涡旋。

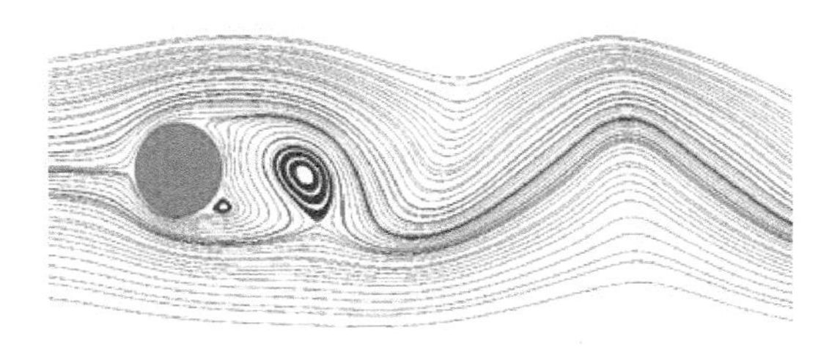

图 6-5　圆柱绕流的瞬时流线图

6.7　本章知识要点

• 求解不可压缩 N-S 方程的主要难点在于缺少关于压力的独立方程；

• 分步算法和 SIMPLE 算法的共同核心是将连续性方程转变为关于压力的泊松方程；

• 分步算法适用于瞬态过程的计算，SIMPLE 算法在稳态流场计算方面更具有优势；

• 分步算法中非稳态项、对流项、扩散项的离散格式有多种不同的形式；

• SIMPLE 算法、SIMPLEC 算法、PISO 算法总体流程一致，主要区别在于如何处理邻居节点速度修正值；

• 速度和压力全耦合算法的特点是，速度和压力同时求解，不再需要对速度和压力进行分离式求解；

• LBM 是介于宏观和微观之间的介观方法。LBM 用离散的 Boltzmann 方程模拟流体流动，通过求解粒子微团的速度分布函数来描述宏观运动。

练习题

1. 针对卡门涡街算例，计算并分析雷诺数对涡量和圆柱阻力系数的影响。

2. 将 SIMPLE 算法程序改写为 PISO 算法程序，应用于卡门涡街计算和分析。

3. 在 MAC 算法程序基础上，编制高阶显式算法的程序，其中对流项采用二阶 Adams-Bashforth 格式、黏性项采用 Crank-Nicolson 格式，非稳态项采用三阶 Runge-Kutta 格式，应用于卡门涡街计算和分析。

4. 二维方腔自然对流气体扩散模拟，方腔顶部的气体浓度为恒定状态(设置为 1 无量纲单位)，其余壁面为无渗透条件，方腔顶部为低温壁面 $T_c=0$，左右壁面为高温壁面 $T_h=1$，方腔底部为绝热壁面，瑞利数 $Ra=15\,000$，施密特数 $Sc=4.5$，普朗特数 $Pr=0.013\,7$。计算和分析该过程的流场和浓度场。

5. 在例题圆柱绕流的基础上，给定通道宽度 $W=1$，计算和分析三维圆柱绕流瞬态流场特性。

第 7 章

非规则网格流动方程的数值解法

前面几章介绍的流体运动方程求解方法都是针对直角坐标系，也可以拓展到轴对称、圆柱和球坐标系，这些都称为规则网格。然而，许多实际流动问题涉及复杂几何和流动边界，只能采用非规则网格。非规则网格的网格线一般不满足垂直的条件，流体运动方程在非正交网格下的离散和求解需要考虑更多因素。本章将介绍非规则网格流动方程的数值解法，首先介绍非规则网格类型和特点，然后介绍通用标量方程的求解，最后介绍 N-S 方程的求解。

7.1 非规则网格类型

对于复杂几何流动问题的计算，网格生成和流体运动方程求解是分开进行的。网格的几何结构影响流体运动方程的求解。不同类型网格的储存和编号方法不同。非规则网格分为结构网格和非结构网格两种类型，如图 7-1 所示，以一个弯曲流道网格划分为例。

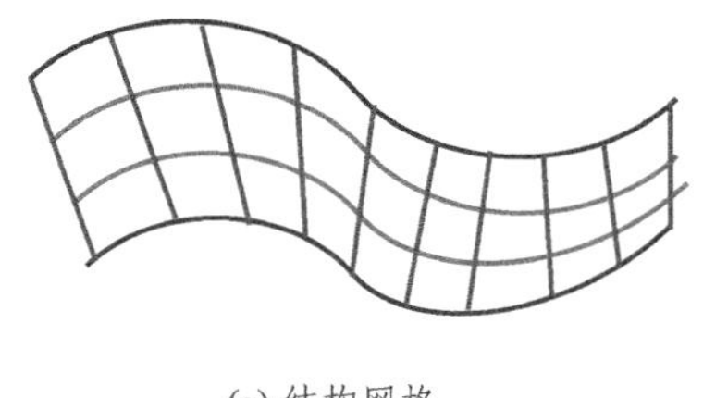

(a) 结构网格

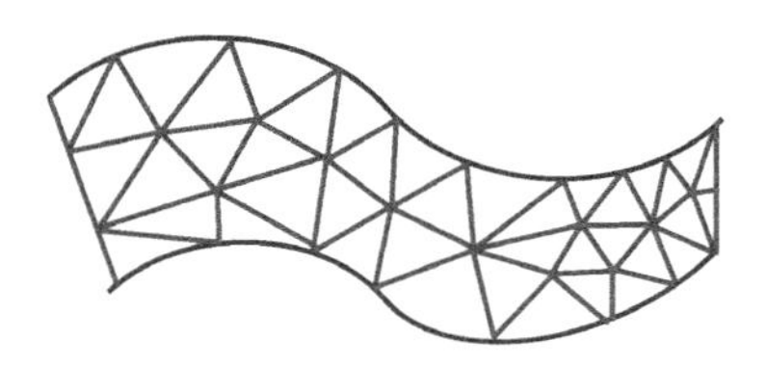

(b) 非结构网格

图 7-1 弯曲流道网格划分

结构网格的每一层的节点数相等，网格按照 (i, j) 的顺序遍历，同一组的网格线不相交而且不同组的网格线只相交一次，网格线的形状和几何体边界一致，因此这类网格也称为贴体网格。结构网格通常只包含四边形或六面体网格。结构网格质量高、计算精度高，但是对于复杂几何体划分结构网格难度相对较大。

非结构网格没有规则的拓扑结构，也没有层的概念。非结构网格不能按照 (i, j) 的顺序遍历。非结构网格需要存储网格顶点坐标，以及网格和顶点、面的隶属关系。非结构网格灵活，可以是三角形、四面体、多面体或混合网格类型，但是非结构网格计算误差的来源比结构网格多，且很难实现高阶离散。非规则网格生成需要大量的篇幅讨论，已形成独立的研究分支。下面我们仅以结构网格为例，介绍一些简单的贴体网格生成方法。

7.2 贴体网格生成方法

7.2.1 代数法

代数网格生成方法的基本思想是利用一组坐标变换，将复杂的几何外形变换为简单的计算域(二维正方形或三维正方体)，然后在计算域内划分等距均匀网格，再反变换至物理空间，形成计算网格。记物理平面的坐标系为 (x, y)，计算平面的坐标系为 (ξ, η)，需要找出两个区域的边界和内部节点的对应关系，即函数 $x=x(\xi, \eta)$，$y=y(\xi, \eta)$。代表性的方法有双线性插值法。双线性插值法首先对边界进行划分，然后根据边界中对边节点的坐标，插值确定内部网格点的坐标。

如图 7-2 所示的四边形，四个顶点按照逆时针顺序分别记为 0，1，2，3，其中 0-1 和 3-2 为对边，0-3 和 1-2 为对边。选择 ξ 方向沿边界 0-1 及其对边 3-2，η 方向沿边界 0-3 及对边 1-2。沿 ξ 方向和 η 方向将四边形分别均分成 N_i 和 N_j 份，则边 0-1 和边 3-2 的网格节点的坐标如下：

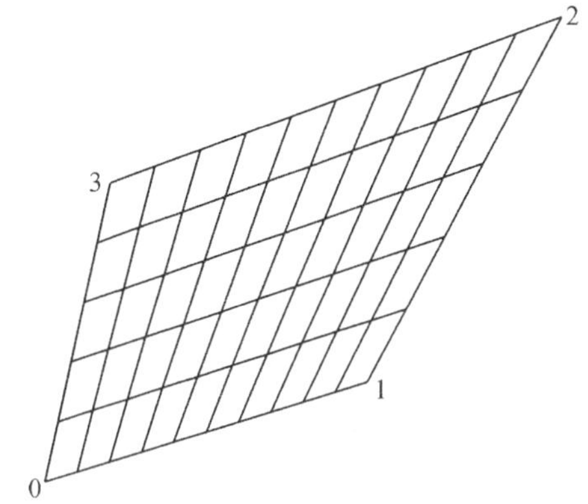

图 7-2 四边形区域的双线性插值法网格划分

$$
\begin{aligned}
x_{(\xi, 0)} &= (1-\xi)x_0 + \xi x_1, \\
y_{(\xi, 0)} &= (1-\xi)y_0 + \xi y_1 \\
x_{(\xi, N_j)} &= (1-\xi)x_3 + \xi x_2, \\
y_{(\xi, N_j)} &= (1-\xi)y_3 + \xi y_2
\end{aligned}
\tag{7.1}
$$

式中，$\xi=i/N_i(i=0, N_i)$，采用等距节点。同理，可以确定边 0-3 和边 1-2 的网格节点，记为 $y(0, \eta)$ 和 $y(N_i, \eta)$，其中 $\eta=j/N_j(j=0, N_j)$。

当边界节点确定之后，用直线依次连接一组对边的节点，然后利用另一组对边网格节点的分布比例，插值确定内部网格点的坐标。线性插值式如下：

$$x_{(\xi,\eta)}=(1-\eta)x_{(\xi,0)}+\eta x_{(\xi,N_j)} \tag{7.2a}$$

$$y_{(\xi,\eta)}=(1-\eta)y_{(\xi,0)}+\eta y_{(\xi,N_j)} \tag{7.2b}$$

式中，$\xi=i/N_i(i=1,N_i-1)$，$\eta=j/N_j(j=1,N_j-1)$。以上给出的算法针对的是边界均匀划分的情况。

图 7-3 为线性插值法在含有曲边的四边形区域网格划分的应用。从图中明显看到在过渡区域，网格还有待进一步光滑，这可以通过拉伸网格实现。网格拉伸的基本划分原理与均匀网格相同，不同之处是需要按照一定比例布置节点，这里不做具体介绍。代数网格生成方法的优点是应用简便、计算量小，缺点是对于复杂的几何外形，有时很难找到合适的插值函数和插值方法。

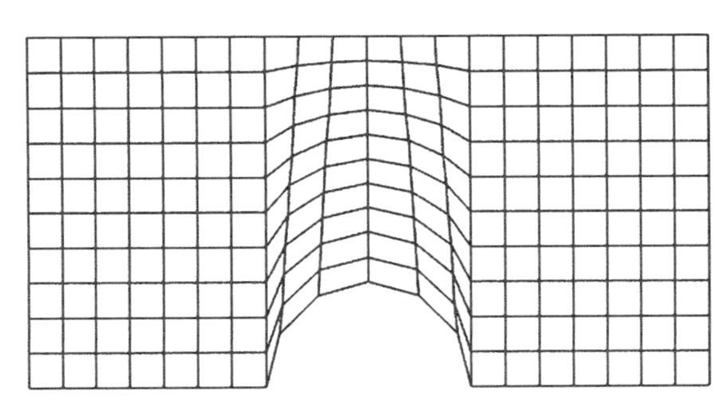

图 7-3　含曲边的四边形区域的双线性插值法网格划分

7.2.2　偏微分方程法

贴体网格生成问题可以看成是一个边值问题。已知：计算平面上的节点 (ξ,η) 的全部集合，以及物理平面边界上的节点坐标。需要求解的问题：找出计算平面上求解域内的一点 (ξ,η) 与物理平面上的一点 (x,y) 之间的对应关系。如图 7-4 所示的四边形，对于物理域 (x,y) 坐标系，(ξ,η) 是物理平面上被求解的因变量，它们组成了两组线，其特征和"等温线"类似，沿着每条线 ξ 或 η 为常数。在物理域的边界，ξ 和 η 的边界条件是确定的。

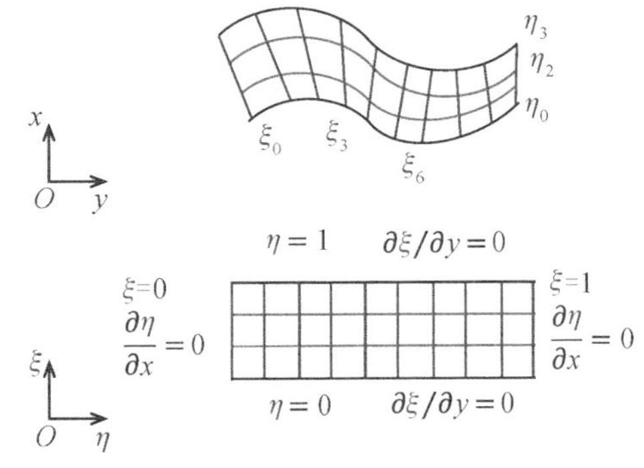

图 7-4　偏微分方程生成网格方法示意图

以上构成了物理平面上的一个边

值问题，在数学上描述为 ξ 和 η 满足 Laplace 方程：

$$\frac{\partial^2 \xi}{\partial x^2}+\frac{\partial^2 \xi}{\partial y^2}=0 \tag{7.3a}$$

$$\frac{\partial^2 \eta}{\partial x^2}+\frac{\partial^2 \eta}{\partial y^2}=0 \tag{7.3b}$$

式中，ξ 和 η 是因变量，x 和 y 是自变量，(ξ, η) 是物理平面上 Laplace 方程的解，ξ 和 η 的边界条件见图 7-4。需要把物理平面上以 (x, y) 为自变量的 Laplace 方程转换到计算平面上以 (ξ, η) 为自变量的方程，这可以根据链导法以及函数与反函数之间的关系来推导。方程(7.3)的逆方程为：

$$\alpha \frac{\partial^2 x}{\partial \xi^2}-2\beta \frac{\partial^2 x}{\partial \xi \partial \eta}+\gamma \frac{\partial^2 x}{\partial \eta^2}=0 \tag{7.4a}$$

$$\alpha \frac{\partial^2 y}{\partial \xi^2}-2\beta \frac{\partial^2 y}{\partial \xi \partial \eta}+\gamma \frac{\partial^2 y}{\partial \eta^2}=0 \tag{7.4b}$$

式中，(ξ, η) 确定了计算平面，ξ 和 η 的范围均在 $[0, 1]$。方程中系数 α，β，γ 按下式确定：

$$\alpha=\left(\frac{\partial x}{\partial \eta}\right)^2+\left(\frac{\partial y}{\partial \eta}\right)^2 \tag{7.5a}$$

$$\beta=\left(\frac{\partial x}{\partial \xi}\right)\left(\frac{\partial x}{\partial \eta}\right)+\left(\frac{\partial y}{\partial \xi}\right)\left(\frac{\partial y}{\partial \eta}\right) \tag{7.5b}$$

$$\gamma=\left(\frac{\partial x}{\partial \xi}\right)^2+\left(\frac{\partial y}{\partial \xi}\right)^2 \tag{7.5c}$$

方程(7.4)是以 ξ 和 η 为自变量，x 和 y 为因变量的椭圆型偏微分方程。求解方程(7.4)就是建立物理平面中 (x, y) 点和计算平面中 (ξ, η) 点的一一对应关系。图 7-5 为机翼生成网格的例子，内边界为机翼，外边界为圆。从机翼表面(即内边界 $\eta=0$)出发，画一条线与外边界 $\eta=1$ 相交，确定 $\xi=$常数的曲线。对于每一条 $\xi=$常数的线，ξ 取 $[0, 1]$ 范围内的数值。沿 $\xi=0$(或 $\xi=1$)曲线将物理域剪开然后展开得到扇形。在确定边界节点坐标之后，求解方程(7.4)获

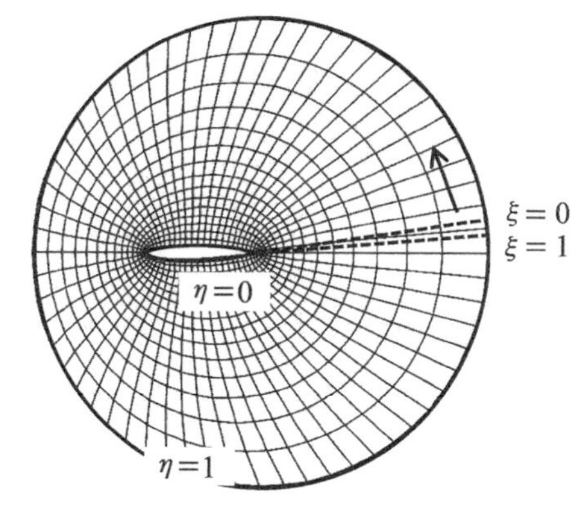

图 7-5　偏微分方程法生成机翼贴体网格

得物理区域内部所有节点的坐标。因为 $\eta=$常数的曲线是完全围绕机翼的，像一个个拉长的圆，因此该网格也称为“O”形网格。

7.3 网格几何

在方程离散化过程中，必须对网格的单元和面进行遍历并利用单元和面的坐标、体积、面积、相邻节点位置等信息，在笛卡儿坐标系中，这些信息是容易获得的，但是在复杂网格中需要通过一些计算才能得到。以下针对结构网格和非结构网格分别介绍网格的储存方法。

7.3.1 结构网格储存方法

图 7-6 表示二维结构网格及其编号方法。与直角坐标系网格相比，节点仍然可以按照 (i, j) 的顺序遍历，不同的是，每个节点坐标 (x, y) 的分量并不相同，需要独立存储。一种不包含冗余信息的做法是保存所有节点的坐标和边界信息。比较方便的做法是保存如下 4 类信息：

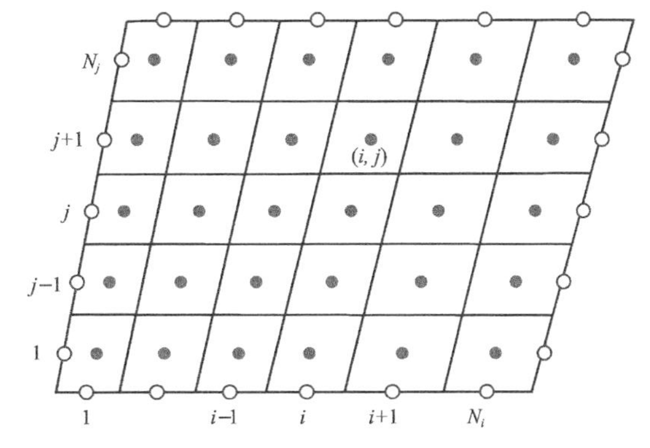

图 7-6　二维结构网格的编号方法

• 所有网格顶点坐标的列表，$r^n_{I,J}=(x, y)$；

• 所有网格中心坐标的列表，$r^c_{i,j}=(x, y)$；

• 所有网格面心坐标的列表，$r^{f_1}_{I,j}=(x, y)$，$r^{f_2}_{i,J}=(x, y)$，其中上角标 f_1 和 f_2 分别表示两个方向的面；

• 计算域边界面的起止编号、边界类型。

网格线用大写字母 I、J 遍历，网格中心用小写字母 i、j 遍历。在以上数据的基础上，我们容易实现以下功能，从而便于组建离散化的方程。

• 对所有网格进行遍历，且能直接给出邻居网格、网格顶点、网格面的编号及坐标；

• 对所有的内部面进行遍历，且能直接给出面顶点、所属的两个网格的编号及坐标。例如，给定面 (I, j)，它的顶点是点 $(I, J+1)$ 和点 $(I, J-1)$，属于

网格 (i, j) 和网格 $(i-1, j)$；

• 对指定类型的边界面进行遍历，且能直接给出面顶点、所属的 1 个网格的编号及坐标。

7.3.2 非结构网格储存方法

图 7-7 表示二维非结构网格及其编号方法。非结构网格没有层的概念，所以不能按照 (i, j) 的顺序遍历。在非结构网格中，必须显式地指明面和网格单元的关系，或顶点和单元的关系等。一种不包含冗余信息的做法是保存如下 3 类信息：

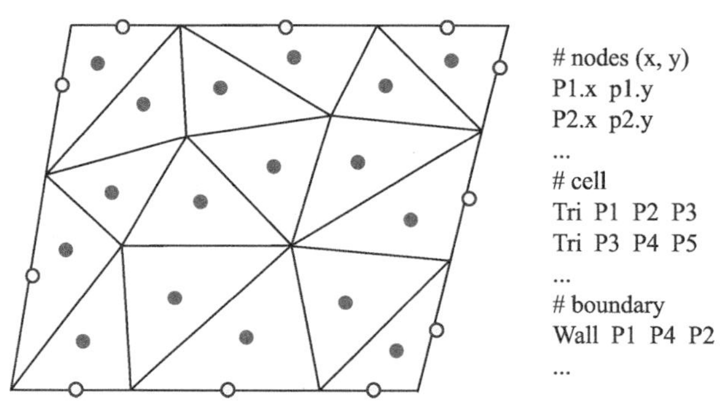

图 7-7 二维非结构网格的编号方法

• 所有网格顶点坐标的列表，例如，$r_{i,j}^{n}=(x, y)$。

• 所有网格单元和顶点关系的列表。通常以列表形式给出隶属于每个网格单元的顶点编号，如图 7-7 中，以关键词 Tri（三角形）标记的数据块，每行表示由若干顶点构成的一个网格单元。关键词 Tri 表示网格单元形式为三角形。

• 计算域边界。需要给出边界类型和构成边界的顶点，例如，以关键词 Wall（壁面）标记的数据块。

上述给出的是非结构网格储存的必要数据，为了方便编制离散化求解程序，一般在此基础上还要进一步生成更多的几何结构信息。通常做法是，网格生成软件仅导出必要的网格数据信息，流体计算软件在导入网格数据之后进行网格拓扑和几何量的计算，构建不同的网格遍历方式（如面和网格单元的关系，面和顶点的关系等）和网格单元几何量（如单元体积、表面积等）。

经过以上预处理之后，有限体积法求解算法通常按照面遍历，从而计算网格单元面通量，按面遍历所有网格单元的算法伪代码见图 7-8。在遍历所有面的过程中，将面分为内部面和边界面。如果是内部面，则需要知道所属两个网格单元的编号;如果是边界面,则需要知道所在网格单元的编号以及边界类型。边界面的顶点必须按照逆时针或顺时针的统一方式储存,因为这会影响边界面的法向量,进而影响物理量流入或流出计算区域。

```
对所有的面遍历:f
    如果 f 是内部面
        i←面 f 左边的网格
        j←面 f 右边的网格
        根据网格 i,j 状态计算通量 flux
        修改网格 i 状态
        修改网格 j 状态
    如果 f 是边界面
        如果是壁面?
            按壁面处理,计算 flux
        如果是进口?
            按进口处理,计算 flux
        其他,等等
        修改网格 i 状态
结束对所有面遍历
```

图 7-8　按照面遍历网格单元的算法流程

7.3.3　网格单元几何量

网格单元的几何量包括:网格单元的体积、单元中心的坐标、网格面的面积、网格面中心的坐标、面法向矢量等。下面针对二维和三维情形,给出常用的几何量计算式。

在二维条件下,通常有三角形网格、四边形网格,如图 7-9 所示。

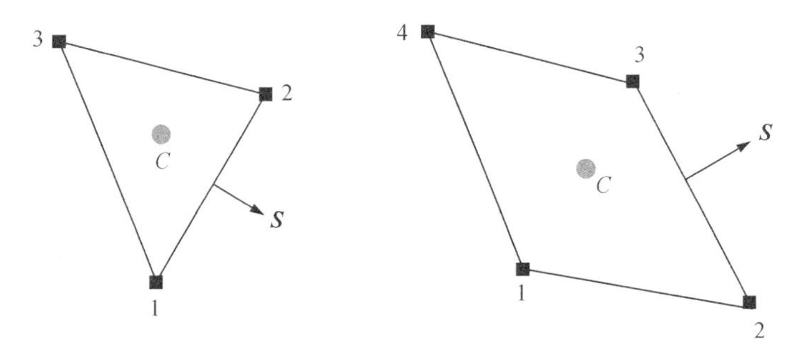

图 7-9　三角形和四边形网格单元及顶点编号

三角形网格的体积(深度方向为单位长度)：

$$\Delta V = \frac{1}{2}\sum_{i=1}^{3}(x_i - x_{i+1})(y_i + y_{i+1})$$

$$\text{如果 } i+1=4\text{，则 } i+1=1 \tag{7.6}$$

四边形网格的体积(深度方向为单位长度)：

$$\Delta V = \frac{1}{2}[(x_1 - x_3)(y_2 - y_4) + (x_4 - x_2)(y_1 - y_3)] \tag{7.7}$$

式中，x_i 和 y_i 是顶点坐标分量。注意，上述公式只适用于顶点按照逆时针方向编号的情形。

单元中心坐标是所有顶点坐标的平均值，即：

$$\boldsymbol{r}_c = \frac{1}{N_k}\sum_{i=1}^{N_k}\boldsymbol{r}_i \tag{7.8}$$

式中，$\boldsymbol{r}_i$ 是顶点的坐标。组成网格单元面的是线段，面向量记为 $\boldsymbol{S}$。以面 1-2 向量为例：

$$\boldsymbol{S}_{12} = \boldsymbol{n}_{12}\Delta S_{12} = \begin{bmatrix} S_x \\ S_y \end{bmatrix} = \begin{bmatrix} y_2 - y_1 \\ x_1 - x_2 \end{bmatrix} \tag{7.9}$$

式中，$\boldsymbol{n}_{12}$ 和 ΔS_{12} 分别是面的单位法向量和面积。其中，网格面的面积为：

$$\Delta S = \| \boldsymbol{S} \| = \sqrt{S_x^2 + S_y^2} \tag{7.10}$$

在三维条件下，网格面不一定是平面。为了计算网格单元体积和面向量，需要做适当近似。常用的简化方法是将网格面切分成一组三角形进行计算，如图 7-10 所示。

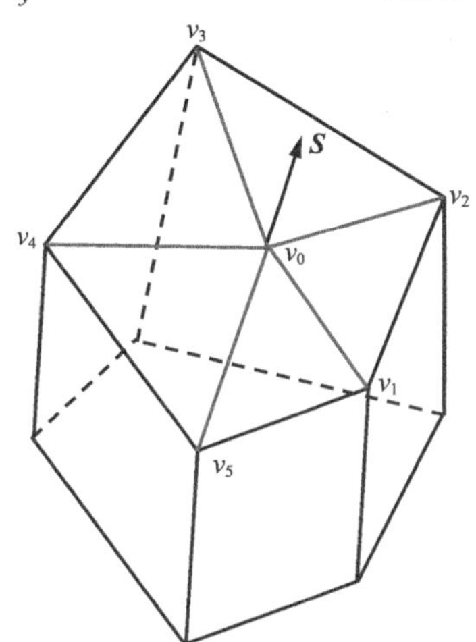

图 7-10 三维网格单元和面向量的编号

利用等式关系 $1 \equiv \mathrm{div}(x\boldsymbol{i})$，再应用高斯定理计算单元的体积：

$$\Delta V = \int_V \mathrm{d}V = \int_V \mathrm{div}(x\boldsymbol{i})\mathrm{d}V = \int_S x\boldsymbol{i}\cdot\boldsymbol{n}\mathrm{d}S \approx \sum_k x_k S_k^x \tag{7.11}$$

式中，k 表示网格面的编号，S_k^x 是网格面向量 $\boldsymbol{S}_k$ 的 x 分量。面向量如下：

$$\boldsymbol{S}_k = S_k \boldsymbol{n} = S_k^x \boldsymbol{i} + S_k^y \boldsymbol{j} + S_k^z \boldsymbol{k} \tag{7.12}$$

上式采用 x 分量计算网格单元体积，同样地，也可以采用 y 分量和 z 分量计算单元的体积。网格面被切分成多个三角形，而三角形的面积和面向量容易计算。整个面向量通过累加三角形面向量得到，即：

$$\boldsymbol{S}_k = \frac{1}{2}\sum_{i=3}^{N_k^v}\left[(\boldsymbol{r}_{i-1} - \boldsymbol{r}_1) \times (\boldsymbol{r}_i - \boldsymbol{r}_1)\right] \tag{7.13}$$

式中，N_k^v 是网格面的顶点数，$\boldsymbol{r}_i$ 是顶点的坐标。网格面积通过面向量计算得到：

$$S_k = \| \boldsymbol{S}_k \| = \sqrt{(S_k^x)^2 + (S_k^y)^2 + (S_k^z)^2} \tag{7.14}$$

面中心通过计算每个三角形中心的加权平均得到：

$$\boldsymbol{r}_c = \frac{\sum_{m=1}^{N_m} \| \boldsymbol{S}_{k,m} \| \boldsymbol{r}_m}{\sum_{m=1}^{N_m} \| \boldsymbol{S}_{k,m} \|} \tag{7.15}$$

式中，N_m 是用于切分网格面的三角形的数量，$\| \boldsymbol{S}_{k,m} \|$ 是三角形面积，$\boldsymbol{r}_m$ 是三角形几何中心，按照方程(7.8)计算。

7.3.4　相邻节点几何量

在构建离散化方程过程中，需要反复利用相邻节点的位置信息。图7-11定义了主节点、邻居节点、面的记号，分别用符号 P, N 和 f 表示，它们的坐标分别为 $\boldsymbol{r}_P$, $\boldsymbol{r}_N$, $\boldsymbol{r}_f$。面 f 的面向量记为 $\boldsymbol{S}_f$，单位面向量记为 $\boldsymbol{n} = \boldsymbol{S}_f / \| \boldsymbol{S}_f \|$。主节点和邻居节点连线记作 $\boldsymbol{d}_f = \boldsymbol{r}_N - \boldsymbol{r}_P$，单位向量记为 $\boldsymbol{e} = \boldsymbol{d}_f / \| \boldsymbol{d}_f \|$。

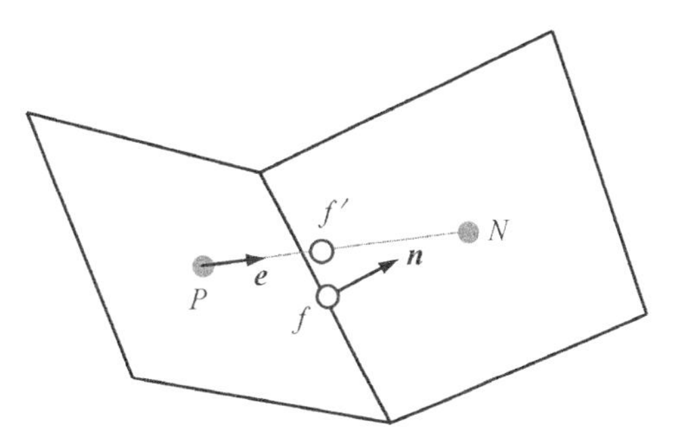

图7-11　网格单元相邻节点的几何参数记号

面心在主节点和邻居节点之间的插值因子有多种计算方法。按照距离之比确定的插值因子为：

$$\xi_f = \frac{\| \boldsymbol{r}_{Pf} \|}{\| \boldsymbol{r}_{Pf} \| + \| \boldsymbol{r}_{Nf} \|} \tag{7.16}$$

式中，$\| \boldsymbol{r}_{Pf} \|$ 和 $\| \boldsymbol{r}_{Nf} \|$ 分别是主节点和面心的距离、邻居节点和面心的距离。插值因子也可以根据线段（$\boldsymbol{r}_f - \boldsymbol{r}_P$）在节点连线上的投影与节点连线长度之比确定：

$$\xi_f = \frac{(\boldsymbol{r}_f - \boldsymbol{r}_P) \cdot \boldsymbol{d}_f}{\boldsymbol{d}_f \cdot \boldsymbol{d}_f} \tag{7.17}$$

相应地，f' 是面心在节点连线上的投影点，即：

$$\boldsymbol{r}_{f'} = \boldsymbol{r}_N \xi_f + \boldsymbol{r}_P (1 - \xi_f) \tag{7.18}$$

投影点 $\boldsymbol{r}_{f'}$ 和面心 $\boldsymbol{r}_f$ 的重合度可以用来表征网格斜度。如果在直角坐标网格体系下，点 $\boldsymbol{r}_{f'}$ 和 $\boldsymbol{r}_f$ 重合，则依据物理量局部线性分布的假设，物理量从投影点到面心处的插值为：

$$\phi_f = \phi_{f'} + \nabla \phi_{f'} \cdot (\boldsymbol{r}_f - \boldsymbol{r}_{f'}) \tag{7.19}$$

7.3.5 梯度的计算

在构建离散化方程的过程中，需要反复利用梯度。两种常见的计算梯度的方法是：高斯定理和最小二乘法。这里简要介绍利用高斯定理法计算梯度。关于利用最小二乘法计算梯度，有兴趣的读者可以查阅其他资料。

应用高斯定理，网格中心处的变量梯度为：

$$\left.\frac{\partial \phi}{\partial x}\right|_P \approx \frac{1}{\Delta V} \sum_f \bar{\phi}_f n_{f,x} S_f \tag{7.20a}$$

$$\left.\frac{\partial \phi}{\partial y}\right|_P \approx \frac{1}{\Delta V} \sum_f \bar{\phi}_f n_{f,y} S_f \tag{7.20b}$$

式中，f 表示网格的面，ΔV 表示网格体积，S_f 表示网格面的面积，$n_{f,x}$ 和 $n_{f,y}$ 分别表示面 f 的向量在两个方向的分量，$\bar{\phi}_f$ 表示面心处的值，通过相邻节点 P 和 N 的插值得到。

如图 7-11 所示，首先通过节点插值得到辅助点（记作 f'）的值，再根据梯度，把辅助点的值插值到面心处的值：

$$\bar{\phi}_f = (1 - \xi_f)\phi_P + \xi_f \phi_N + [(1 - \xi_f)\nabla \phi_P + \xi_f \nabla \phi_N] \cdot (\boldsymbol{r}_f - \boldsymbol{r}_{f'}) \tag{7.21}$$

方程中包含节点处的梯度。因此，采用迭代法计算梯度，在第一次迭代计算中采用当前变量梯度作为已知条件计算面心处的值，再通过高斯定律计算节点处梯度。得到节点处梯度后，再次计算面心处的值以及变量梯度。如此反复迭代几次，则得到最终的变量梯度。

7.4 通用标量守恒方程

7.4.1 数学方程

通用标量守恒方程的积分形式为：

$$\frac{\partial}{\partial t}\int_V \rho\phi \,\mathrm{d}V + \int_S \rho\phi \boldsymbol{u}\cdot\boldsymbol{n}\,\mathrm{d}S = \int_S \Gamma\nabla\phi\cdot\boldsymbol{n}\,\mathrm{d}S + \int_V q_\phi\,\mathrm{d}V \tag{7.22}$$

方程包含非稳态项、对流项、扩散项和源项，在速度场已知的情况下，求解物理量 ϕ 的分布。方程在非规则网格条件下的离散化原理和在直角坐标网格条件下相同，但是需要考虑网格非正交性的影响。

7.4.2 方程离散化

采用非结构网格划分计算区域。图 7-12 给出了四边形网格主节点和邻居节点的关系。在图 7-12 所示的有限体积网格上，讨论方程各项的离散化。

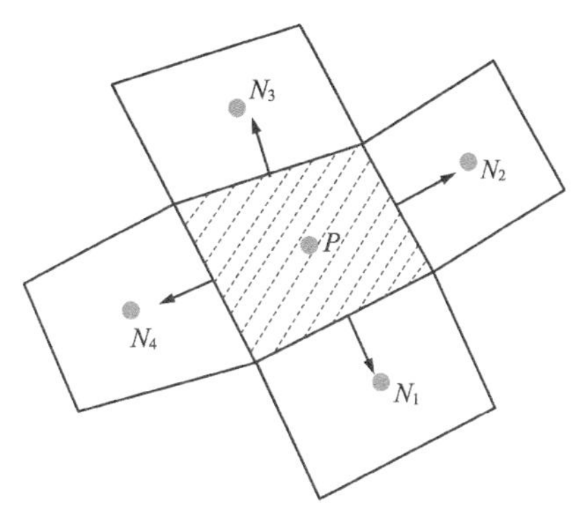

图 7-12　非结构网格中主节点和邻居节点的关系

对于非稳态项和源项的离散采用体积分，这与直角坐标系中的做法相同。针对节点 P 所在的控制体单元，采用欧拉隐式对非稳态项离散，得：

$$\frac{\partial}{\partial t}\int_V \rho\phi\,\mathrm{d}V \approx \frac{\rho\Delta V}{\Delta t}(\phi_P - \phi_P^0) \tag{7.23}$$

式中，上角标 0 表示上一个时刻。标量守恒方程中其余各项都在当前时刻离散化。为了简化离散方程的书写，离散方程中省略了当前时刻的上角标。采用中心点法近似计算源项的体积分：

$$\int_V q_\phi\,\mathrm{d}V \approx q_\phi\Delta V = (q_C + q_P\phi_P)\Delta V \tag{7.24}$$

式中，要求满足 $q_P \leqslant 0$ 的条件，目的是不破坏离散方程矩阵主对角占优的特性。

对于对流项和扩散项的离散，采用面积分计算通过面的通量，这时需要考虑网格非正交性的影响，因为这两项都和面法向量有关系。针对对流项，以控制体的某一个面为例，采用中心法近似计算对流通量：

$$F_f^c = \int_{S_f} \rho\phi \boldsymbol{u} \cdot \boldsymbol{n} \, \mathrm{d}S \approx \dot{m}_f \phi_f \tag{7.25}$$

式中，ϕ_f 是面中心处变量值，需要通过相邻节点插值得到。$\dot{m}_f$ 是通过面的质量流量，其计算式如下：

$$\dot{m}_f = \int_{S_f} \rho \boldsymbol{u} \cdot \boldsymbol{n} \, \mathrm{d}S \approx (\rho \boldsymbol{u} \cdot \boldsymbol{n})_f S_f = \rho \boldsymbol{u}_f \cdot \boldsymbol{S}_f \tag{7.26}$$

式中，$\boldsymbol{u}_f$ 是面心处的速度，在本节中是已知值。在流场求解问题中，一般采用上一次迭代过程中的速度值。在二维坐标中，质量流量 $\dot{m}_f$ 为：

$$\dot{m}_f = \rho(u_f^x S_f^x + u_f^y S_f^y) \tag{7.27}$$

如果在笛卡儿坐标系中，针对竖直面，质量流量 $\dot{m}_f = \rho u_f^x S_f^x$。在非正交网格条件下，面向量在多个坐标轴方向有分量，因此，不同坐标轴方向的速度分量都对通过面的质量流量有贡献，这是非正交网格系与直角坐标系网格的不同之处。

面中心处 ϕ_f 通过相邻节点插值得到，可采用迎风格式(UDS)、中心差分格式(CDS)、混合格式等，这些方法在第 4 章中已详细介绍。若采用迎风格式近似：

$$\phi_f = \phi_f^{\mathrm{UDS}} = \begin{cases} \phi_{\mathrm{P}} & \dot{m}_f \geqslant 0 \\ \phi_N & \dot{m}_f < 0 \end{cases} \tag{7.28}$$

或者表示为统一形式：

$$\dot{m}_f \phi_f^{\mathrm{UDS}} = \max\{\dot{m}_f, 0\} \phi_{\mathrm{P}} + \min\{\dot{m}_f, 0\} \phi_N \tag{7.29}$$

该离散格式是绝对稳定格式，但离散精度为一阶精度。通常需要采用高阶离散格式提高计算精度。一种常用的方法是，采用“延迟修正”方法考虑中心差分近似。

$$F_f^c = \dot{m}_f \phi_f = \dot{m}_f \phi_f^{\mathrm{UDS}} + \dot{m}_f (\phi_f^{\mathrm{CDS}} - \phi_f^{\mathrm{UDS}})^{m-1} \tag{7.30}$$

式中，上角标 $m-1$ 指前一次迭代值。等式右边第一项为迎风格式，采用隐式方法计算。等式右边第二项为中心差分格式与迎风格式之差，采用显式计算。该方法的优点是确保离散方程矩阵主对角系数占优，而且具有二阶精度。ϕ_f^{CDS} 需要通过主节点和邻居节点插值得到。这里给出一种插值方法，首先通过线性插值得到节点连线上辅助点 f' 处的变量值(见图 7-11)：

$$\phi_{f'} = (1-\xi_f)\phi_P + \xi_f\phi_N \tag{7.31}$$

式中，ξ_f 是插值权重因子，见式(7.17)。f' 不一定和面中心 f 重合，所以再利用梯度计算面心处变量：

$$\phi_f = \phi_{f'} + \nabla\phi_{f'} \cdot (\boldsymbol{r}_f - \boldsymbol{r}_{f'}) \tag{7.32}$$

式中，$\nabla\phi_{f'}$ 是变量 ϕ 在辅助点 f' 处的梯度。等式右边第二项采用显式计算。

针对扩散项，以控制体的某一个面为例，采用中心法近似计算扩散通量：

$$F_f^{\mathrm{d}} = \int_{S_f} \Gamma\,\nabla\phi \cdot \boldsymbol{n}\,\mathrm{d}S \approx (\Gamma\,\nabla\phi \cdot \boldsymbol{n})_f S_f \tag{7.33}$$

如果节点连线 $\boldsymbol{d}_f$ 与面垂直，即 $\boldsymbol{d}_f$ 和 $\boldsymbol{S}_f$ 法向量重合，采用中心差分格式离散，得到面心处梯度：

$$(\nabla\phi)_f = \frac{\phi_N - \phi_P}{L_{N,P}} \tag{7.34}$$

该式具有二阶精度。但是，在非正交网格中，通常情况下节点连线 $\boldsymbol{d}_f$ 和 $\boldsymbol{S}_f$ 不重合，因此，面的法向梯度不仅取决于 ϕ_N 和 ϕ_P，还与 $\boldsymbol{d}_f$ 和 $\boldsymbol{S}_f$ 的夹角 θ 有关，如图 7-13 所示。

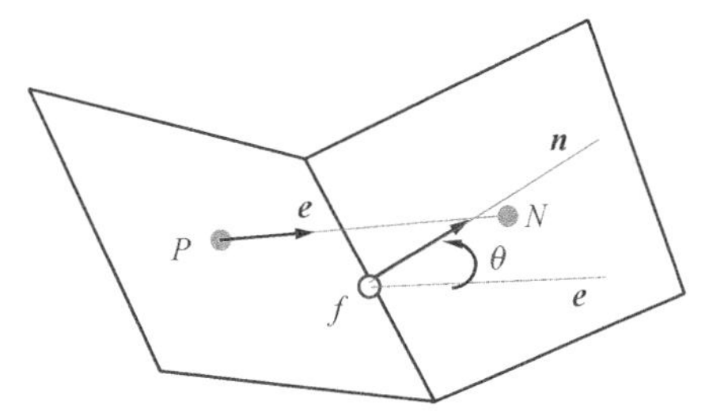

图 7-13　非正交网格中节点连线和面法向量的夹角的示意图

为了计算面的法向梯度，将面向量分解成两个矢量，即：

$$\boldsymbol{S}_f = \boldsymbol{E}_f + \boldsymbol{T}_f \tag{7.35}$$

式中，$\boldsymbol{E}_f$ 是节点连线方向，与直角坐标下的形式相同，代表正交贡献量。$\boldsymbol{T}_f$ 是由于网格非正交性所产生的项，称为交叉扩散或非正交扩散。Muzaferija 提出“延迟修正”方法计算非正交项对扩散通量的影响。

$$\begin{aligned} F_f^{\mathrm{d}} &= \int_{S_f} \Gamma\,\nabla\phi \cdot \boldsymbol{n}\,\mathrm{d}S \approx (\Gamma\,\nabla\phi \cdot \boldsymbol{n})_f S_f \\ &= \Gamma_f \left(\frac{\partial\phi}{\partial e}\right)_f S_f + \Gamma_f[(\nabla\phi)_f \cdot \boldsymbol{T}_f]^{m-1} \\ &= \Gamma_f \left(\frac{\phi_N - \phi_P}{L_{N,P}}\right) S_f + \Gamma_f[(\nabla\phi)_f \cdot \boldsymbol{T}_f]^{m-1} \end{aligned} \tag{7.36}$$

式中，等式右边第一项是梯度沿节点连线方向的分量，采用隐式方法计算，其贡献计入离散方程矩阵系数。第二项是梯度沿节点连线和面法向量夹角方向（$\boldsymbol{T}_f$）的分量，无法展开成节点值的形式，因为其含有 $(\nabla\phi)_f$，因此，采用上一次迭代值显式计算，其贡献计入离散方程源项。$\boldsymbol{T}_f$ 有不同的计算方法，如图 7-14 所示，可以按照最小修正法、正交修正法、过松弛修正法分解面法向量，即：

$$\boldsymbol{T}_f = (\boldsymbol{n} - \kappa\boldsymbol{e})S_f \tag{7.37a}$$

对应地，扩散项的完整计算式如下：

$$F_f^{\mathrm{d}} = \kappa\Gamma_f\left(\frac{\phi_N - \phi_P}{L_{N,\,P}}\right)S_f + \Gamma_f[(\nabla\phi)_f \cdot (\boldsymbol{n} - \kappa\boldsymbol{e})S_f]^{m-1} \tag{7.37b}$$

式中，$\boldsymbol{n}$ 是单位面向量，$\boldsymbol{e}$ 是主节点和邻居节点连线的单位向量，κ 是面法向量分解比例系数，κ 取不同值时，即 $\kappa = \boldsymbol{n}\cdot\boldsymbol{e}$，$\kappa = 1$，$\kappa = (\boldsymbol{n}\cdot\boldsymbol{e})^{-1}$，分别为最小修正法、正交修正法、过松弛修正法。计算经验表明，过松弛修正法的稳定性最好。

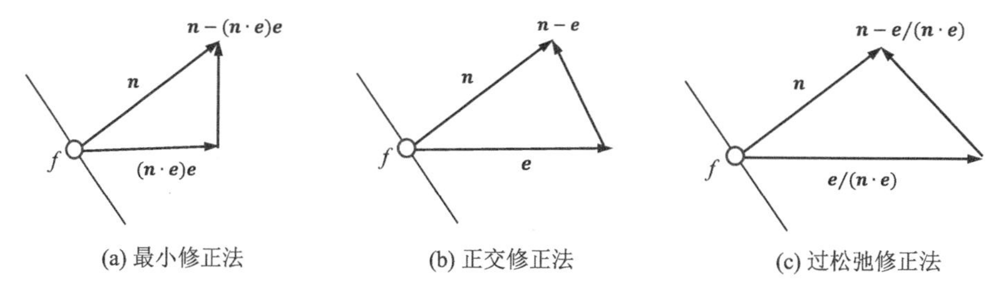

(a) 最小修正法　(b) 正交修正法　(c) 过松弛修正法

图 7-14　非正交网格变量梯度非正交扩散项的修正方法

以上已经得到了方程各项的离散式，代入方程(7.22)，得到方程的离散化形式：

$$\frac{\rho\Delta V}{\Delta t}(\phi_P - \phi_P^0) + \sum_{f=1}^{nk}F_f^{\mathrm{c}} = \sum_{f=1}^{nk}F_f^{\mathrm{d}} + (q_C + q_P\phi_P)\Delta V \tag{7.38}$$

进一步把对流通量和扩散通量的计算式应用于控制体所有的面，得：

$$\frac{\rho\Delta V}{\Delta t}(\phi_P - \phi_P^0) + \sum_{f=1}^{nk}[\dot{m}_f\phi_f^{\mathrm{UDS}} + \dot{m}_f(\phi_f^{\mathrm{CDS}} - \phi_f^{\mathrm{UDS}})^{m-1}]$$
$$= \sum_{f=1}^{nk}\left\{\kappa\Gamma_f\left(\frac{\phi_N - \phi_P}{L_{N,\,P}}\right)S_f + \Gamma_f[(\nabla\phi)_f\cdot\boldsymbol{T}_f]^{m-1}\right\} + (q_C + q_P\phi_P)\Delta V \tag{7.39}$$

按照主节点和邻居节点，对方程进行整理和合并，得：

$$
\begin{aligned}
&a_P\phi_P+\sum_{k=1}^{NB}a_k\phi_k=b \\
&a_k=-\kappa\Gamma_f S_f/L_{N,P}+\min\{\dot{m}_f,\ 0\} \\
&a_P=-\sum_{k=1}^{NB}a_k+\rho\Delta V/\Delta t-q_P\Delta V \\
&b=\phi_P^0\rho\Delta V/\Delta t+q_C\Delta V- \\
&\qquad\sum_f[\dot{m}_f(\phi_f^{\mathrm{CDS}}-\phi_f^{\mathrm{UDS}}]^{m-1})+\sum_f\Gamma_f\{[(\nabla\phi)_f\cdot\boldsymbol{T}_f]^{m-1}\}
\end{aligned}
\tag{7.40}
$$

该方程与标量方程在直角坐标网格中的离散方程相比，总体类似，方程中节点的系数的计算方法相同，不同的是源项中增加了非正交扩散项。此外，梯度的计算方法与直角网格存在较大区别。

为了提高方程求解的收敛性，通常对方程进行亚松弛处理：

$$
\frac{a_P\phi_P}{\alpha}+\sum_{k=1}^{NB}a_k\phi_k=b+\frac{1-\alpha}{\alpha}a_P\phi_P^0 \tag{7.41}
$$

式中，α 是亚松弛因子，取值范围在(0, 1)，ϕ_P^0 为前一次迭代值。

7.4.3　边界条件

离散方程(7.40)中的系数和源项适用于所有不含边界的网格单元。对于含有边界的网格单元，还需要考虑边界条件对其代数方程的影响。图 7-15 给出了含有边界的网格单元中边界节点和内节点的关系。

边界节点与相邻内节点满足如下方程：

$$
\phi_b=\phi_P+(\nabla\phi)_b\cdot\boldsymbol{r}_b \tag{7.42}
$$

式中，ϕ_b 为边界节点，ϕ_P 为内节点，$\boldsymbol{r}_b$ 为边界节点和内节点之间的矢量。对于不同的边界条件，可以写出 ϕ_b 的表达式。

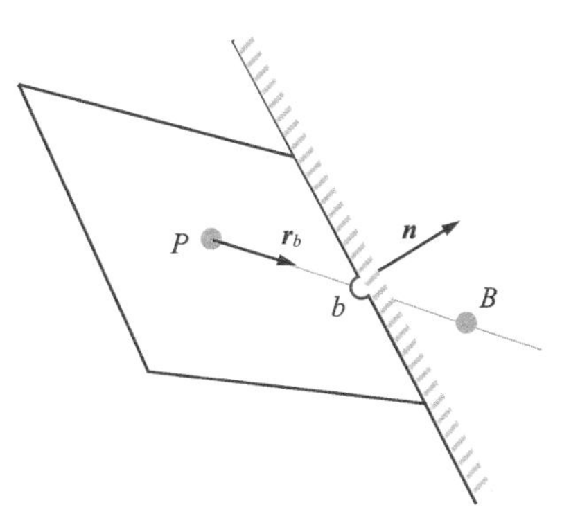

图 7-15　含有边界的网格单元中边界节点和内节点的关系

- 给定值的边界条件：$\phi_b=C$，其中 C 为具体数值；

- 给定梯度的边界条件：$\Gamma\left(\frac{\partial\phi}{\partial n}\right)_b S=q_b$，其中 q_b 为给定变化率。

可以统一记为：

$$
A\phi_b+B\left(\frac{\partial\phi}{\partial n}\right)_b=C \tag{7.43}
$$

式中，A、B 和 C 取不同的值，可以组合得到不同的边界条件。引入镜像点变量值 ϕ_B，如图 7-15 所示，则方程变为：

$$A\frac{\phi_P+\phi_B}{2}+B\frac{\phi_B-\phi_P}{2\|\boldsymbol{r}_b\|}=C \tag{7.44}$$

整理得镜像点变量值：

$$\phi_B=\phi_P\frac{-\dfrac{A}{2}+\dfrac{B}{2\|\boldsymbol{r}_b\|}}{\dfrac{A}{2}+\dfrac{B}{2\|\boldsymbol{r}_b\|}}+\frac{C}{\dfrac{A}{2}+\dfrac{B}{2\|\boldsymbol{r}_b\|}} \tag{7.45}$$

上式简记作 $\phi_B=m\phi_P+n$，代入方程(7.41)，整理得：

$$\widetilde{a}_P\phi_P+(a_k)_B(m\phi_P+n)+\sum_{\substack{k=1\\k\neq B}}^{NB}a_k\phi_k=\widetilde{b} \tag{7.46}$$

式中，上波浪线～表示去除边界节点影响得到的系数和源项。式(7.45)中等号右边的第一项通过隐式计算，而第二项通过显式计算。所以，原代数方程的系数做如下修改：

$$b\leftarrow\widetilde{b}-(a_k)_Bn,\quad a_P\leftarrow\widetilde{a}_P+(a_k)_Bm,\quad a_k\leftarrow 0 \tag{7.47}$$

7.4.4 计算实例：热传导问题

考察斜方腔区域热传导问题，如图 7-16 所示，边长为 0.1 m，夹角为 45°，划分两种网格，分别是四边形网格和三角形网格。给定计算条件：南边界为 373 K 高温壁面，北边界为 273 K 低温壁面，东西两个边界为绝热壁面，介质为空气，密度 $\rho=1.225\ \mathrm{kg/m^3}$，比热容 $c_p=1\,006\ \mathrm{J/(kg\cdot K)}$，导热系数 $\lambda=0.024\,2\ \mathrm{W/(m\cdot K)}$，黏度 $\mu=1.78\times10^{-5}\ \mathrm{kg/(m\cdot s)}$。

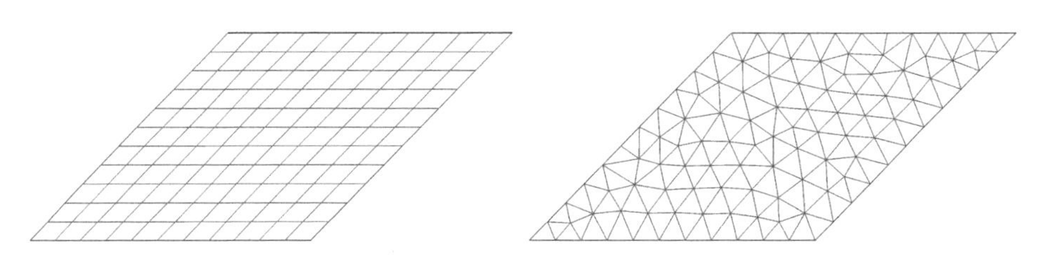

(a) 四边形网格　　(b) 三角形网格

图 7-16　斜方腔热传导的两种网格

图 7-17 为计算得到的温度场(不同网格计算结果相同),与矩形区域热传导相似之处是:热量传递主要沿着南北方向,从高温到低温导热;不同之处是:等温线不完全与东西方向平行,存在一定的夹角,实际上温度梯度沿着南北壁面最短距离的方向。在斜方腔的热传导中,在接近东边界和西边界处,等温线几乎与边界垂直,这是因为这两个边界为绝热边界条件。图 7-18 对比了不同网格条件下,在 $x=0.1$ m 处,温度沿高度方向分布几乎重合,表明计算结果与网格无关。此外,在不同网格条件下,统计边界的热流量,南边界的热流量接近 2.4 W,北边界热流量接近 -2.4 W,热流量偏差在 1%以内。

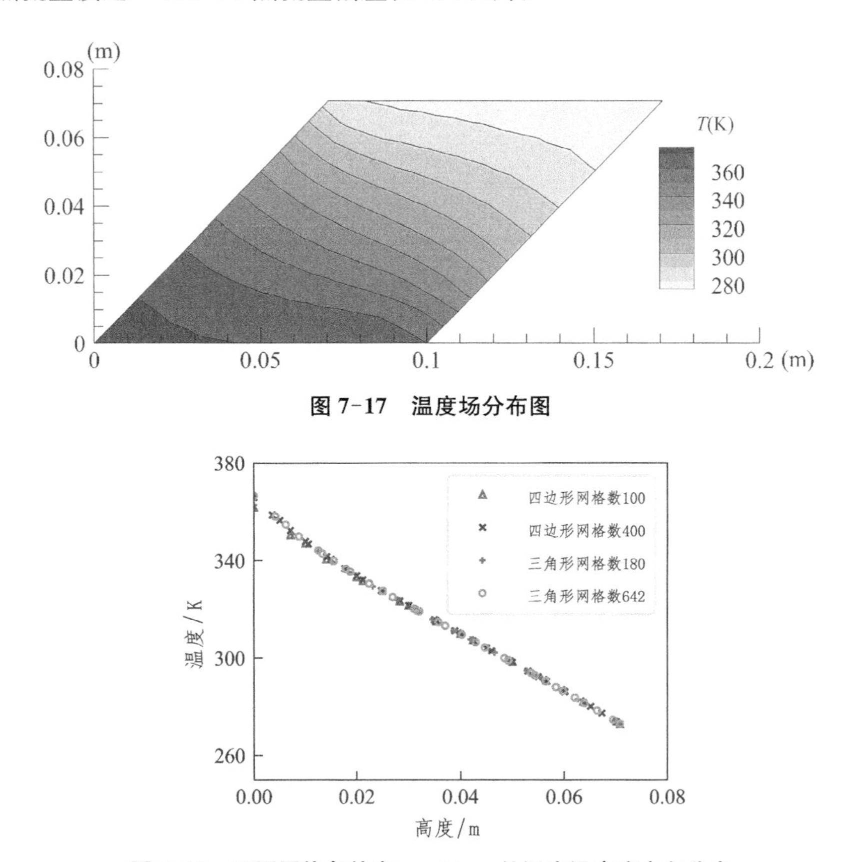

图 7-17　温度场分布图

图 7-18　不同网格条件在 $x=0.1$ m 处温度沿高度方向分布

7.4.5　计算实例:驻点流中标量的对流扩散问题

考察驻点流标量对流扩散问题,图 7-19 为计算区域及三角形网格划分,方形边长为 0.1 m,圆半径为 0.025 m,给定流场固定不变:$u=x$,$v=-y$,密度 $\rho=1\ \mathrm{kg/m^3}$,扩散系数 Γ/ρ 分别取 0.5 $\mathrm{m^2/s}$ 和 1.0 $\mathrm{m^2/s}$ 流函数为 $xy=$

const.。边界条件如下：

- 西边界直段和北边界为第一类边界条件，$\phi=0$；
- 圆柱表面为第一类边界条件，$\phi=1$；
- 南边界直段为对称边界；
- 东边界为出口边界。

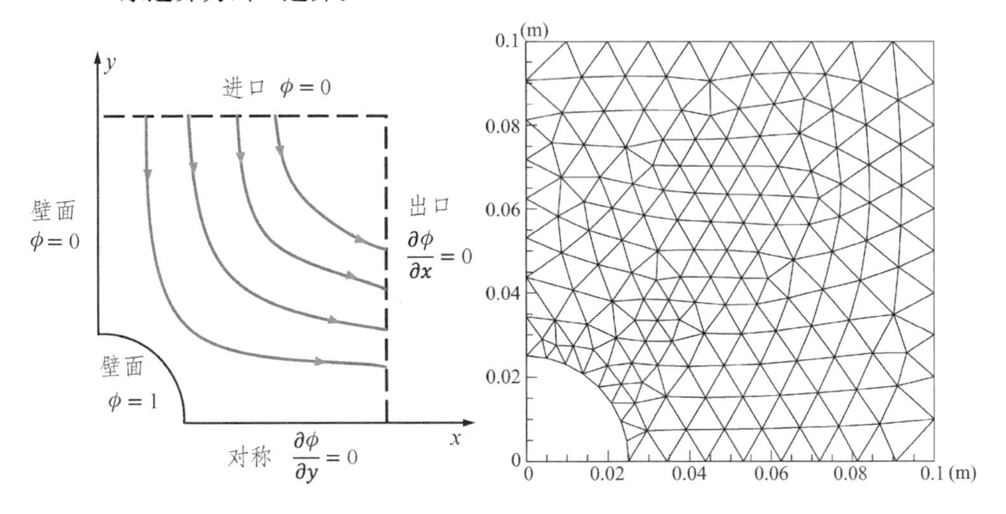

图 7-19 驻点流标量分布计算区域及网格划分图

计算结果如图 7-20 所示，标量主要在对流的作用下，由西至东输运，但在扩散作用下，也会向北边界扩散，随着扩散系数增加，标量在空间分布范围变大。进一步对各个边界的通量进行汇总，流入和流出计算区域的通量偏差在 1%以内，表明计算结果是可靠的。

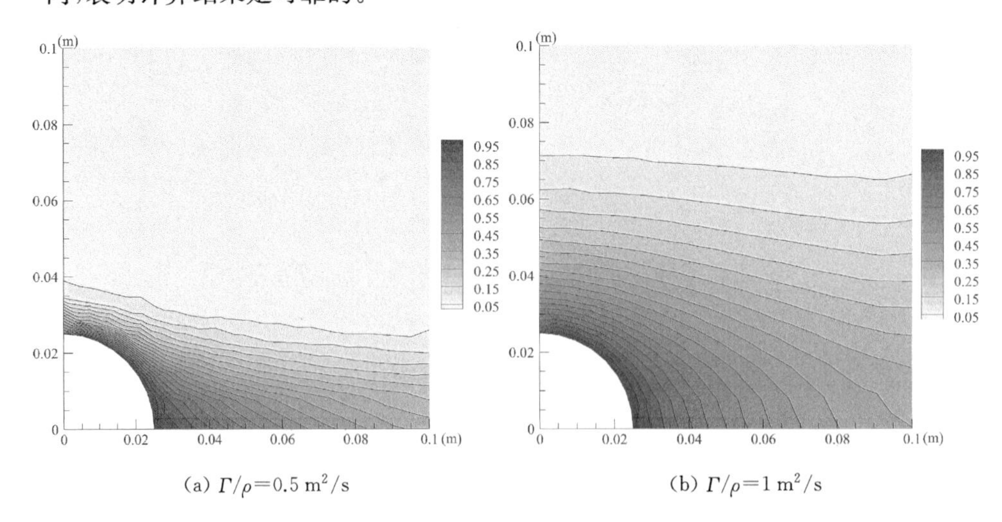

(a) $\Gamma/\rho=0.5\ \mathrm{m^2/s}$　　(b) $\Gamma/\rho=1\ \mathrm{m^2/s}$

图 7-20 标量在驻点流场中的分布云图

7.5　流体运动方程

7.5.1　数学方程

对于不可压缩流体，Navier-Stokes 方程的积分形式为：

$$\int_S \rho \boldsymbol{u} \cdot \boldsymbol{n} \, \mathrm{d}S = 0$$

$$\frac{\partial}{\partial t}\int_V \rho u_i \, \mathrm{d}V + \int_S \rho u_i \boldsymbol{u} \cdot \boldsymbol{n} \, \mathrm{d}S = \int_S \mu \nabla u_i \cdot \boldsymbol{n} \, \mathrm{d}S - \int_S p \boldsymbol{i}_i \cdot \boldsymbol{n} \, \mathrm{d}S + \int_V \boldsymbol{f}_V \mathrm{d}V \tag{7.48}$$

式中，u_i 是 i 方向的速度分量，动量方程依次包括非稳态项、对流项、黏性力项(扩散项)、压力梯度项和体积力项。由于密度和黏度均为常数，所以黏性力项和标量方程扩散项的形式一致。动量方程离散化采用的方法与通用标量方程离散化方法类似，不同的是，动量方程多了压力梯度项。连续性方程需要转变为压力修正方程再进行离散化求解。

7.5.2　动量方程的离散化

采用同位网格离散化方程，即速度、压力变量都布置在网格中心。类比通用标量守恒方程对动量方程进行离散化，非稳态项采用欧拉隐式格式，对流项采用延迟修正法，扩散项采用中心差分格式，压力梯度项暂不处理，忽略体积力项，得到动量方程的离散化形式为：

$$\frac{\rho \Delta V}{\Delta t}(u_{i,P} - u_{i,P}^0) + \sum_{f=1}^{nk} F_f^{\mathrm{c}} = \sum_{f=1}^{nk} F_f^{\mathrm{d}} - \left(\frac{\partial p}{\partial x_i}\right)_P \Delta V \tag{7.49}$$

式中，上角标 0 表示上个时刻，未标注上角标的各项均为当前时刻，下角标 P 表示主节点，下角标 f 表示网格面，F_f^{c} 和 F_f^{d} 分别表示通过控制体面 f 的对流通量和扩散通量。离散化的动量方程表明控制体微元内动量的变化由通过微元边界的净流入量和源项引起。

对流通量项的计算采用延迟修正格式，即：

$$F_f^{\mathrm{c}} = \int_S \rho u_i \boldsymbol{u} \cdot \boldsymbol{n} \, \mathrm{d}S \approx \dot{m}_f u_{i,f} = \dot{m}_f [u_{i,f}^{\mathrm{UDS}} + (u_{i,f}^{\mathrm{CDS}} - u_{i,f}^{\mathrm{UDS}})^{m-1}] \tag{7.50}$$

式中，$\dot{m}_f$ 是通过面的质量流量，采用上次迭代计算过程中的速度值计算；$u_{i,f}$

是面心速度,上角标 UDS 和 CDS 分别表示迎风格式和中心差分格式,上角标 $m-1$ 表示上一轮迭代。等式右边第一项通过隐式计算,等式右边第二项通过显式计算,它的影响计入源项。

黏性力项(即扩散通量)的计算分解为正交和非正交两项,即:

$$F_f^{\mathrm{d}}=\int_{S_f}\mu\nabla u_i\cdot\boldsymbol{n}\,\mathrm{d}S=\kappa\mu_f\left(\frac{u_{i,N}-u_{i,P}}{L_{N,P}}\right)S_f+\mu_f[(\nabla u_i)_f\cdot\boldsymbol{T}_f]^{m-1} \tag{7.51}$$

其中,等式右边第一项表示沿节点连线方向的扩散通量,通过隐式计算,而等式右边第二项表示网格非正交性对扩散通量的影响,通过显式计算。

将对流通量和扩散通量代入动量方程并按节点整理,得到离散动量方程为:

$$\begin{aligned}
&a_P^{u_i}u_{i,P}+\sum_{k=1}^{NB}a_k^{u_i}u_{i,k}=b^{u_i}-(\partial p/\partial x_i)_P\Delta V\\
&a_k^{u_i}=-\kappa\mu_f S_f/L_{N,P}+\min\{\dot{m}_f,\ 0\}\\
&a_P^{u_i}=-\sum_{k=1}^{NB}a_k^{u_i}+\rho\Delta V/\Delta t-q_P\Delta V\\
&b^{u_i}=u_{i,P}^0\rho\Delta V/\Delta t+q_C\Delta V-\\
&\qquad\sum_f[\dot{m}_f(u_{i,f}^{\mathrm{CDS}}-u_{i,f}^{\mathrm{UDS}})^{m-1}]+\sum_f\{\mu_f[(\nabla u_i)_f\cdot\boldsymbol{T}_f]^{m-1}\}
\end{aligned} \tag{7.52}$$

为了提高计算稳定性,动量方程需要做如下亚松弛处理:

$$\begin{aligned}
&a_P^{u_i}\leftarrow\frac{1}{\alpha^{u_i}}a_P^{u_i}\\
&b^{u_i}\leftarrow b^{u_i}+\frac{1-\alpha^{u_i}}{\alpha^{u_i}}a_P^{u_i}u_{i,P}^0
\end{aligned} \tag{7.53}$$

式中,α^{u_i} 是速度方程松弛因子。

7.5.3 质量流量

通过网格面的质量流量 $\dot{m}_f=\rho\boldsymbol{u}_f\cdot\boldsymbol{S}_f$。在同位网格条件下,网格面心的速度采用 Rhie 和 Chow 提出的动量插值法计算:

$$u_{i,f}^*=\overline{(u_i^*)}_f-\Delta V_f\overline{\left(\frac{1}{a_P^{u_i}}\right)}_f\left[\left(\frac{\partial p}{\partial x_i}\right)_f-\overline{\left(\frac{\partial p}{\partial x_i}\right)}_f\right]^{m-1} \tag{7.54}$$

式中,上横线表示线性插值,$m-1$ 表示前一次迭代。由于只有法向速度对通过网格面的质量流量有贡献，因此：

$$v_{n,f}^{*}=\overline{(v_n^{*})_f}-\Delta V_f\overline{\left(\frac{1}{a_P^{v_n}}\right)_f}\left[\left(\frac{\partial p}{\partial n}\right)_f-\overline{\left(\frac{\partial p}{\partial n}\right)_f}\right]^{m-1} \tag{7.55}$$

式中，法向速度为 $v_n=\boldsymbol{u}\cdot\boldsymbol{n}$。面心处压力沿面法向量的梯度可以利用如下辅助点计算：

$$\left(\frac{\partial p}{\partial n}\right)_f\approx\frac{p_{N'}-p_{P'}}{\|\boldsymbol{r}_{N'}-\boldsymbol{r}_{P'}\|} \tag{7.56}$$

式中，N' 和 P' 分别是节点 N 和 P 在面法线上的投影，如图 7-21 所示。再代入辅助点处压力计算式，则压力梯度进一步表示为：

$$\left(\frac{\partial p}{\partial n}\right)_f\approx\frac{p_N+(\nabla p)_N\cdot(\boldsymbol{r}_{N'}-\boldsymbol{r}_N)-p_P-(\nabla p)_P\cdot(\boldsymbol{r}_{P'}-\boldsymbol{r}_P)}{\|\boldsymbol{r}_{N'}-\boldsymbol{r}_{P'}\|} \tag{7.57}$$

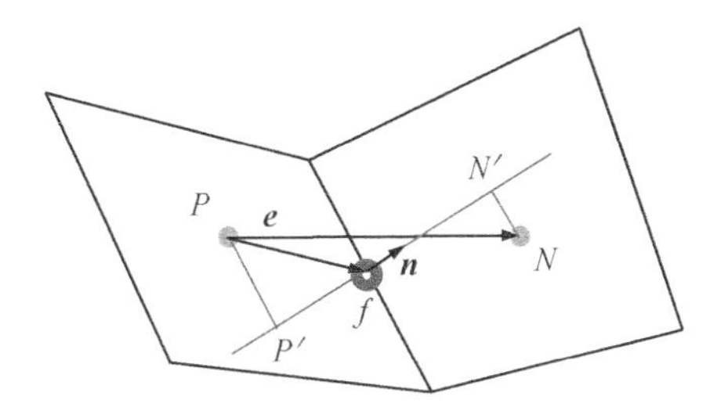

图 7-21　主节点和邻居节点在面法线上的投影点

7.5.4　压力修正方程的离散化

离散化动量方程(7.52)中压力是未知的，为了利用该方程计算速度，假设压力分布为 p^*，则：

$$a_P^{u_i}u_{i,P}^{*}+\sum_{k=1}^{NB}a_k^{u_i}u_{i,k}^{*}=b^{u_i}-(\partial p^{*}/\partial x_i)_P\Delta V \tag{7.58}$$

式中，p^* 是压力预估值，或是前一次迭代过程的值。根据方程解得预估速度 u^*，u^* 满足动量方程，但是不一定满足连续性方程。引入修正速度 $u=u^*+u'$，欲使修正后的速度满足连续性方程，则连续性方程分解如下：

$$\sum_f\dot{m}_f=0\quad\Rightarrow\quad\sum_f\dot{m}'_f=-\sum_f\dot{m}_f^{*} \tag{7.59}$$

式中，$\dot{m}'_f$ 是质量流量的修正值，$\dot{m}_f^*$ 是质量流量的预估值，分别根据速度修正值

u' 和预估值 u^* 计算。当预估速度满足连续性方程时，等式右边为 0。

SIMPLE 算法给出速度修正值与压力修正值的关系为：

$$v_n' \approx -(\Delta V)_f \overline{\left(\frac{1}{a_P^{v_n}}\right)_f} \left(\frac{\partial p'}{\partial n}\right)_f \tag{7.60}$$

式中，$v_n = \boldsymbol{u} \cdot \boldsymbol{n}$ 是面法向速度。代入方程(7.59)，得：

$$\sum_f \left[-(\rho \Delta VS)_f \overline{\left(\frac{1}{a_P^{v_n}}\right)_f} \left(\frac{\partial p'}{\partial n}\right)_f\right] = -\sum_f \dot{m}_f^* \tag{7.61}$$

该方程即为离散化的压力修正方程。将压力梯度式代入上式，并按节点整理，得：

$$a_P^p p_P' + \sum_{k=1}^{NB} a_k^p p_k' = -\sum_f \dot{m}_f^* + \sum_f \left[(\rho \Delta VS)_f \overline{(1/a_P^{v_n})_f} \left(\frac{\partial p''}{\partial n}\right)_f\right] \tag{7.62}$$

其中等式右边第二项是由于“非正交网格引起的项”，其计算式如下：

$$\left(\frac{\partial p''}{\partial n}\right)_f = -\frac{(\nabla p')_N \cdot (\boldsymbol{r}_{N'} - \boldsymbol{r}_N) - (\nabla p')_P \cdot (\boldsymbol{r}_{P'} - \boldsymbol{r}_P)}{\| \boldsymbol{r}_{N'} - \boldsymbol{r}_{P'} \|} \tag{7.63}$$

为了便于实施迭代计算，压力修正方程的求解分为两步迭代完成。在第一步迭代中忽略“非正交网格引起的项”，压力修正方程如下：

$$\begin{aligned}
&a_P^p p_P' + \sum_{k=1}^{NB} a_k^p p_k' = b^p \\
&a_k^p = -(\rho \Delta VS)_f \overline{(1/a_P^{v_n})_f} / \| r_{N'} - r_{P'} \| \\
&a_P^p = -\sum a_k^p \\
&b^p = -\sum_f \dot{m}_f^*
\end{aligned} \tag{7.64}$$

解得压力修正 p' 后，对速度、质量流量、压力做如下修正：

$$\begin{aligned}
&p^* = p + \alpha_p p' \\
&\boldsymbol{u}^{**} = \boldsymbol{u}^* - (\Delta V)_f \overline{(1/a_P^{v_n})_f} \nabla p' \\
&\dot{m}_f^{**} = \dot{m}_f^* - (\rho \Delta VS)_f \overline{(1/a_P^{v_n})_f} \left(\frac{\partial p'}{\partial n}\right)_f
\end{aligned} \tag{7.65}$$

在第一步迭代的基础上，将显式计算式加入“非正交网格引起的项”进行修正，再进行第二步迭代计算，此时压力修正方程如下：

$$a_P^p p''_P + \sum_{k=1}^{NB} a_k^p p''_k = -\sum_f \dot{m}_f^* + \sum_f \left[(\rho \Delta VS)_f \overline{(1/a_P^{v_n})_f} \left(\frac{\partial p''}{\partial n} \right)_f \right] \tag{7.66}$$

代数方程中其余各项系数与第一步迭代中的系数相同。解得压力修正 p'' 后，再次对速度、质量流量、压力做如下修正：

$$\begin{aligned} p^{**} &= p^* + \alpha_p p'' \\ \boldsymbol{u}^{***} &= \boldsymbol{u}^{**} - (\Delta V)_f \overline{(1/a_P^{v_n})_f} \nabla p'' \\ \dot{m}_f^{***} &= \dot{m}_f^{**} - (\rho \Delta VS)_f \overline{(1/a_P^{v_n})_f} \left(\frac{\partial p''}{\partial n} \right)_f \end{aligned} \tag{7.67}$$

检查速度是否满足连续性方程，如果不满足，再次求解动量方程，直到压力和速度修正之后满足连续性方程，以上即是 SIMPLE 算法压力修正方程的求解过程。在此基础上，也可以给出 SIMPLEC 和 PISO 等压力修正方程的算法，这里不逐一说明。

7.5.5　边界条件

以下对 Navier-Stokes 方程的边界条件逐一进行说明。

(1) 进口边界

对于进口边界，物理量通常是给定的，因此对流通量可以直接计算，扩散通量按照单侧梯度计算。给定速度条件下，速度修正为 0，则压力修正的梯度为 0，即压力修正是第二类边界条件。

(2) 出口边界

对于出口边界，应当把出口取在流动下游较远处，使流体流过出口整个截面，并尽量使出口流速与出口截面法向一致。在流动达到充分发展的区域，采用梯度为 0 的边界条件。对于速度，出口还需要满足流入流出区域质量守恒的要求。如果存在偏差，采用比例因子调节速度，可以加快方程收敛。

(3) 壁面边界

对于壁面边界，流体满足无滑移边界条件。在无滑移边界面上，对流通量为 0，扩散通量条件有多种形式。以能量方程为例，可以是梯度为 0（绝热边界），或已知扩散流率（固定热流率边界），或已知温度（等温边界）。因为壁面处速度是给定的，所以压力修正为第二类边界条件。

(4) 对称边界

对于对称边界,对流通量和扩散通量都为 0。法向速度为 0,切向速度沿法向的梯度为 0,但是注意法向速度沿法向的梯度不一定为 0。速度修正值为 0,因此压力修正仍然为第二类边界条件。

7.5.6 计算流程

至此,已经得到 SIMPLE 算法的离散化方程。算法流程总结如下:

第 1 步:假设压力场 p^*, u^*, v^*;

第 2 步:根据方程(7.52)求解动量方程得到 u^*, v^*;

第 3 步:根据动量插值公式(7.55)计算面心速度,并计算质量流量 $\dot{m}_f^*$,构建压力修正方程系数;根据方程(7.64)对压力修正方程进行第 1 步迭代,得到压力修正值 p',并修正速度、质量流量、压力;

第 4 步:根据方程(7.66)对压力修正方程进行第 2 步迭代,得到压力修正值 p'',并修正速度、质量流量、压力;

第 5 步:如果速度满足连续性方程,则计算结束;否则,返回第 2 步进行下一轮迭代计算。

理论上压力修正方程求解也可以多次迭代,以减少网格非正交引起的误差,但是一般情况下采用两次循环能保证计算精度。

7.5.7 计算实例:直角方腔

再次考虑直角方腔顶盖驱动流动问题,方腔的 4 个壁面均满足无滑移边界条件,顶盖为移动壁面,其余三个面为固定壁面,采用三角形网格划分计算区域,如图 7-22 所示。给定计算条件:方腔边长为 1 m,密度 $\rho=1\ \mathrm{kg/m^3}$,黏度 $\mu=0.01\ \mathrm{kg/(m\cdot s)}$,盖板移动速度 $u=1\ \mathrm{m/s}$,对应雷诺数 $Re=100$。

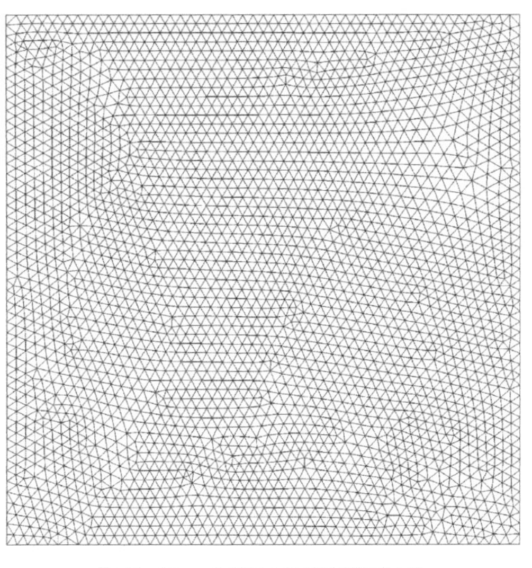

图 7-22 方腔三角形网格划分

图 7-23 为计算获得的流函数分布图,在顶盖的驱动下,方腔内形成了一个明显的旋涡。图 7-24 给出了竖直中心线处速度 u、水平

中心线处速度 v 的模拟结果，并与文献[13]的精确解进行对比，模拟结果和文献结果吻合。

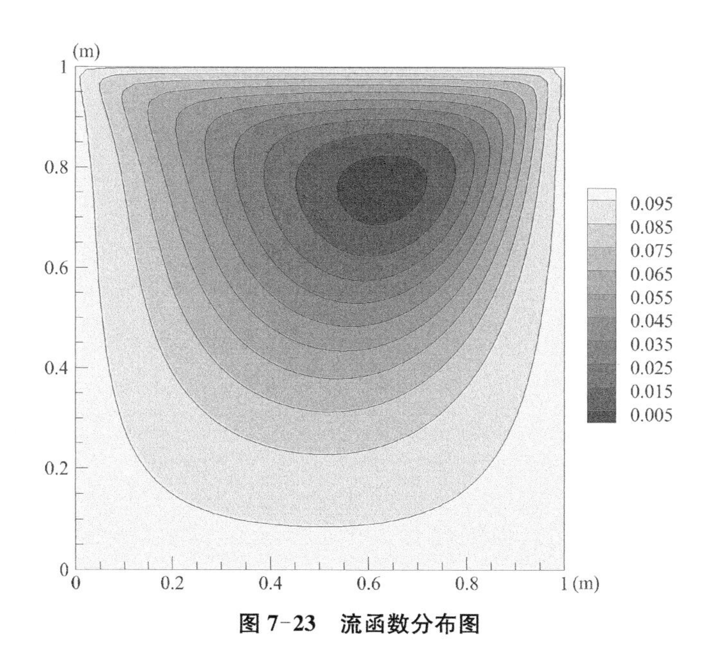

图 7-23 流函数分布图

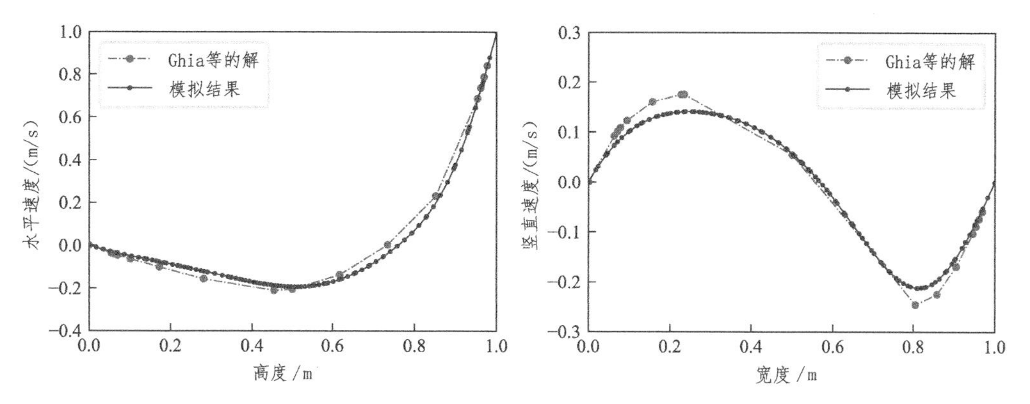

图 7-24 速度模拟值和精确解对比，$x=0.5$ m 处水平速度(u)沿 y 方向分布，$y=0.5$ m 处竖直速度(v)沿 x 方向分布

7.5.8 计算实例：圆柱绕流

圆柱绕流是经典的流体力学流动问题，在一定的来流条件下，会在圆柱下游形成周期性的涡旋。计算几何及网格如图 7-25 所示，流体以恒定速度流入矩形通道，在流道中放置有一个圆柱体，为了更好捕捉到涡旋，圆柱周围设置加密网格区域。左侧为速度进口，右侧为出口，上下边界设置为与进口流速相同的滑移边界，圆柱设置为无滑移边界。给定计算条件：流道长度 $L=0.15$ m，宽度 $W=0.04$ m，圆柱直径 $D=0.004$ m，圆心和进口之间的距离 $d=0.02$ m，流体密度 $\rho=1000\,\text{kg/m}^3$，黏度 $\mu=0.001\,\text{kg/(m·s)}$，进口流体速度 $u=0.05$ m/s，对应雷诺数 $Re=200$。

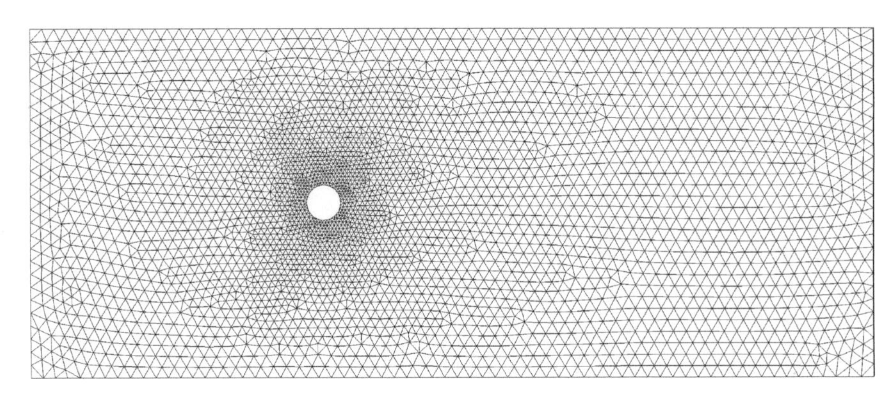

图 7-25　圆柱绕流计算几何及网格划分

图 7-26 所示为涡量强度场分布云图，可以看出涡旋从圆柱上下侧面周期性地脱落，在圆柱下游形成了周期排布的涡旋。监测圆柱表面的阻力系数，如图 7-27 所示，阻力系数呈周期性变化，均值为 1.43。依据圆柱曳力系数关联式估计，$C_d=5.93/\sqrt{Re}+1.17\approx 1.59$，模拟值与理论值吻合。

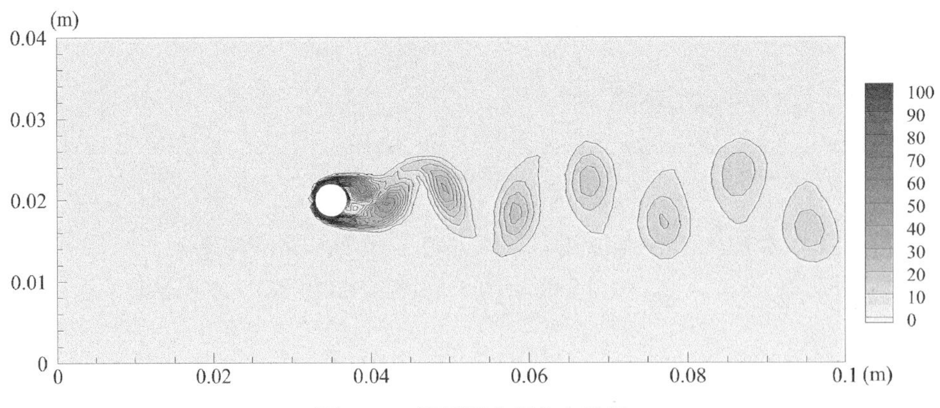

图 7-26　涡量强度场分布云图

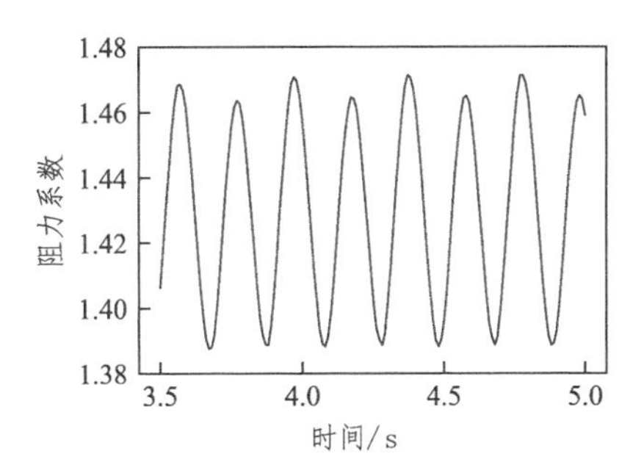

图 7-27　圆柱阻力系数随时间的变化曲线

7.5.9　计算实例：密闭容器内空气自然对流

圆柱加热密闭容器内空气，在温差的作用下，会引起气流运动。如图 7-28 所示，容器长度 $L=1\ \text{m}$，高度 $H=1.5\ \text{m}$，圆柱直径 $D=0.4\ \text{m}$，圆柱位于容器中心位置，空气取室温条件下的特性导热系数 $\lambda=0.024\ 2\ \text{W/(m·K)}$，圆柱温度 $T_{\text{hot}}=400\ \text{K}$，容器壁面温度 $T_{\text{cold}}=300\ \text{K}$，采用三角形网格划分计算区域，并在圆柱壁面附近加密网格。

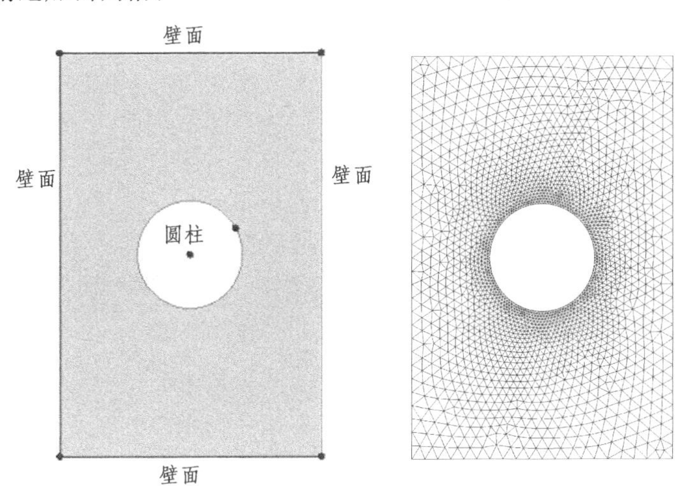

图 7-28　几何图及网格划分

图 7-29 为计算得到的温度场，在圆柱周围和上方区域空气温度较高，空气在圆柱处上浮，遇到上壁面冷却后，再沿壁面向下流动，形成气流循环。根据模拟结果，统计圆柱表面热流密度 $q=580\ \text{W/m}^2$，对流换热系数 $h=5.2\ \text{W/(m}^2\text{·K)}$。根据计算条件，格拉晓夫数 $Gr=9.8\times10^8$，瑞利数 $Ra=6.86\times10^8$，依据自然对流换热关联式估计，无量纲换热系数 $Nu=0.1Ra^{1/3}\approx 88.2$，因此，对流换热系数理论值 $h=\lambda Nu/D=5.3\ \text{W/(m}^2\text{·K)}$，模拟值与理论值吻合。

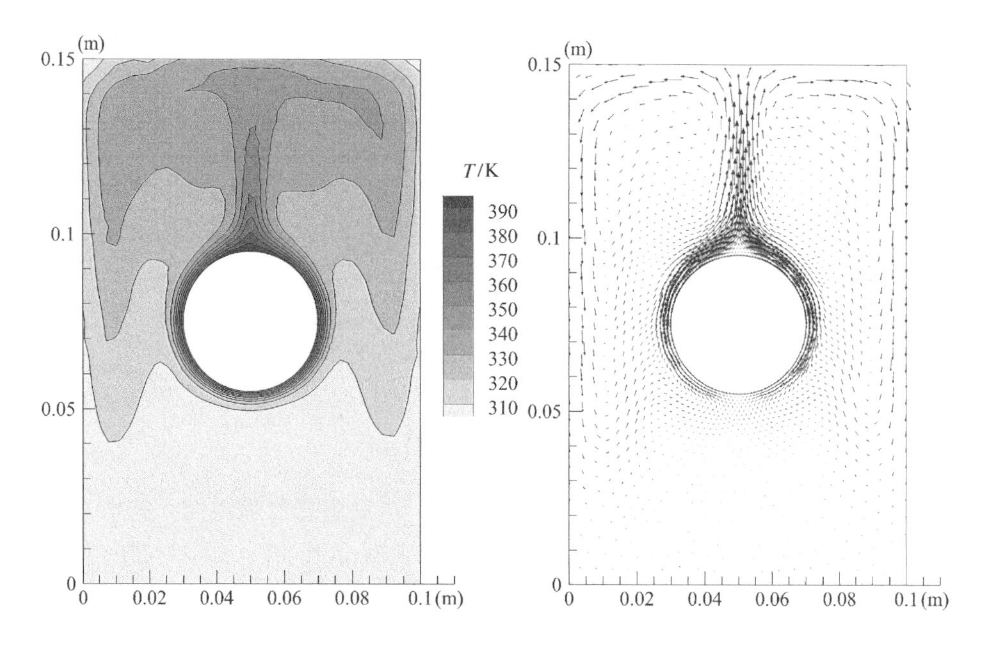

图 7-29 温度场分布图及速度矢量图

7.6 本章知识要点

- 结构网格和非结构网格特点的对比；
- 贴体网格生成方法有代数法和偏微分方程法；
- 结构和非结构网格储存数据结构、网格单元几何量计算以及梯度的计算；
- 网格非正交性对对流通量和扩散通量计算的影响；
- 网格非正交性对压力修正方程系数项的影响；
- 复杂网格中网格面心处速度值的动量插值计算方法；
- 复杂网格通用标量守恒方程的离散化求解及应用；
- 复杂网格 SIMPLE 算法求解 N-S 方程的离散化求解及应用。

练习题

1. 计算和分析顶盖驱动斜方腔问题，比较网格、算法、离散格式对计算结果的影响。已知：方腔夹角为 45°，无量纲数值 $L=1$，$\rho=1$，$\mu=0.01$，$u_L=1$。

2. 同上题，改变方腔夹角为 30°，计算网格、算法、离散格式对结果的影响。

3. 孔板流量计的示意图如图(a)，抽取内部流体域如图(b)，计算其内部流体速度场和压力场,分析速度和压差的关系。已知：圆管直径 $D=0.05$ m，小孔直径 $d=0.025$ m，流体介质为空气。

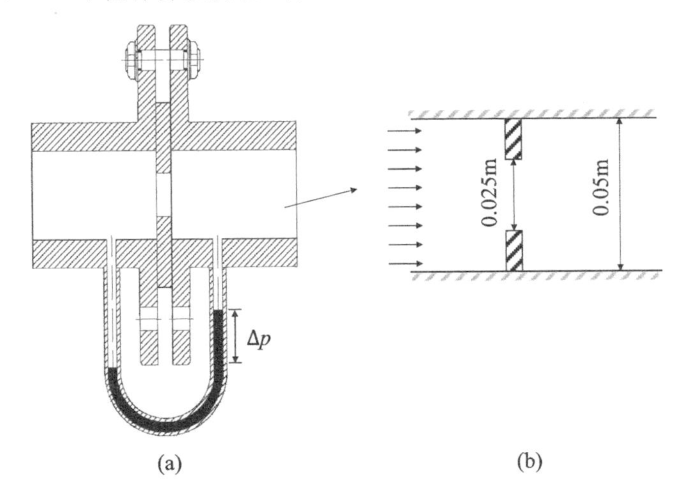

图 7-30　练习题 3 图

4. 空气通过扩压器流动问题,计算不同进口流速下扩压器内速度分布和压力变化情况。已知：空气从左边流入,右边流出,扩压器 $W_1=0.08$ m，$W_2=0.1$ m，扩展角 $\alpha=20°$。

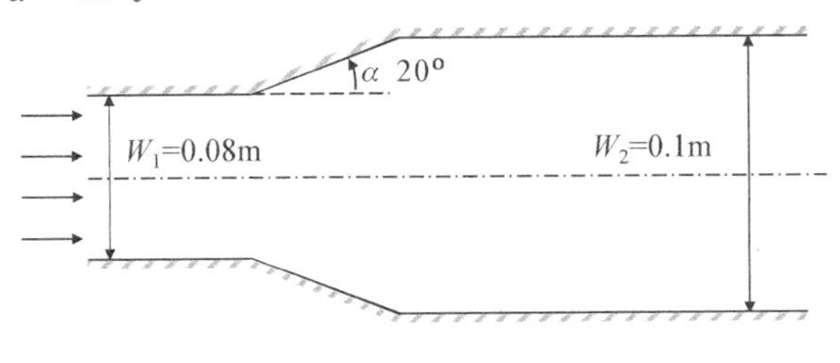

图 7-31　练习题 4 图

5. 空气通过弯管流动问题,计算和分析不同弯曲角度速度分布和压力变化情况。已知：空气从上部流入,右部流出,弯管直径 $d=0.3$ m，曲率半径 $R=0.3$ m。

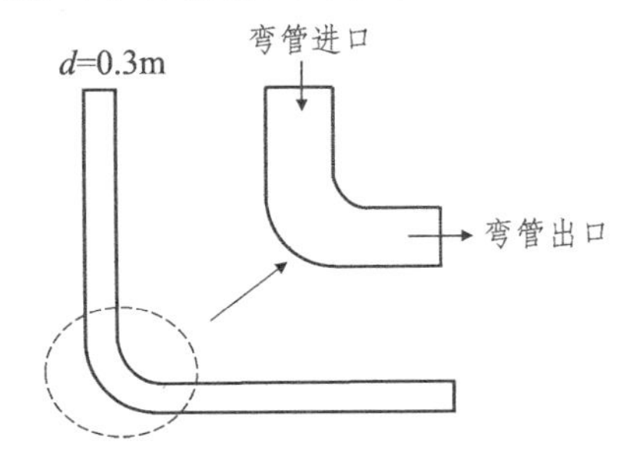

图 7-32　练习题 5 图

6. 管束通过水流进行换热问题。已知：圆管壁温为 400 K，水流温度为 300 K，质量流量为 0.05 kg/s。现选取一部分区域进行模拟，如虚线所示，计算和分析管束间水流的速度和温度分布。

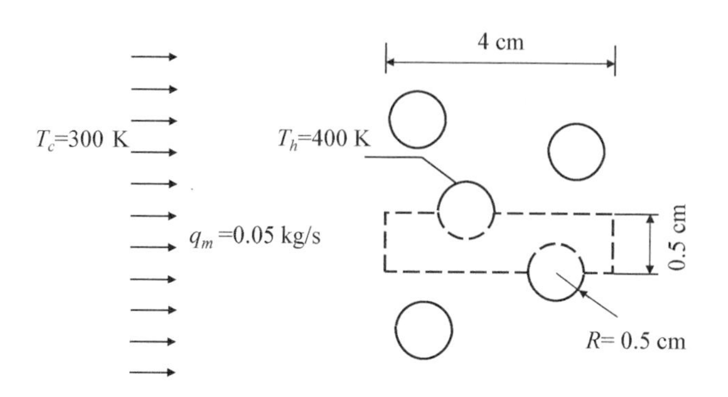

图 7-33 练习题 6 图

7. 在空气冲击射流冷却电子器件问题中，如果要求晶体管的表面温度不超过 358 K，求解晶体管的最大允许功率。已知：喷嘴直径 $D_{jet}=2$ mm，晶体管直径 $D_{tran}=10$ mm，空气射流温度 $T=288$ K，流速 $u=20$ m/s，射流出口距晶体管表面的距离 $L=10$ mm。

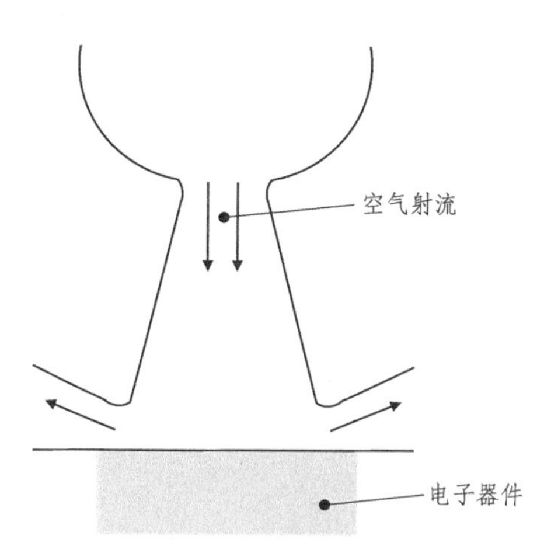

图 7-34 练习题 7 图

第 8 章

湍流模拟

工程和自然界中的流动大部分是湍流。湍流具有三维、非稳态特征，湍流包含很多特征尺寸的涡，能够强化流场搅动和物质混合。湍流波动的时间尺度和空间尺度分布很广，精确描述湍流运动非常困难，但是研究发现湍流具有拟序结构。湍流产生的效果是否有益，需视具体情况而定。例如，在反应器中，湍流强化了反应组分混合和传热，从而强化反应过程。当飞机飞行遇到湍流时，会出现忽上忽下，左右摇晃甚至机身振颤等现象，造成飞行困难。掌握湍流知识和预测湍流效果，对于工程设计是非常必要的。

湍流模拟方法主要有：直接模拟、大涡模拟和雷诺平均模拟。直接模拟计算湍流运动中所有涡的运动，因此计算网格必须小于最小涡尺度，计算量巨大。雷诺平均模拟将流体运动方程进行时间平均或系综平均，从而将流动方程分解为平均分量和波动分量进行求解，但是分解项不封闭，需要额外引入近似关系式(湍流模型)封闭方程。大涡模拟将流体运动方程按照某个尺度的微元体积在空间进行平均(滤波)，精确求解大尺度涡运动，而对于小尺度涡运动，采用近似法或模型法。大涡模拟是直接模拟和雷诺平均模拟的折中方法。本章首先简要介绍直接模拟的基本概念，然后简要介绍大涡模拟的理论基础、控制方程和亚格子涡黏系数，接着介绍雷诺平均模拟的理论基础、控制方程和雷诺应力项封闭方法，其中还介绍了基于 EMMS 的介尺度湍流模型。最后给出几个经典的湍流问题的计算实例。

8.1 直接模拟

在湍流的直接模拟(Direct Numerical Simulation，简称 DNS)中，求解方程是原始的 Navier-Stokes 方程，但是计算网格必须小于最小涡尺度。DNS 不引入额外近似关系式，从物理概念角度看，DNS 是最简单的方法，但是必须控制数值离散误差。对于 DNS，为了确保计算能捕捉所有重要特征，计算区域必须和湍流最大涡尺度相当，同时，计算网格必须小于最小涡尺度。度量最大涡尺度的参数为积分尺度(L)，积分尺度本质上表示速度波动分量的相关性距离。计算区域每个维度的长度至少选取积分长度的数倍。度量最小涡尺度的参数为Kolmogorov 尺度 (η)。

以各向同性均匀湍流为例，通常采用均匀网格进行 DNS，为了满足上述计算要求，每个维度网格数量的量级为 L/η，进一步可以分析，网格数量正比于 $Re_L^{3/4}$，其中，Re_L 的定义基于波动速度绝对值和积分尺度作为特征速度和特征长度，该参数通常是流体宏观运动 Re 数的 1%。因此，在三维空间的 DNS 中，网格数量正比于 $Re_L^{9/4}$。利用现代超级计算机开展各向同性湍流模拟，Re 数可达 10^5，计算网格数达 $4\,096^3$。

由于 DNS 计算量巨大，目前的应用主要限于简单流动且 Re 数不超过 $10^4 \sim 10^5$ 量级，如均匀湍流、槽道流、自由剪切流等典型流动结构。DNS 能够获得非常详细的流动细节，用于揭示内在流动结构，深入理解流动物理机制，或建立定量湍流模型。DNS 常用于研究层流向湍流的过渡，湍流生成、能量传递、耗散机制，气动噪声产生，燃烧和湍流相互作用，控制或减小固体壁面的流动阻力等。

很多数值方法可以用于 DNS。DNS 需要得到精确的时序结果，因此要求时间步长必须足够小，而且时间项离散格式必须具有较好的稳定性，通常采用二阶以上的离散格式，例如 Runge-Kutta 格式、Adams-Bashforth 格式等。湍流空间尺度分布广对计算网格和空间离散格式也提出了要求，应当避免使用产生耗散的离散格式，如迎风格式。谱方法具有很高的离散精度，在 DNS 中应用广泛，但是谱方法只适用于等间距网格的情形。DNS 计算的难点还包括给定合理的初始条件和边界条件。关于 DNS 数值方法的介绍，已经超出本书的范围，有兴趣的读者可以参阅其他书籍或文献。

8.2 大涡模拟

湍流包含很多不同尺寸的涡。图 8-1 左图给出了流场中涡量的示意图，右图给出了流场中某点速度分量随时间的波动。可以明显看到，涡的尺寸分布范围很广，而且波动尺度分布广，低频高幅值、高频低幅值的波动均存在。

大尺度涡携带的能量远比小尺度涡多。流体的输运特性主要受到大尺度涡的影响，而受到小尺度涡的影响较弱。因此，在模拟计算中，精确计算大涡运动，

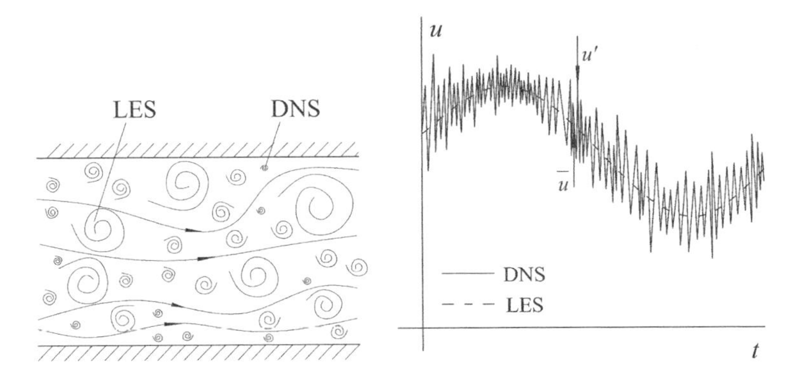

图 8-1 湍流运动涡量示意图(左)和流场中某位置处速度时序变化(右)

而简化计算小涡运动,是合理的。大涡模拟(Large Eddy Simulation,简称 LES)的基本思想是:直接计算大涡运动,而小涡对大涡运动的影响由模型计算。

图 8-2 是不同湍流条件下湍流能谱和 Re 数变化关系的汇总。湍流能谱采用 Kolmogorov 尺度无量纲化,低波数对应大尺度涡,而高波数对应小尺度涡。由图可见,大涡的能谱分布在不同量级,而小涡的能谱分布具有一致性。这是由于大涡从主流获得能量,其特征与几何和边界条件的关系很大,而小涡特征具有普适性,并且接近各向同性。这为 LES 提供了理论基础。

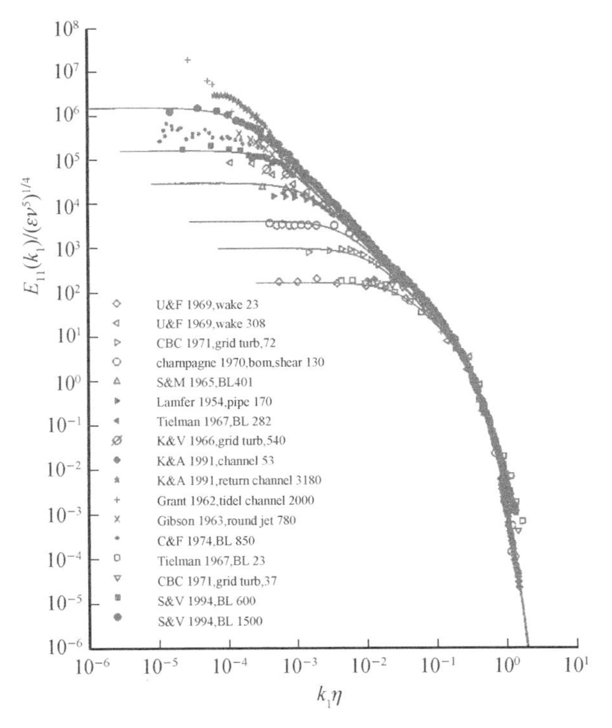

图 8-2 不同湍流条件下汇总的湍流能量谱图(见参考文献[37])

和 DNS 相同,LES 也是三维、非稳态计算。虽然 LES 的计算量比 DNS 小很多,但是比雷诺平均模型大很多。LES 可以得到详细的流场信息,得到了广泛应用,例如,涡的形成与剥离,湍流燃烧,湍流引起的噪音,以及自由剪切流、旋流等雷诺平均模型精度不高的情形。

LES 采用空间过滤,将速度过滤为大尺度速度和小尺度速度。大尺度速度通过控制方程求解,小尺度速度通过模型求解。大尺度速度场本质上是完整速度场的局部平均或是空间滤波。以一维为例,过滤速度定义如下:

$$\bar{u}_i(x)=\int G(x,\ x')u_i(x')\mathrm{d}x' \tag{8.1}$$

式中,$G(x,\ x')$ 是过滤函数。常用的过滤函数有:盒式过滤函数、高斯过滤函数、截断过滤函数,每种过滤函数都有一个滤波尺度 Δ,尺寸比 Δ 大的涡是大涡,反之,则是小涡。在 LES 中,Δ 取值与网格尺寸相当。

对密度为常数的 Navier-Stokes 方程实施过滤后,得到过滤方程如下:

$$\frac{\partial \bar{u}_j}{\partial x_j}=0 \tag{8.2}$$

$$\frac{\partial(\rho\bar{u}_i)}{\partial t}+\frac{\partial(\rho\,\overline{u_i u_j})}{\partial x_j}=-\frac{\partial \bar{p}}{\partial x_i}+\frac{\partial}{\partial x_j}\left(\mu\frac{\partial \bar{u}_i}{\partial x_j}+\mu\frac{\partial \bar{u}_j}{\partial x_i}\right) \tag{8.3}$$

式中,上横线表示滤波后的值或局部平均值。由此可见,连续性方程过滤后方程形式不变,因为连续性方程是线性方程。动量方程过滤后,具有非线性特征的对流项形式发生变化,而其余各项形式不变。过滤后的速度乘积的均值不等于速度均值的乘积,即:

$$\overline{u_i u_j}\neq\bar{u}_i\bar{u}_j \tag{8.4}$$

为了使方程形式与过滤前的形式一致,方程改写如下:

$$\begin{aligned}\frac{\partial(\rho\bar{u}_i)}{\partial t}+\frac{\partial(\rho\bar{u}_i\bar{u}_j)}{\partial x_j}=&-\frac{\partial \bar{p}}{\partial x_i}+\frac{\partial}{\partial x_j}(\rho\bar{u}_i\bar{u}_j-\rho\,\overline{u_i u_j})\\&+\frac{\partial}{\partial x_j}\left(\mu\frac{\partial \bar{u}_i}{\partial x_j}+\mu\frac{\partial \bar{u}_j}{\partial x_i}\right)\end{aligned} \tag{8.5}$$

式中,等式右边第三项为网格尺寸应力张量,记作 $2\bar{D}_{ij}$;等式右边第二项为亚网格应力,记作:

$$\tau_{ij}^{s}=-\rho(\overline{u_i u_j}-\bar{u}_i\bar{u}_j) \tag{8.6}$$

根据数学运算，得：

$$\begin{aligned}\tau_{ij}^{s}&=\rho\,\overline{u_i u_j}-\rho\bar{u}_i\bar{u}_j\\&=(\rho\,\overline{\bar{u}_i\bar{u}_j}-\rho\bar{u}_i\bar{u}_j)+(\rho\,\overline{\bar{u}_i u_j'}+\rho\,\overline{u_i'\bar{u}_j})+(\rho\,\overline{u_i'u_j'})\end{aligned}\tag{8.7}$$

等式右边依次为：Leonard 应力、交叉应力、LES 雷诺应力。通常忽略前面两项，LES 雷诺应力采用如下类比层流黏性力的方法计算：

$$\rho\,\overline{u_i'u_j'}=-\mu_{\mathrm{SGS}}\left(\frac{\partial\bar{u}_i}{\partial x_j}+\frac{\partial\bar{u}_j}{\partial x_i}\right)\tag{8.8}$$

则 LES 动量方程变为：

$$\frac{\partial(\rho\bar{u}_i)}{\partial t}+\frac{\partial(\rho\bar{u}_i\bar{u}_j)}{\partial x_j}=-\frac{\partial\bar{p}}{\partial x_i}+\frac{\partial}{\partial x_j}(2\mu_{\mathrm{SGS}}\bar{D}_{ij}+2\mu\bar{D}_{ij})\tag{8.9}$$

式中，μ_{SGS} 为亚格子涡黏系数，常用的计算模型有：Smagorinsky 模型、动力 Smagorinsky 模型等。Smagorinsky 模型如下：

$$\mu_{\mathrm{SGS}}=\rho C_{\mathrm{S}}^2\Delta^2\sqrt{2\bar{D}_{ij}\bar{D}_{ij}}\tag{8.10}$$

式中，C_{S} 通常取值为 0.2，但是在近壁面处，C_{S} 还需要调整。

在 LES 中，初始条件可以在稳态值的基础上叠加一个随机的速度脉动场，速度进口条件可以在平均速度的基础上叠加脉动速度。对于固体壁面附近，应当对壁面附近网格加密，并采用壁面函数法确定边界层的流动性质。关于 LES 的深入介绍，已经超出本书的范围，有兴趣的读者可以参阅其他书籍或文献。

8.3 雷诺平均模拟

前两节简要介绍了湍流的 DNS 和 LES，这两种方法可以给出非常详细的湍流信息。然而，通常情况下，工程师最关注的是少数几个宏观的湍流特性，例如物体受到的平均作用力或者力的分布，两种流体组分的混合等。使用 DNS 或 LES 计算，既可以获得宏观的湍流特性，也为深入分析机理提供了大量详细的信息。但是，由于计算机资源的限制，DNS 通常只用于低或中等 Re 数的简单湍流问题，LES 可以模拟复杂湍流，但计算量仍然很大。相比较而言，雷诺平均(Reynolds Averaged Navier-Stokes，简称 RANS)模型的计算量小很多，而且也能给出宏观的湍流特性，目前仍是工程计算中最常用的方法。和 LES 模型类似，RANS 方程中非线性项也需要进行封闭。

8.3.1 控制方程

雷诺平均方法将流动参数的信号分解为如下时均值和脉动值：

$$\phi(x_i, t)=\bar{\phi}(x_i)+\phi'(x_i, t) \tag{8.11}$$

式中，$\bar{\phi}(x_i)=\lim\limits_{x\to\infty}\dfrac{1}{T}\int_0^T\phi(x_i, t)\mathrm{d}t$，$T$ 是平均时间间隔。平均时间间隔必须满足远大于波动周期，而远小于时均值变化周期的条件。对流动进行平均可能得到稳态方程，也有可能得到非稳态方程。如图 8-3(a)图的稳态流动：所有波动或不稳定的特征在方程平均后全部消失，因此得到完全稳态方程。此外，如图 8-3(b)图的非稳态流动：方程在一个具有确定统计特性的区间(也叫系综)进行平均，得到的方程去掉了随机波动，但是方程仍然可能包含不稳定特征。这是由于某些流动包含内在的不稳定流动结构，这些结构不应当被平均过滤掉。因此，基于系综的平均方程有可能得到非稳态的 RANS 方程。

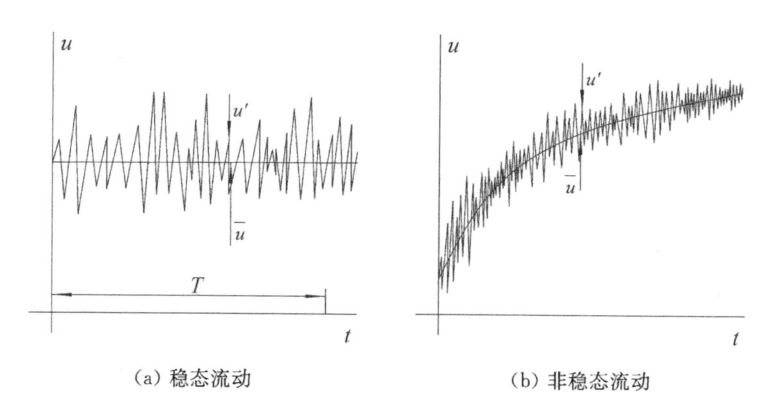

(a) 稳态流动　　(b) 非稳态流动

图 8-3　雷诺平均后得到的两种流动

根据平均量的定义，可知 $\overline{\phi'}=0$。线性项的平均等于变量的平均值。二阶非线性项的平均则由平均值和方差两项组成，即：

$$\overline{u_i\phi}=\overline{(\bar{u}_i+u_i')(\bar{\phi}+\phi')}=\bar{u}_i\bar{\phi}+\overline{u'\phi'} \tag{8.12}$$

式中，只有当两个变量不相关时，$\overline{u'\phi'}$ 为零，然而这种情况很少见。在湍流中，$\rho\overline{u_i'u_j'}$ 称为雷诺应力，$\rho\overline{u_i'\phi'}$ 称为湍流标量。根据上述分析，对于不可压缩流体，按雷诺平均得到的连续性方程和动量方程如下：

$$\frac{\partial(\rho\bar{u}_i)}{\partial x_i}=0 \tag{8.13}$$

$$\frac{\partial(\rho\bar{u}_i)}{\partial t}+\frac{\partial}{\partial x_j}(\rho\bar{u}_i\bar{u}_j+\rho\overline{u'_iu'_j})=-\frac{\partial\bar{p}}{\partial x_i}+\frac{\partial\bar{\tau}_{ij}}{\partial x_j} \tag{8.14}$$

式中，$\bar{\tau}_{ij}$ 是平均的黏性剪切张力：$\bar{\tau}_{ij}=\mu\left(\frac{\partial\bar{u}_i}{\partial x_j}+\frac{\partial\bar{u}_j}{\partial x_i}\right)$。

对于某个标量，守恒方程如下：

$$\frac{\partial(\rho\bar{\phi})}{\partial t}+\frac{\partial}{\partial x_j}(\rho\bar{u}_j\bar{\phi}+\rho\overline{u'\phi'})=\frac{\partial}{\partial x_j}\left(\Gamma\frac{\partial\bar{\phi}}{\partial x_j}\right) \tag{8.15}$$

方程(8.14)中雷诺应力 $\rho\overline{u'_iu'_j}$ 和方程(8.15)中湍流标量 $\rho\overline{u'_i\phi'}$ 是未知项，表示湍流脉动对时均流场的影响，在雷诺时均模型中，通常移到方程右边，与扩散项类比进行封闭。

8.3.2 涡黏系数模型

为了封闭动量方程，必须引入湍流模型。Boussinesq 提出如下涡黏系数模型用于计算雷诺应力：

$$(\tau_{ij})_t=-\rho\overline{u'_iu'_j}=\mu_t\left(\frac{\partial\bar{u}_i}{\partial x_j}+\frac{\partial\bar{u}_j}{\partial x_i}\right)-\frac{2}{3}\rho\delta_{ij}k \tag{8.16}$$

式中，湍动能的定义如下：

$$k=\frac{1}{2}\overline{u'_iu'_i}=\frac{1}{2}(\overline{u'_xu'_x}+\overline{u'_yu'_y}+\overline{u'_zu'_z}) \tag{8.17}$$

式中，μ_t 是湍流黏度。湍流可通过两个参数描述：湍动能 (k) 或者湍动速度 ($q=\sqrt{2k}$)，湍流特征长度 (l)。在最简单的模型中，k 可以根据平均速度的梯度确定，$q=\sqrt{2k}=l\partial u/\partial y$，称为混合长度模型，其中 l 是与位置相关的函数。对于简单流动，有可能准确地给出 l 的值，但是对于复杂三维流动，很难确定 l 的值。

根据无量纲分析得到：

$$\mu_t=C_\mu\rho ql \tag{8.18}$$

该式称为 Prandtl-Kolmogorov 方程，C_μ 的取值范围为 0.2～1.0。由于不引入额外的方程，通常也称为零维方程或代数模型。零维方程只适用于简单的流动。

8.3.3 k-ε 模型

代数模式的缺点是需要指定湍流量化特性,另外的思路是,根据偏微分方程计算湍流特性。描述湍流至少需要涡的特征速度和特征长度。

- 涡的特征速度,$q=\sqrt{2k}$;
- 引入湍动能耗散率 ε,通过量纲分析,涡的特征长度可以根据湍动能 k 和湍动能耗散率 ε 计算,$l \sim k^{3/2}/\varepsilon$。

将涡的特征速度和特征长度代入涡黏公式,则得到湍流黏度。其中,湍动能耗散率的定义式和计算式如下:

$$\varepsilon=\frac{\mu}{\rho}\overline{\frac{\partial u_i'}{\partial x_k}\frac{\partial u_i'}{\partial x_k}} \approx C_D\frac{k^{3/2}}{l} \tag{8.19}$$

式中,C_D 为引入的系数。

能量从大涡传递到小涡的速率正比于 ρk,传递时间正比于 $l/k^{1/2}$,通过量纲分析:

$$\rho\varepsilon \sim \frac{\rho k}{l/k^{1/2}} \sim \rho\frac{k^{3/2}}{l}=C_D\rho\frac{k^{3/2}}{l} \tag{8.20}$$

根据湍动能和湍动能耗散率,可以计算湍流长度,从而计算得到湍流黏度。

$$\mu_t=\rho C_\mu\sqrt{k}\,l=\rho C_\mu\frac{k^2}{\varepsilon} \tag{8.21}$$

其中,湍动能和湍动能耗散率分别通过建立守恒输运方程求解。

湍动能输运方程为:

$$\frac{\partial(\rho k)}{\partial t}+\frac{\partial}{\partial x_j}(\rho\bar{u}_jk)=\frac{\partial}{\partial x_j}\left(\mu\frac{\partial k}{\partial x_j}\right)-\frac{\partial}{\partial x_j}\left(\frac{\rho}{2}\overline{u_j'u_i'u_i'}+\overline{p'u_j'}\right)-\rho\overline{u_i'u_j'}\frac{\partial\bar{u}_i}{\partial x_j}-\rho\varepsilon \tag{8.22}$$

式中,方程左边是湍动能的变化率;方程右边依次是:湍动能的分子扩散项、雷诺应力的平均输运和压强做功、湍动能生成项、湍动能耗散项。等式左边项、等式右边第一项不需要建模。等式右边第二项表示湍流引起的动能耗散,通常采用梯度计算:

$$-\left(\frac{\rho}{2}\overline{u_j'u_i'u_i'}+\overline{p'u_j'}\right)=\frac{\mu_t}{\sigma_k}\frac{\partial k}{\partial x_j} \tag{8.23}$$

式中，μ_t 是湍流黏度系数，σ_k 是湍流 Pr 数，其值接近 1。

等式右边第三项是湍动能的生成率，表示平均速度引起的动能传递。如果采用涡黏系数假设估计湍流应力，则：

$$P_k=-\rho\overline{u_i'u_j'}\frac{\partial\bar{u}_i}{\partial x_j}\approx\mu_t\left(\frac{\partial\bar{u}_i}{\partial x_j}+\frac{\partial\bar{u}_j}{\partial x_i}\right)\frac{\partial\bar{u}_i}{\partial x_j} \tag{8.24}$$

湍动能耗散率的输运方程为：

$$\frac{\partial(\rho\varepsilon)}{\partial t}+\frac{\partial}{\partial x_j}(\rho\bar{u}_j\varepsilon)=\frac{\partial}{\partial x_j}\left[\mu+\frac{\mu_t}{\sigma_\varepsilon}\frac{\partial\varepsilon}{\partial x_j}\right]+C_{\varepsilon1}P_k\frac{\varepsilon}{k}-\rho C_{\varepsilon2}\frac{\varepsilon^2}{k} \tag{8.25}$$

式中，各项依次表示湍动能耗散率的变化率、梯度扩散、生成和消耗。对于湍动能耗散方程的推导，有兴趣的读者可以参阅其他书籍。

方程(8.22)～(8.25)，构成了 k-ε 湍流模型。方程中的系数根据均匀格栅湍流、均匀剪切湍流等简单湍流的实验结果或直接模拟确定。Launder 和 Spalding 最早建议的系数如下，并被称为标准 k-ε 模型常数。

$$C_\mu=0.09;\quad C_{\varepsilon1}=1.44;\quad C_{\varepsilon2}=1.92;\quad \sigma_k=1.0;\quad \sigma_\varepsilon=1.3 \tag{8.26}$$

需要指出的是，上式规定的 k-ε 模型称为高 Re 数模型，也称为标准 k-ε 模型，适用于离开壁面一定距离的湍流区域。在使用标准 k-ε 模型时，壁面边界层需要特别处理。

标准 k-ε 模型取得了巨大成功，得到了广泛应用，但是存在一些缺点。标准 k-ε 模型的涡黏系数是标量，不能反映雷诺应力的各向异性，尤其是近壁湍流，雷诺应力具有明显的各向异性。标准 k-ε 模型不能反映平均涡量的影响，而平均涡量对雷诺应力的分布有影响，特别是在湍流分离流中，这种影响是十分重要的。针对 k-ε 模型存在的问题，又发展了多种 k-ε 的改进形式，例如重整化 k-ε 模型，可实现 k-ε 模型，多尺度 k-ε 模型等。在两方程模型中，应用较为广泛的还有 k-ω 模型和 k-ω SST 模型，其中 ω 是涡耗散率。

8.3.4 边界条件

和层流流动类似，湍流流动的边界条件类型主要有：进口、出口、对称、壁面边界条件。前三种边界条件的处理方法和层流非常相似，但是对于壁面边界条件的处理两者有很大区别。图 8-4 显示边界层中无量纲速度和距离的关系。边界层中存在三个区域：黏性底层、过渡层和对数区。在对数区，无量纲速度和距离符合如下关系式：

$$U^{+}=\frac{1}{\kappa}\ln(y^{+})+B \tag{8.27}$$

式中，$U^{+}=u/u_{\tau}$，$y^{+}=\rho u_{\tau}y/\mu$，κ 和 B 分别为冯卡门常数和经验常数，通常取值 $\kappa=0.41$ 和 $B\approx 5.2$。u_{τ} 称为剪切速度，$u_{\tau}=\sqrt{\tau_{w}/\rho}$，其中 τ_{w} 是壁面剪切应力，在边界层中，u_{τ} 满足关系式 $u_{\tau}=C_{\mu}^{1/4}k^{1/2}$。

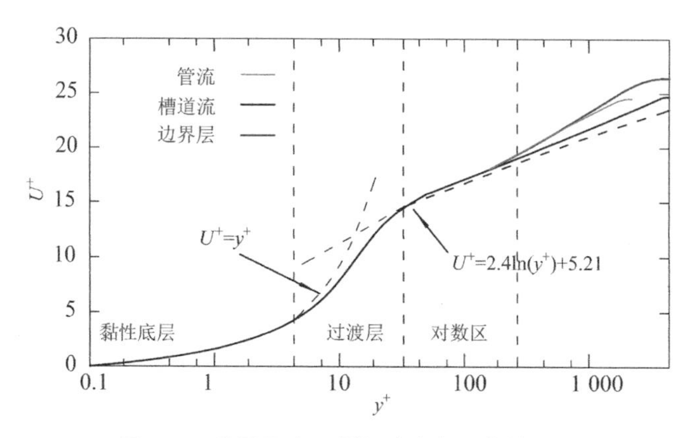

图 8-4　边界层中无量纲速度和距离的关系

采用高 Re 数 k-ε 模型计算流体运动时，对于壁面附近的区域，采用壁面函数法处理，在黏性底层中不布置节点，把与壁面相邻的第一个节点布置在边界层的对数区域(推荐约 $30<y^{+}<$ 约 200)。此时壁面上的剪切应力与热流密度仍然按第一个内节点与壁面上的速度及温度之差计算。

8.3.5　其他湍流模型

两方程模型中采用各向同性的湍流动力黏度计算湍流应力，这些模型难以考虑旋转流动及流动方向表面曲率变化的影响。为了克服该缺点，另一种思路是对湍流脉动应力 $\rho u_{i}'u_{j}'$ 直接建立微分方程或代数方程求解。例如，二阶矩模型，代数应力模型等。

工程湍流问题中往往存在湍动和非湍动(即层流)区域共存的特点，而传统湍流模型假定计算网格内流体总是处于充分湍流状态，忽视了流动中的层流部分，导致模拟的准确性不足。由于直接模拟计算量非常大，湍流模型仍是解决工程湍流问题的一个最主要途径。由于湍流过程的复杂性，目前还没有一个公认的具有较好普适性的湍流模型。当前湍流模型大都是基于实验数据或经验关联式封闭湍流，对物理模型的内部机理缺乏进一步探索，特别是对复杂流动的控制机制以及模型方程中代表各种相互作用的项的相对协调机制缺乏深入的研究，这是当前湍流模型普遍存在的不足。

能量最小多尺度(Energy Minimization Multi-Scale，简称 EMMS)模型是针对气固流态化系统发展的基于结构分解和稳定性条件封闭的多尺度方法，它较早关注了介于系统整体与其组成单元间的介尺度结构对系统行为的影响，并由此逐步发展形成了介科学研究思路。该思路从对复杂系统的尺度和控制机制的分解入手，将不同控制机制分别表达为一种极值趋势，并通过分析它们在竞争中的协调获得系统的稳定性条件，从而在数学上可表达为这些控制机制极值的多目标变分问题。由此可以把不同尺度上的动力学方程关联起来，形成封闭的模型。中国科学院过程工程研究所运用这一思路在湍流研究中发现，湍流源于流体惯性和黏性在竞争中的协调，并提出湍流的稳定性条件，利用该稳定性条件建立了基于 EMMS 原理的介尺度湍流模型，如图 8-5 所示。该方法有效改进了雷诺平均方法模拟湍流的精度，例如，高雷诺数方腔流模拟中，EMMS 湍流模型成功地捕捉到了标准 k-ε 模型不能预测出的二次角涡，EMMS 湍流模型的计算结果与 DNS 数据更吻合等。此外，EMMS 湍流模型预测得到的 NACA 0012 翼型升力和表面压力系数比单方程(Spalart-Allmaras)模型预测得更准确。

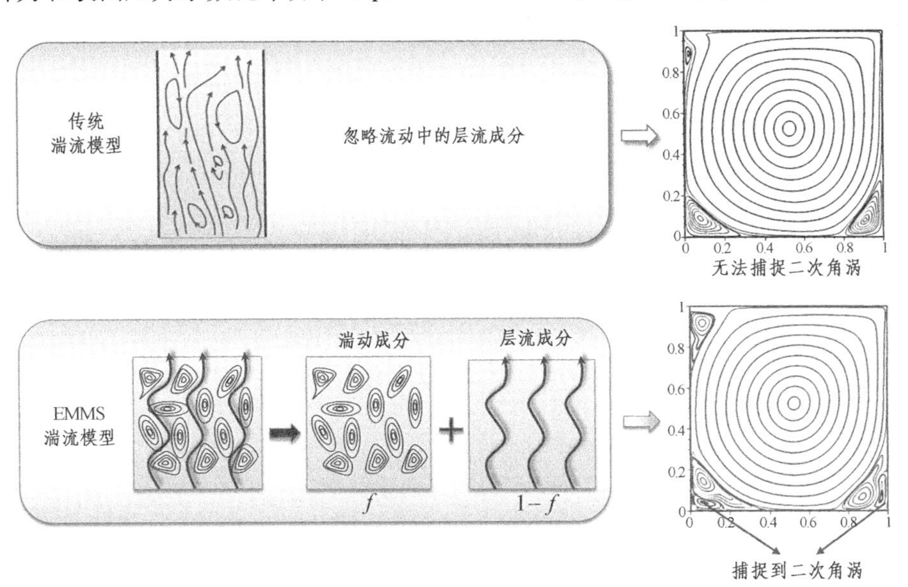

图 8-5 基于 EMMS 原理的介尺度湍流模型的示意图

在湍流模拟中，对于计算网格内的非均匀性，要么采取平均化处理，要么通过大涡或直接模拟试图了解所有的涡结构，而忽视了湍流介尺度上存在的最为重要的主导机制，即黏性和惯性之间竞争中的协调产生介尺度涡团，因而难以准确、大规模地描述湍流复杂系统。基于 EMMS 模型原理发展的介科学思想，为湍流问题的研究提供了一种新的审视角度，解决了非均匀湍流系统定量模拟的问题，提升了工程湍流模拟的预测性能和解决实际问题的能力。

8.4 计算实例

8.4.1 方腔顶盖驱动流

方腔顶盖驱动流是经典的流体力学问题。前面对低雷诺数下的方腔顶盖驱动流进行了模拟，这里对高雷诺数方腔顶盖驱动流进行模拟。

给定如下计算条件：方腔边长为 1.0 m，流体密度为 1.0 kg/m^3、黏度为 0.000 1 kg/(m・s)，盖顶移动速度为 1 m/s。计算条件对应的雷诺数 Re 为 10 000，分别使用标准 k-ε 模型和 k-ω SST 模型计算。

采用标准 k-ε 模型和 k-ω SST 模型求解该顶盖方腔驱动流问题。图 8-6 比较了上述两种模型的流线图。从图中我们可以看出，高雷诺数方腔顶盖驱动流的流线涡结构比层流方腔顶盖驱动流的流线涡结构更复杂，标准 k-ε 模型不能捕捉到左下角和右下角的三级涡，而且方腔内左上角处的次涡预测得也比较小。相比之下，k-ω SST 湍流模型却能很好地捕捉到这些涡结构。

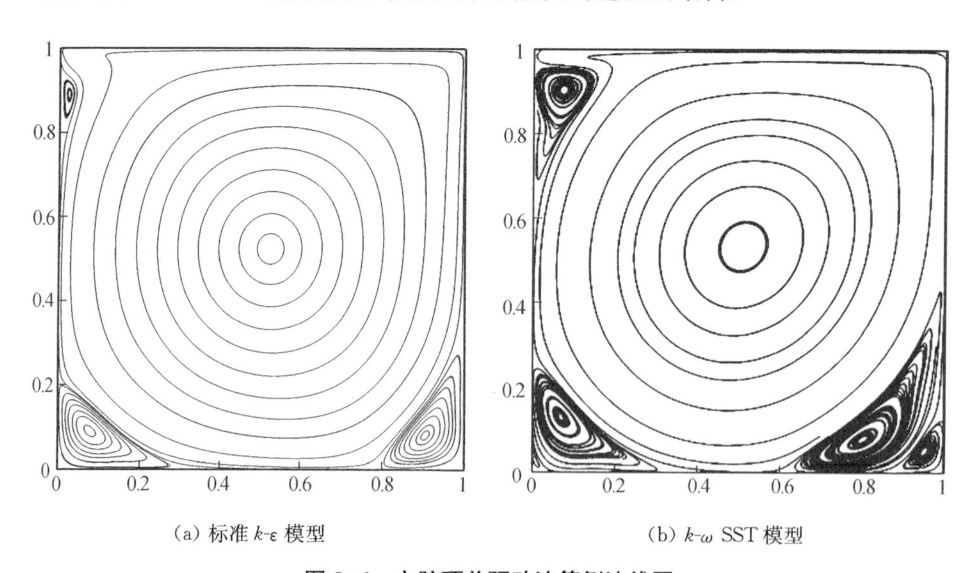

(a) 标准 k-ε 模型　　(b) k-ω SST 模型

图 8-6　方腔顶盖驱动流算例流线图

8.4.2 后台阶流

气流经过一个台阶向后流动，会在台阶后发展为带有旋涡的复杂流动。在雷诺数不同的情况下，回流涡的形态会发生变化，上壁可能出现分离涡。

计算区域如图 8-7 所示，上下两边界以及台阶界面设为固定的无滑移边界；左侧入口设为速度进口，右侧设为出口。进口台阶长度为 $4H$，出口位于台阶位置下游 $30H$ 处，其中 $H=0.0127$ m 为台阶高度。进口速度为 44.2 m/s，参考马赫数为 0.128，以台阶高定义的雷诺数为 37 400，进口湍流度为 1%，使用 k-ω 模型计算。

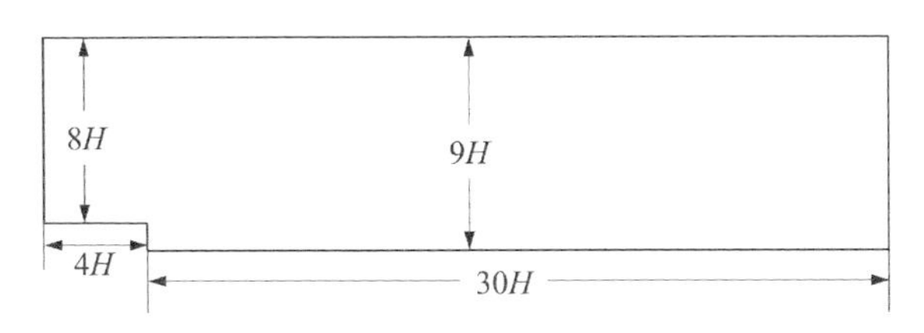

图 8-7　后台阶流算例计算域示意图

使用 k-ω 模型计算得到马赫数分布和局部流线如图 8-8 所示。几何形状的极速变化导致流体突然膨胀，使得湍流边界层在台阶的分离点处分离。在台阶处分离后，由于紧随分离后上下两侧的速度不同，故形成自由剪切层。自由剪切层随着流动向下游发展，发展过程中在某一位置与壁面碰撞，碰撞后形成新的附面层，而碰撞之前的区域则形成了封闭回流区。回流区存在一个旋转的大结构涡，而在大结构涡前方的区域内存在一个逆向旋转小涡。计算得到壁面摩擦阻力系数分布如图 8-9 所示，实验值为边界层内对数区内测量的结果，k-ω 模型计算结果显示台阶后发生了涡分离和再附，再附位置大约在 $6H$ 处，和实验值吻合较好。

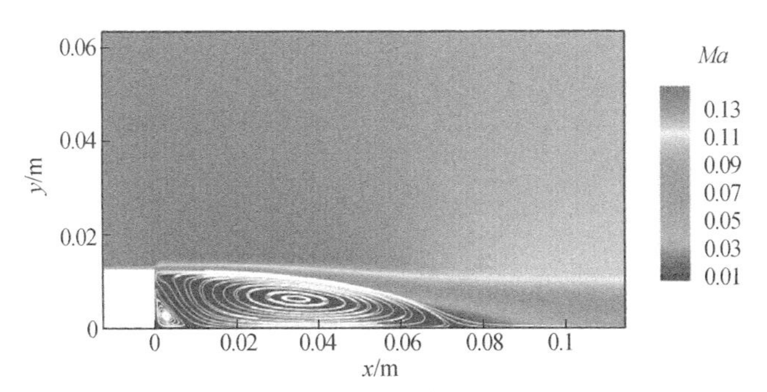

图 8-8　后台阶流算例马赫数分布图

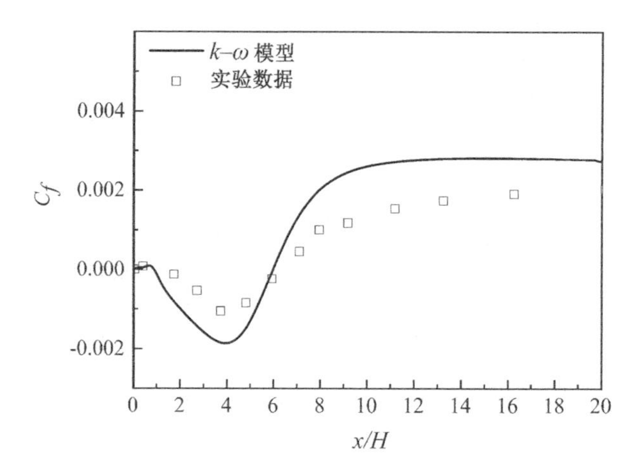

图 8-9　后台阶流算例壁面摩擦阻力系数分布

8.4.3　零梯度平板边界层转捩

边界层的转捩作为流体力学领域的一个前沿和难点问题受到了广泛关注，转捩的精确预测对于航空航天飞行器气动外形设计具有非常重要的意义。对经典的 T3A 平板边界层转捩问题进行模拟，实验数据来自欧洲流体湍流及燃烧研究协会(European Research Community on Flow，Turbulence and Combustion，简称 ERCOFTAC)报告。

计算区域如图 8-10 所示，T3A 算例模拟区域是面积为 3.04 m×1 m 的二维区域，平板长度为 3 m，来流距离平板前缘 0.04 m。流场模拟计算网格总数为 26 820，平板流向布置有 341 个节点，壁面上第一层网格的法向距离为 4.5×10^{-5} m。在出口处给定充分发展条件，平板处给定无滑移边界条件，平板对称面

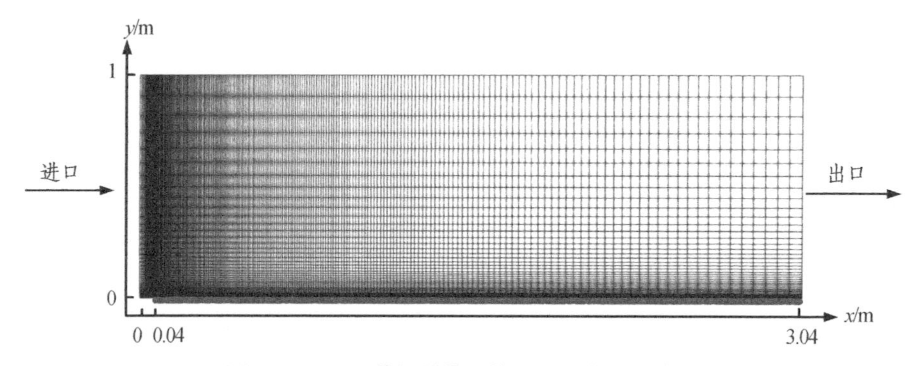

图 8-10　T3A 算例计算网格和边界条件示意图

给定远场边界条件；给定运动黏度为1.5×10^{-5} m²/s；来流速度U_{inlet}为5.4 m/s，来流湍流度 Tu_{∞} 为 3.3%，湍流黏性系数比 RT 为 13.8，靠近壁面第一层网格的 y^{+} 的最大值为 0.736。分别使用双涡 EMMS 湍流模型和 k-ω SST 模型计算。

图 8-11 为沿 T3A 平板的表面摩擦阻力系数分布的计算结果，双涡 EMMS 湍流模型的计算反映了转捩中摩擦阻力系数的变化，当气流刚开始经过平板时边界层内还是层流，摩擦阻力系数较小，湍流发生后，摩擦阻力系数增大。相反，k-w SST 湍流模型不能预测转捩，摩擦阻力系数并没有从小到大的突变过程，只能得到完全湍流的结果。

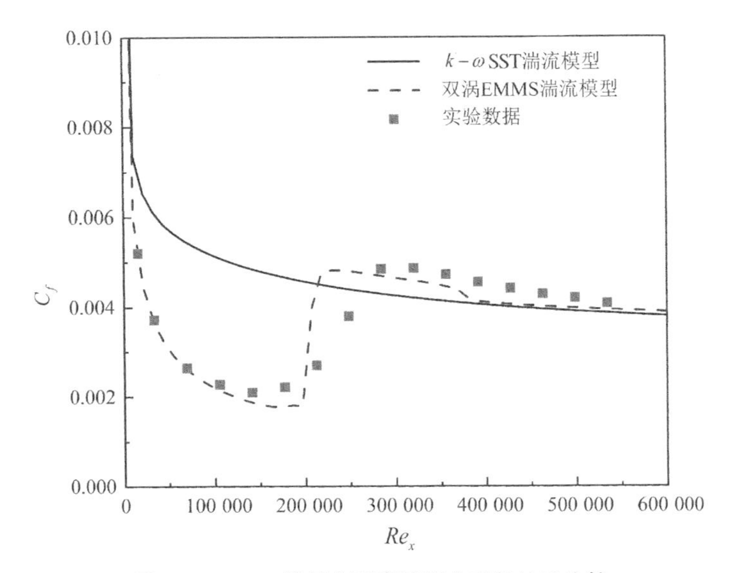

图 8-11 T3A 算例表面摩擦阻力系数结果比较

8.5 本章知识要点

- 湍流模拟的三种方法：直接模拟、大涡模拟和雷诺平均模拟的特点；
- 大涡模拟的理论基础和控制方程；
- 大涡模拟中亚网格涡黏系数模型；
- 雷诺平均模拟的理论基础和控制方程；
- 涡黏系数模型；
- k-ε 模型的控制方程；
- 壁面函数法描述边界层中无量纲速度和距离的关系；

• 基于能量最小多尺度的湍流模型思想；

• 湍流模拟在经典湍流问题（如方腔流、后台阶流、平板边界层转捩）中的应用。

练习题

1. 槽道流问题。图中左边界是均匀速度进口，右边界是自由出口，上边界和下边界是无滑移壁面，槽道高度和长度自取，计算湍流状态下两平板间的流场，速度时均值和脉动值沿槽道高度方向的分布。

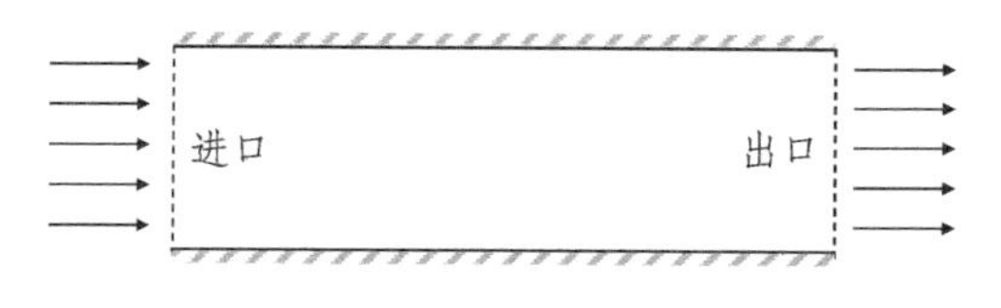

图 8-12 练习题 1 图

2. 自由射流问题指流体经小孔、缝隙或圆管等的引导，射入大空间的流动现象。如图所示，圆管射流流至一个静止的大空间，计算不同轴向、径向位置速度的时均值和波动值的分布，确定射流长度、宽度、射流角度。已知射流半径为 1 cm，射流初始速度为 50 m/s。

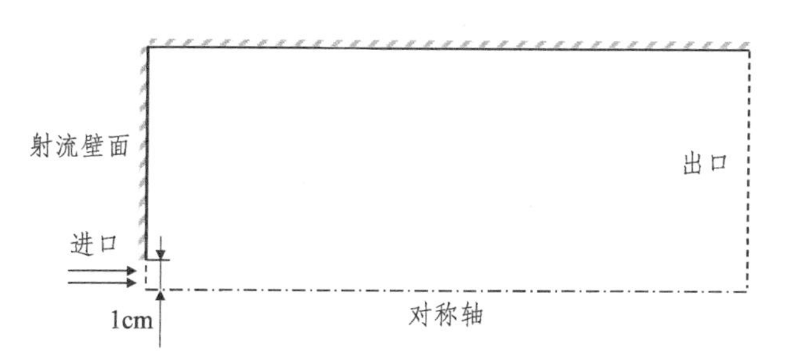

图 8-13 练习题 2 图

3. 流体绕障碍物流动问题。如图所示，给定来流为湍流状态，计算物体受到的阻力，并改变物体前侧和后侧的形状，以减少阻力。

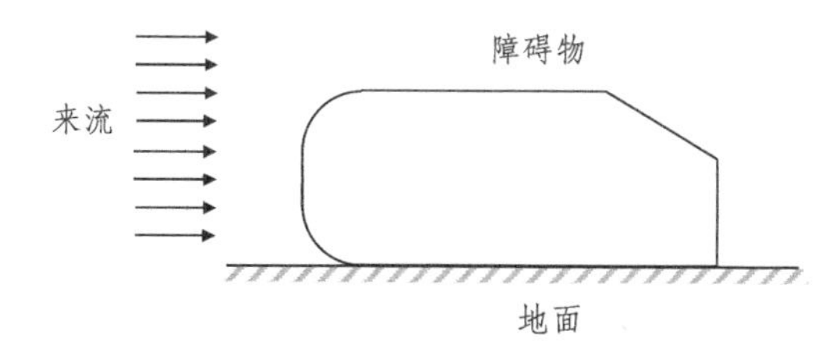

图 8-14 练习题 3 图

4. 在横流环境中,当流体从窄长的缝隙或孔口中以一定的角度喷出,并与环境中水平方向的流体相互作用时,就形成了横向流动中的射流问题。如图所示,给定条件:横向流速 $U_0=0.35\sim 8$ m/s,射流比 $R=U/U_0=1\sim 4$。计算速度场,分析射流下游形成的涡旋位置和强度。

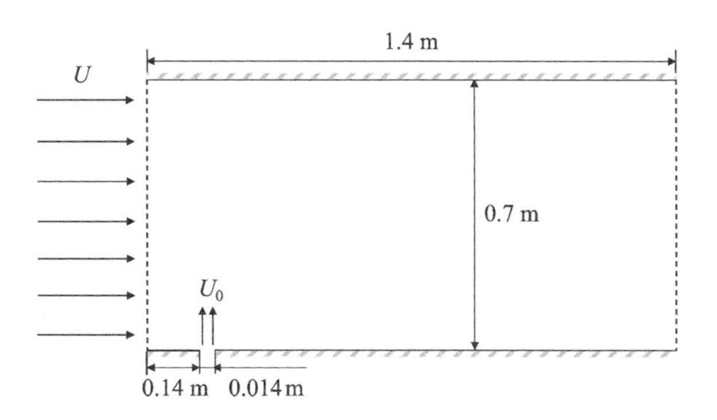

图 8-15 练习题 4 图

5. 在同向射流条件下,中心射流为高速丙烷气流,周围射流为低速空气流,不考虑化学反应,计算和分析两股射流的混合情况。将反应器简化为二维轴对称计算域,空气进口速度为 9.2 m/s,丙烷进口速度为 60 m/s,几何尺寸如图所示。

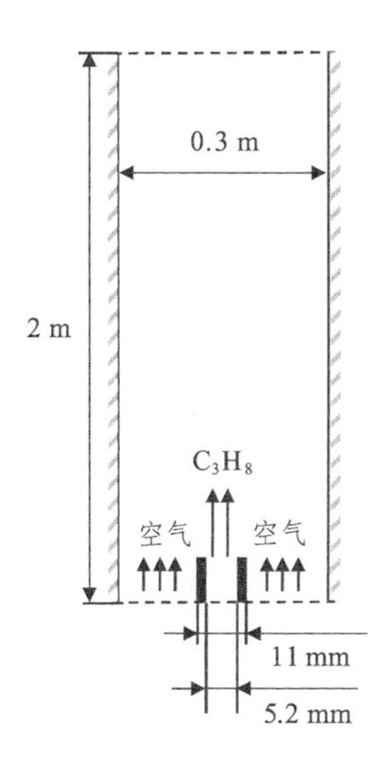

图 8-16 练习题 5 图

6. 在第 5 题的基础上增加燃烧反应过程的模拟,假设化学反应瞬间完成,即扩散燃烧问题,进一步确定流场、温度场、燃料与氧化剂组分场。

第 9 章

可压缩流动方程的数值解法

流体的可压缩性指流体在受到压力后体积缩小而密度增加的特性。实际流体都是可压缩的，然而许多场合下，流体密度的变化可以忽略，因此简化为不可压缩流体。对于高速流动的气体，流体密度会发生明显变化，是典型的可压缩流动。可压缩流动在空气动力学和透平机械等领域非常重要。在可压缩流动中，流体动能和内能会发生转换，因此流动方程不仅需要考虑连续性方程和动量方程，还需要考虑能量方程。为了封闭方程组，还必须引入联系压力、密度和温度的状态方程。在可压缩高速流动中，会出现激波现象，当流体通过激波时，流体密度、压力、温度和速度等性质发生急剧变化，出现不连续界面。求解激波问题，必须对间断有较好的处理，这对数值离散计算提出了特别的要求，需要设计专门的离散格式。

对于大部分的高雷诺数流动，如果远离壁面的区域没有大尺度的分离，可以忽略流体黏性，得到欧拉方程。欧拉方程包含了一组非线性双曲型偏微分方程，而双曲型偏微分方程最简单的形式是一维线性对流方程。本章首先以一维线性对流方程为对象，介绍初值具有间断点的对流方程的解法。为了处理间断点问题，采用有限体积法求解，并引入了许多经典以及现代的离散格式。然后介绍一维欧拉方程的求解方法，并以激波管为验证算例。在此基础上，介绍二维欧拉方程的求解方法和应用。最后，简要说明可压缩和不可压缩流动数值计算方法的联系。

9.1 一维线性对流方程

9.1.1 问题描述

无黏流动方程最简单的形式是对流方程。再次考虑第 2 章中的一维线性对流方程：

$$\frac{\partial f}{\partial t}+a\frac{\partial f}{\partial x}=0 \tag{9.1}$$

式中，a 为恒定值，在本节讨论中假定 $a>0$。给定周期边界条件，方程理论解为：$f=f(x-at)$，其中 $f(x)$ 是任意函数。给定初始时刻 $f(x)$ 的分布：

$$f(x,0)=\begin{cases} f_l & x<0 \\ f_r & x>0 \end{cases} \tag{9.2}$$

其中 $f(x)$ 为一个分段常数函数，即含有间断点的波。这是初值含有间断(如激波)的流动问题，也称为黎曼(Riemann)问题。通过作图求解，如图 9-1 所示，可以得到解在空间和时间坐标的特性，方形波维持初始形状沿着 x 轴正向传播。在 x-t 平面中，变量分布被一条特征线划分为两个区域，这两个区域分别仅受到初始时刻间断点一侧变量的影响。特征线的斜率为 $1/a$，表示波的传播速度。

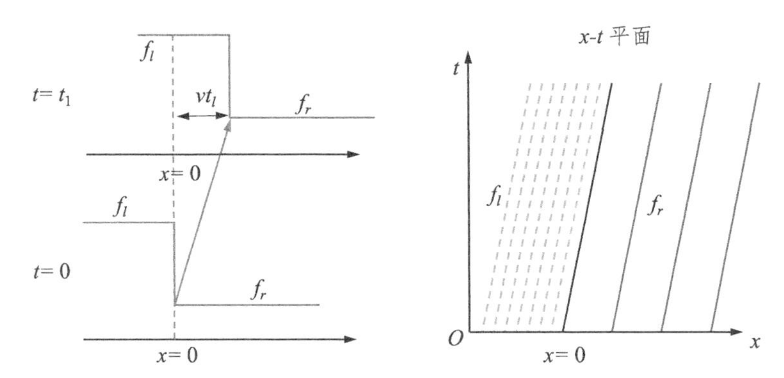

图 9-1　初值含有间断点的一维线性对流方程的解及波传播的特征

9.1.2　有限体积法

在第 2 章中，我们在有限差分法的框架下，介绍了几种常见的对流项离散格式，即中心差分格式、迎风格式、Lax-Friedrichs 格式等，对一维对流方程进行了求解，但是数值计算的稳定性或精度都不是很理想。有限差分法用差分格式近似导数项，从而建立离散节点关系式，当方程中含有间断点时，准确计算变量导数较为困难。与有限差分法不同，有限体积法从方程守恒形式出发，对每个单元进行积分从而实现方程离散化，因此有限体积法避免了在间断点处计算变量导数的问题。有限体积法在离散过程中能保持方程的守恒性，得到了更广泛的应用。

利用有限体积法求解，首先将方程(9.1)转变为如下守恒形式：

$$\frac{\partial f}{\partial t}+\frac{\partial F(f)}{\partial x}=0 \tag{9.3}$$

式中，f 称为守恒型变量，$F(f)$ 是 f 的通量。在本例中，$F(f)=af$，则原方程记为：

$$\frac{\partial f}{\partial t}+\mathbf{A}\frac{\partial f}{\partial x}=0 \tag{9.4}$$

式中，$\mathbf{A}$ 称为雅可比(Jacobian)矩阵，是通量对变量的导数，在本例中：$\mathbf{A}=\partial F/\partial f=a$。

在一维条件下，有限体积网格划分和记号如图 9-2 所示。计算区域被划分为互不重叠的单元。为了利用有限体积法求解，单元中心和单元边界都需要进行编号，分别用 j 和 $j\pm 1/2$ 表示。为了区分变量可能存在的不连续变化，单元边界还进一步分为左状态 (L) 和右状态 (R)。注意，这里的网格记号习惯与不可压缩流动中有限体积网格记号习惯有所区别。

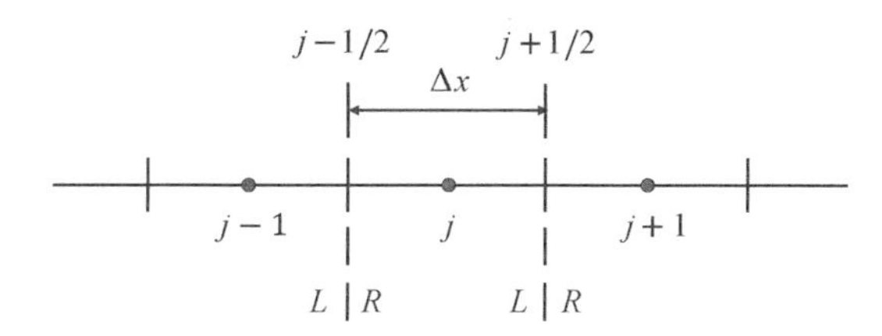

图 9-2　一维条件下有限体积法网格划分和记号

为了简化叙述，考虑等间距的情形，网格间距为 Δx，网格单元 j 的坐标为 $x_j=j\Delta x$。第 j 个网格单元对应区间为 $[x_j-\Delta x/2,\ x_j+\Delta x/2]$。在单元边界处，坐标、变量、通量分别采用如下符号：

$$\begin{aligned}x_{j-1/2}=x_j-\Delta x/2,\quad x_{j+1/2}=x_j+\Delta x/2\\ f_{j\pm1/2}=f(x_{j\pm1/2}),\quad F_{j\pm1/2}=F(f_{j\pm1/2})\end{aligned} \tag{9.5}$$

还可以进一步区分变量在网格界面的左状态和右状态：

$$f^L_{j\pm1/2},\quad f^R_{j\pm1/2} \tag{9.6}$$

对应地，通量在网格界面的左状态和右状态分别为：

$$F^L_{j\pm1/2},\quad F^R_{j\pm1/2} \tag{9.7}$$

变量 $f(x,t)$ 在网格单元的平均值用 $\langle f\rangle_j$ 表示：

$$\langle f\rangle_j=\frac{1}{\Delta x}\int_{x_{j-1/2}}^{x_{j+1/2}} f(x)\mathrm{d}x \tag{9.8}$$

对方程(9.3)在第 j 个单元进行积分,得:

$$\int_{x_{j-1/2}}^{x_{j+1/2}} \frac{\partial f}{\partial t} \mathrm{d}x + [F(x_{j+1/2}) - F(x_{j-1/2})] = 0 \tag{9.9}$$

代入变量平均值 $\langle f \rangle_j$,整理得:

$$\frac{\partial \langle f \rangle_j}{\partial t} = -\frac{1}{\Delta x}[F(x_{j+1/2}) - F(x_{j-1/2})] \tag{9.10}$$

该式表示变量 f 在局部单元随时间的变化率等于通过单元边界的净通量,在一维情形下,即东边界和西边界的通量之差。该式是精确成立的,不依赖于采用哪种格式对非稳态项离散,或如何计算通过网格边界的通量。同样,可以写出第 $j+1$ 单元的变量 f 随时间的变化率:

$$\frac{\partial \langle f \rangle_{j+1}}{\partial t} = -\frac{1}{\Delta x}[F(x_{j+3/2}) - F(x_{j+1/2})] \tag{9.11}$$

注意到第 j 单元和第 $j+1$ 单元共同拥有网格边界 $j+1/2$,通过该边界的通量数值相等,符号相反。当把所有网格单元的变量变化率相加时,相邻单元的通量相互抵消,得到下式:

$$\frac{\partial}{\partial t}\left(\sum_{j=1}^{N} \langle f \rangle_j\right) = -\frac{1}{\Delta x}[F(x_{1/2}) - F(x_{N+1/2})] \tag{9.12}$$

该式表明,变量在整个区域的变化率由通过计算域边界进入区域的通量决定,这是有限体积法能够保持方程守恒性的原因。注意守恒性和精确性是不同的概念。在离散化过程中,即使网格边界通量计算存在误差,但是它们对相邻网格单元的通量贡献相互抵消,因此离散方程仍然是守恒的。虽然方程(9.10)是精确成立的,但是要进一步计算得到变量不同时刻的值,还需要对非稳态项和通量进行近似计算,在这些过程中会引入计算误差。

对于非稳态项的离散有不同的方法。可以采用显式法求解,在某个时刻,认为等号右边空间项的离散是已知的,那么偏微分方程就变成了常微分方程,这时可以采用初值问题的解法进行求解。这种将非稳态项和空间项分开离散的方法,称为半离散法,半离散法的优点是空间和时间离散格式能够灵活控制。

若非稳态项采用欧拉显式离散,则:

$$\frac{\langle f \rangle_j^{n+1} - \langle f \rangle_j^{n}}{\Delta t} = -\frac{1}{\Delta x}[F_{j+1/2} - F_{j-1/2}] \tag{9.13}$$

该离散方程在时间上只有一阶精度。若要使非稳态项的离散精度提高到二阶，则需要在半时间步长坐标进行离散。可以采用“两步”预估校正法实现该计算过程。

$$\frac{\langle f\rangle_j^{n+1/2}-\langle f\rangle_j^n}{\Delta t}=-\frac{1}{2\Delta x}[F_{j+1/2}-F_{j-1/2}]$$
$$\frac{\langle f\rangle_j^{n+1}-\langle f\rangle_j^n}{\Delta t}=-\frac{1}{\Delta x}[F_{j+1/2}^{n+1/2}-F_{j-1/2}^{n+1/2}] \tag{9.14}$$

第一步，利用当前时刻变量的通量进行欧拉显式求解，得到 $n+1/2$ 时刻的变量值 $\langle f\rangle_j^{n+1/2}$，在此基础上计算 $n+1/2$ 时刻的网格边界通量：$F_{j\pm1/2}^{n+1/2}=F(f_j^{n+1/2})$。

第二步，利用 $n+1/2$ 时刻变量的通量值进行欧拉显式求解，得到下个时刻的变量值。类似地，还可以采用高阶离散方法，如 Runge-Kutta 方法。也可以采用隐式方法提高计算的稳定性与时间步长。有关可压缩流动方程的隐式求解方法，读者可以查阅相关书籍，在本书中不做介绍。

在以上的计算过程中，需要首先计算通过网格边界的通量，而通量和网格单元内变量的分布有关。图 9-3 给出了网格单元内分段常数分布和线性分布两种情况，可以观察到，每个网格基于不同的平均值 $\langle f\rangle_j$ 构建变量分布。基于此计算的 $\langle f\rangle_{j\pm1/2}$ 在相邻单元的共同界面上可能得到不同的结果，即变量在相邻单元边界处不连续，因此，采用 $\langle f\rangle_{j\pm1/2}^L$ 和 $\langle f\rangle_{j\pm1/2}^R$ 表示网格边界处变量的左状态和右状态，采用 $F_{j\pm1/2}^L$ 和 $F_{j\pm1/2}^R$ 表示网格边界处通量的左状态和右状态。

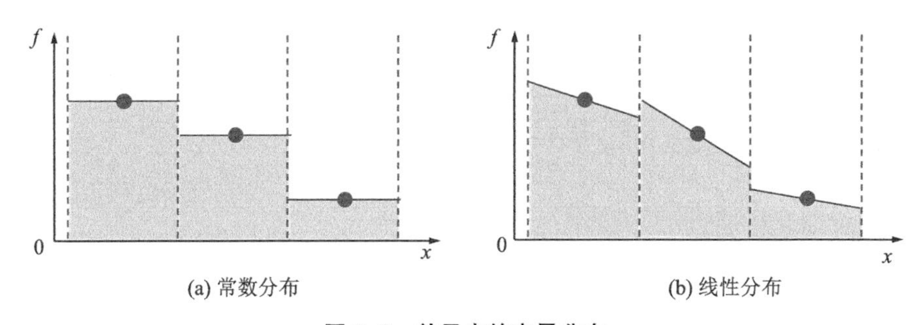

图 9-3　单元内的变量分布

根据变量或通量在网格边界处的左状态和右状态，计算得到网格单元的通量 $F_{j\pm1/2}$，该问题记为：

$$F_{j+1/2}=\mathcal{R}(\langle f\rangle_{j+1/2}^L,\ \langle f\rangle_{j+1/2}^R)$$

或

$$F_{j+1/2}=\mathcal{R}(F_{j+1/2}^L,\ F_{j+1/2}^R) \tag{9.15}$$

该式是黎曼问题的描述,当初值含有间断时,需要采用特定的方法解决边界处变量或通量不连续的问题。在过去几十年中产生了许多离散格式,并引出了一些专业术语。Godunov 在 1959 年提出了一种精确黎曼求解器,基本思想是在每个单元上求解局部区域流动方程的精确解,再由这些单元上的解组成全流场的解。Lax 和 Wendoff 提出了具有二阶精度的 Lax-Wendoff 格式,但是会在间断处产生非物理振荡。van Leer 提出了具有二阶精度且保单调性守恒(MUSCL)格式。Roe 在 Godunov 求解器的基础上提出了 Roe Riemann 近似求解器,基本思想是将雅可比矩阵线性化,避免求解方程根的迭代计算。Toro 等提出了 HLLC 黎曼近似求解器。Harten 提出了 TVD(Total Variation Diminishing)准则的概念,并给出了二阶精度的高分辨 TVD 格式。Roe 和 Sweby 等提出了通量限制函数方法,给出了一系列 TVD 格式。Harten 等提出了本质无振荡(ENO)格式。在 ENO 格式的基础上 Shu 等又提出了 WENO 格式。这些格式的详细理论超出了本书的范围,我们仅介绍部分格式的基本性质,读者可以参考其他书籍深入学习相关格式的原理和方法。在利用上述方法得到网格边界通量后,就可以计算变量在网格单元的变化率,从而更新变量在网格单元的值。

以上介绍了有限体积法的思想和关键步骤,再将其基本步骤总结如下:

(1) 给定网格单元变量平均值 $\langle f\rangle_j$,构建在网格单元内的变量分布。基于该分布,确定变量在单元边界的左状态 $\langle f\rangle_{j+1/2}^L$ 和右状态 $\langle f\rangle_{j+1/2}^R$;

(2) 通过一些算法计算单元边界的净通量:$F_{j+1/2}=\mathscr{R}(\langle f\rangle_{j+1/2}^L,\langle f\rangle_{j+1/2}^R)$;

(3) 根据有限体积法离散式(9.13)或(9.14)利用网格边界通量更新网格单元的变量值 $\langle f\rangle_j$。

9.1.3 离散化求解

对守恒型一维线性对流方程(9.3)进行离散化求解。第一步是根据网格单元变量平均值构建每个单元的解。若采用分段常数重构,如图 9-3(a),则单元的变量分布为:

$$f(x,t)=\langle f\rangle_j^n,\quad x_{j-1/2}\leqslant x\leqslant x_{j+1/2} \tag{9.16}$$

每个单元的重构会在其边界产生两个值。在边界 $x_{j+1/2}$ 处得到变量的左状态和右状态:

$$f_{j+1/2}^L=\langle f\rangle_j,\quad f_{j+1/2}^R=\langle f\rangle_{j+1} \tag{9.17}$$

第二步是根据边界变量值计算边界净通量。在 $a>0$ 情形下，通过单元边界的通量为：

$$F_{j-1/2}=af^{L}_{j-1/2}=a\langle f\rangle_{j-1}$$
$$F_{j+1/2}=af^{L}_{j+1/2}=a\langle f\rangle_{j} \tag{9.18}$$

第三步是将净通量代入有限体积离散式，更新网格单元的变量值。采用欧拉显式格式离散非稳态项，并整理得：

$$\langle f\rangle_j^{n+1}=\langle f\rangle_j^n-\frac{a\Delta t}{\Delta x}[\langle f\rangle_j^n-\langle f\rangle_{j-1}^n] \tag{9.19}$$

这就得到了变量的迭代式。我们注意到该式和空间项采用一阶迎风格式的离散结果，即与第 2 章中方程(2.35)是一致的。尽管通量的计算是精确解，但是该计算式的空间精度只是一阶，这是因为采用了分段常数重构单元内的解。

为了得到更高精度的计算式，可以采用高阶函数重构单元内的解。一种常见的高阶重构方法是：将单元内的变量斜率进行加权平均计算，这种方法也统称为 MUSCL 格式，如图 9-4 所示。

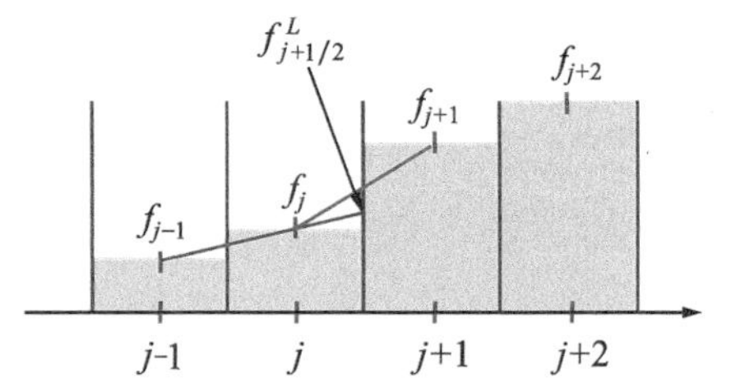

图 9-4 单元内的变量按照斜率重构的示意图

采用线性函数重构单元内的解，以变量在单元边界的左状态为例：

$$f^{L}_{j+1/2}=\langle f\rangle_j+\frac{\Delta x}{2}S \tag{9.20}$$

式中，S 为变量沿 x 方向分布的斜率。斜率可以根据 f_{j-1} 和 f_j 的线性分布得到，也可以根据 f_j 和 f_{j+1} 的线性分布得到。因此，定义如下左斜率和右斜率：

$$S^-=\frac{f_j-f_{j-1}}{\Delta x}$$
$$S^+=\frac{f_{j+1}-f_j}{\Delta x} \tag{9.21}$$

将左斜率和右斜率按照一定的权值相加，构造变量在单元边界的左状态，即：

$$f^{L}_{j+1/2}=\langle f\rangle_j+\frac{\Delta x}{2}\left[\left(\frac{1-\kappa}{2}\right)S^-+\left(\frac{1+\kappa}{2}\right)S^+\right] \tag{9.22}$$

式中，κ 为权重参数。可以发现，当 κ 取不同值时，计算式退化为不同的格式。例如，$\kappa=1$ 时，计算式等价为中心差分格式；$\kappa=-1$ 时，计算式等价为二阶迎风格式；$\kappa=1/2$ 时，计算式等价为 QUICK 格式；$\kappa=0$ 时，计算式等价为 Fromm 格式。经过整理，得：

$$f_{j+1/2}^{L}=\langle f\rangle_{j}+\frac{1-\kappa}{4}(\langle f\rangle_{j}-\langle f\rangle_{j-1})+\frac{1+\kappa}{4}(\langle f\rangle_{j+1}-\langle f\rangle_{j}) \quad (9.23)$$

上式也可以表示为：

$$f_{j+1/2}^{L}=\frac{1}{2}(\langle f\rangle_{j}+\langle f\rangle_{j+1})-\frac{1-\kappa}{4}(\langle f\rangle_{j+1}-2\langle f\rangle_{j}+\langle f\rangle_{j-1}) \quad (9.24)$$

该式将单元边界值表示为：中心差分格式和修正项之和，该修正项通常称为人工黏度项。我们知道在对流方程中中心差分格式是绝对不稳定格式。在中心差分格式基础上增加的人工黏度项，起到稳定迭代计算的作用。类似地，可以写出变量在单元边界的右状态：

$$f_{j+1/2}^{R}=\frac{1}{2}(\langle f\rangle_{j}+\langle f\rangle_{j+1})-\frac{1-\kappa}{4}(\langle f\rangle_{j+2}-2\langle f\rangle_{j+1}+\langle f\rangle_{j}) \quad (9.25)$$

基于线性函数重构单元内的解得到的计算式具有空间二阶精度，但是有可能引起非物理的振荡。如图 9-5 所示，针对方波函数，如果采用线性函数重构，则会在网格单元边界处产生过度的插值。

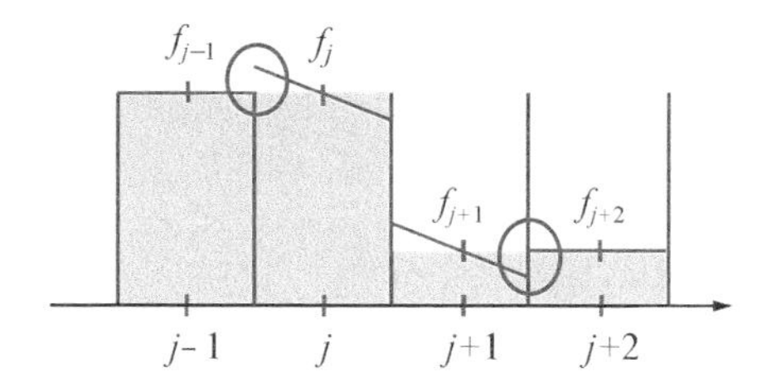

图 9-5　网格界面处产生过度插值的示意图

图 9-6 和图 9-7 分别采用一阶格式和 MUSCL 格式 ($\kappa=1/2$) 离散，得到方波在一维线性对流作用下的输运。可以看到，采用一阶格式时，得到的数值结果在间断附近没有振荡，然而耗散非常大。采用 MUSCL 格式时，耗散得到了减弱，但是在间断点处产生了非物理的振荡。MUSCL 格式中人工黏度项抑制了振荡，但不能完全消除振荡。更为现代的方法是采用函数限制器的方法，限制变量斜率或通量。为此，需要介绍总变差、单调性等概念。

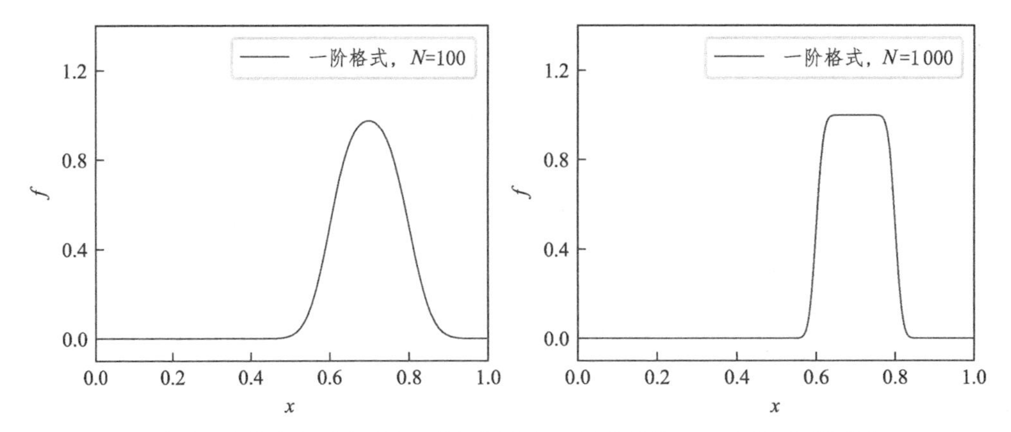

图 9-6　采用一阶格式得到的对流方程的解(左图：网格数为 100,右图：网格数为 1 000)

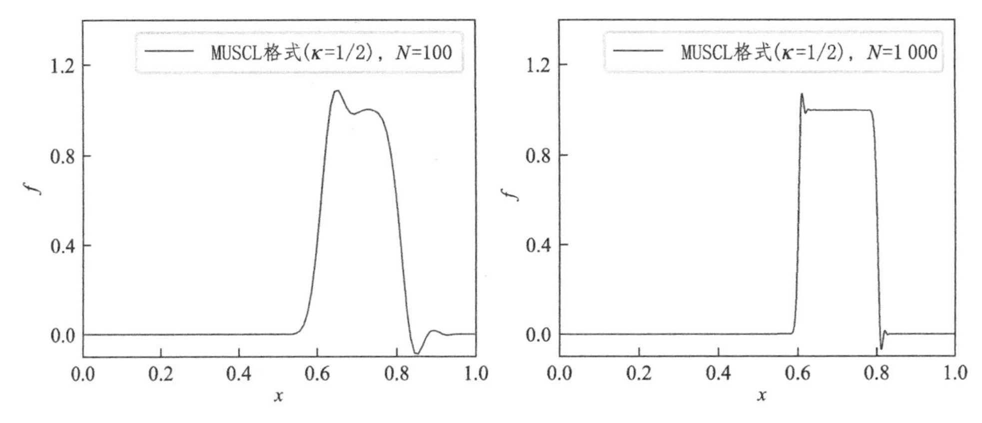

图 9-7　采用 MUSCL 格式($\kappa=1/2$)得到的对流方程的解

(左图：网格数为 100,右图：网格数为 1 000)

9.1.4　总变差减小条件与限制器函数

针对一维线性对流方程(9.3),假设在任意给定点上,第 n 个时间层的变量 f 及其导数 $\partial f/\partial x$ 都是已知的。方程(9.3)的物理解有一个重要且有趣的性质：导数的绝对值 $|\partial f/\partial x|$ 在整个区域的积分不随时间增加,这个积分称为总变差,记作 TV,即：

$$\mathrm{TV}(f)=\int\left|\frac{\partial f}{\partial x}\right|\mathrm{d}x \tag{9.26}$$

因此,对于真实的物理解,总变差不随时间增加。方程(9.3)的数值解的导数 $\partial f/\partial x$ 可离散成 $(f_{j+1}-f_j)/\Delta x$,则总变差的离散计算式为：

$$\mathrm{TV}(f)=\sum_{j}|f_{j+1}-f_{j}| \tag{9.27}$$

在第 n 个时间层和第 $n+1$ 个时间层的总变差分别用 $\mathrm{TV}(f^{n+1})$ 和 $\mathrm{TV}(f^{n})$ 表示。如果计算值满足如下公式：

$$\mathrm{TV}(f^{n+1})\leqslant \mathrm{TV}(f^{n}) \tag{9.28}$$

则此格式具有总变差减小(TVD)的性质。我们不加证明地给出,一阶迎风格式具有 TVD 性质,而高阶格式不具有 TVD 性质。将离散方程写成如下形式：

$$f_{j}^{n+1}=f_{j}^{n}-\frac{\Delta t}{\Delta x}(F_{j+1/2}-F_{j-1/2})=H(f_{j-1}^{n},\ f_{j}^{n},\ f_{j+1}^{n},\ \cdots) \tag{9.29}$$

TVD 性质要求函数 H 关于各参数为单增函数,即：

$$\frac{\partial H}{\partial f_{j}}\geqslant 0 \tag{9.30}$$

也可以理解为：如果 f_{j}^{n} 的单调能保证 f_{j}^{n+1} 是单调的,则此格式为单调保持的。单调保持格式使得数值解具有以下特性：不会产生新的极值、局部最小值不减小、局部最大值不增加。所有的单调格式都是 TVD 的,且所有 TVD 格式都是单调保持的,这给出了构造 TVD 格式的设计准则。如果某种格式结合了 TVD 的性质,那么数值解不会产生非物理的振荡。使二阶格式成为 TVD 格式的一种有效方法是：给变量或者通量乘以一个合适的非线性函数,使得差分方程满足 TVD 性质,具体如下：

$$f_{j+1/2}=f_{j}^{n}+\frac{1}{2}\psi_{j}(f_{j}-f_{j-1}) \tag{9.31}$$

式中,ψ 为限制器函数。限制器函数表示为 $\psi(r)$,其中 r 是物理量 f 在相邻单元的增量比值,即：

$$r_{j+1/2}=\frac{f_{j+1}-f_{j}}{f_{j}-f_{j-1}} \tag{9.32}$$

Sweby 等提出了通用的限制器函数 $\psi(r)$ 应满足的关系式。根据此标准,发展了许多不同的限制器函数。其中,Min-Mod 限制器给出了二阶 TVD 域的下界：

$$\psi(r)=\max\{0,\ \min\{r,\ 1\}\} \tag{9.33}$$

而 Superbee 限制器给出了二阶 TVD 域的上界：

$$\psi(r)=\max\{0,\ \min\{2r,\ 1\},\ \min\{r,\ 2\}\} \tag{9.34}$$

Superbee 限制器有时也被称为过压缩限制器，因为它可能使梯度变得陡峭，并可能在光顺解中引入锯齿。这是由于 $r \geqslant 2$ 时，$\psi(r)=2$。Min-Mod 和 Superbee 限制器的缺点是它们在某些 $r \geqslant 0$ 的情况下是不可微的，这会对收敛稳定性产生不利的影响。

van Leer 提出了如下改进的限制器：

$$\psi(r)=\frac{r+|r|}{1+r} \tag{9.35}$$

此限制器在 $r=0$ 处是可微的。采用限制器来构造二阶 TVD 格式是一个有效且可靠的方法，因此在现代 CFD 算法中得到了广泛应用。

图 9-8 给出了采用带 TVD 限制（Min-Mod 函数）的二阶 MUSCL 格式（$\kappa=1/2$），得到的方波在一维线性对流作用下的输运。可以看到数值解和精确解吻合得更好，数值结果在间断附近没有振荡，数值耗散也小于一阶格式。通过对比发现，二阶 MUSCL 格式结合 TVD 限制函数器的结果更加优越。

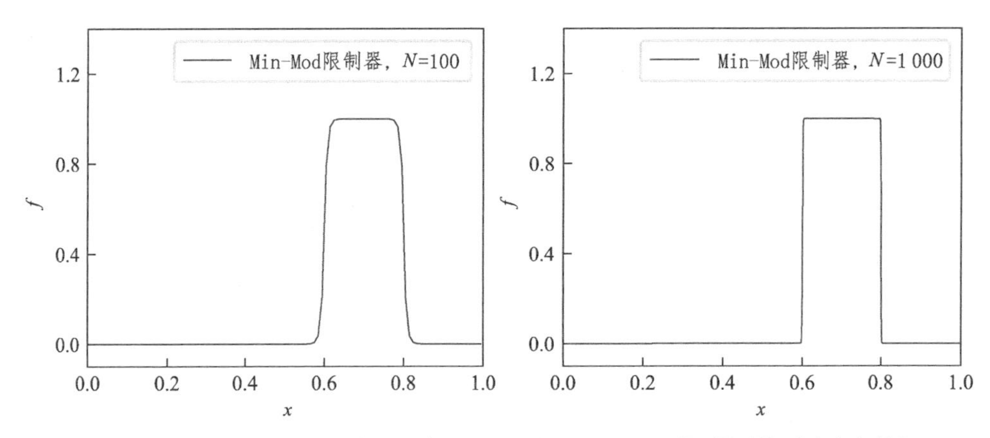

图 9-8 采用二阶 MUSCL 格式结合 TVD 限制（Min-Mod 函数）得到的对流方程的解（左图：网格数为 100，右图：网格数为 1 000）

9.2 一维欧拉方程

9.2.1 数学方程

欧拉方程是忽略黏性力的可压缩流体运动方程。理想气体的一维非定常无黏流动方程包含如下一组非线性双曲型偏微分方程：

$$\frac{\partial}{\partial t}\begin{pmatrix}\rho\\ \rho u\\ \rho e\end{pmatrix}+\frac{\partial}{\partial x}\begin{pmatrix}\rho u\\ \rho u^{2}+p\\ \rho ue+pu\end{pmatrix}=\mathbf{0} \tag{9.36}$$

方程组包括 3 个方程，分别表示一维条件下质量、动量、能量的守恒。方程组包括 4 个未知量：密度 ρ，速度 u，压力 p 和总能 e。根据热力学，总能可以表示为其他变量的函数，即：

$$e=\frac{1}{2}u^{2}+\frac{p}{\rho(\gamma-1)} \tag{9.37}$$

式中，γ 称为热容比，是定压比热容和定容比热容的比值，对于空气，γ 为 1.4。一维欧拉方程可以简记为：

$$\frac{\partial \boldsymbol{Q}}{\partial t}+\frac{\partial \boldsymbol{F}}{\partial x}=\mathbf{0} \tag{9.38}$$

式中，$\boldsymbol{Q}$ 是解列向量，$\boldsymbol{F}$ 是通量列向量，它们的定义如下：

$$\boldsymbol{Q}=\begin{pmatrix}\rho\\ \rho u\\ \rho e\end{pmatrix},\quad \boldsymbol{F}=\begin{pmatrix}\rho u\\ \rho u^{2}+p\\ \rho ue+pu\end{pmatrix} \tag{9.39}$$

方程(9.38)是守恒形式，与 9.1 节中对流方程的处理方法类似。方程(9.38)也可以表示为如下非守恒形式：

$$\frac{\partial \boldsymbol{Q}}{\partial t}+\boldsymbol{A}\frac{\partial \boldsymbol{Q}}{\partial x}=\mathbf{0} \tag{9.40}$$

式中，$\boldsymbol{A}$ 称为雅可比矩阵，可由通量 $\boldsymbol{F}$ 的各分量对解向量 $\boldsymbol{Q}$ 的分量依次求导得到，即：

$$\boldsymbol{A}=\frac{\partial \boldsymbol{F}}{\partial \boldsymbol{Q}}=\begin{bmatrix}0 & 1 & 0\\ (\gamma-3)\dfrac{u^{2}}{2} & (3-\gamma)u & (\gamma-1)\\ (\gamma-1)u^{3}-\gamma\rho eu & -\dfrac{3}{2}(\gamma-1)u^{2}+\gamma\rho e & \gamma u\end{bmatrix} \tag{9.41}$$

在分析控制方程的数学性质时，雅可比矩阵的特征值扮演了非常重要的角色。雅可比矩阵的特征值满足方程：

$$|\boldsymbol{A}-\lambda\boldsymbol{I}|=0 \tag{9.42}$$

式中，$\boldsymbol{I}$ 为单位矩阵，λ 为矩阵特征值。一维欧拉方程雅可比矩阵的特征值为：

$$\lambda_1=u,\quad \lambda_2=u+c,\quad \lambda_3=u-c \tag{9.43}$$

特征值揭示了信息在流场中传播的速度和方向，如图 9-9 所示。通过 $x-t$ 平面的给定点，有三条特征线，其斜率分别为 $\mathrm{d}t/\mathrm{d}x=1/u$、$\mathrm{d}t/\mathrm{d}x=1/(u+c)$、$\mathrm{d}t/\mathrm{d}x=1/(u-c)$。$\lambda_1=u$ 表示流体微团携带信息以速度 u 移动。同样地，$\lambda_2=u+c$ 和 $\lambda_3=u-c$ 则表示信息沿着 x 轴分别向右、向左传播，其相对于流体微团的传播速度为当地声速。斜率为 $1/(u+c)$ 和 $1/(u-c)$ 的曲线分别为右行和左行马赫波。

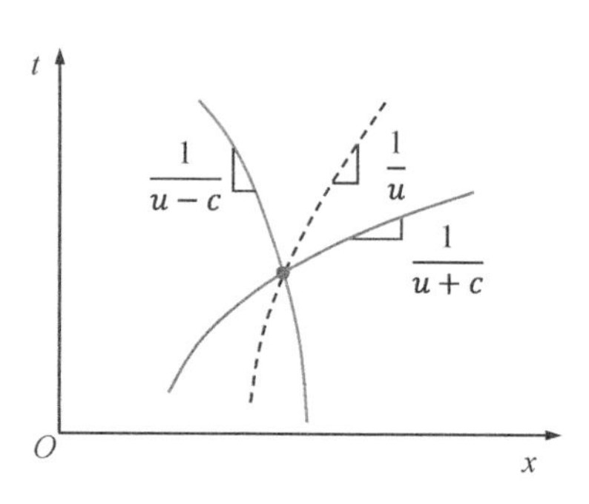

图 9-9 一维非定常欧拉流的特征线

9.2.2 激波管

激波管问题是一维欧拉方程黎曼问题的一种代表形式，它是一类具有特殊初值条件的欧拉方程组。激波管问题可以用于考察数值方法捕捉激波和处理光滑区域的能力，同时激波问题存在精确解，是可压缩 CFD 中经典的一维测试案例。如图 9-10 所示，激波管是一个封闭的管道，初始时刻被固体薄膜隔成一个高压段(左侧)和一个低压段(右侧)，高压段和低压段的初始速度均为 0。假设膜片在瞬间被打破，初始时不连续的压力将以非定常正激波的形式向右传播，同时还有一个非定常等熵稀疏波向左传播。当激波向右传播时，始终是一个间断面，而稀疏波向左传播时，逐渐变宽。管道内的气体被分成四个区域，如图 9-11 所示，区域 1 是低压段中未受干扰的部分；区域 2 是激波传播过程中经过的区域；区域 3 是稀疏波传播过程中经过的区域；区域 4 是高压段未受干扰的部分；区域 2 和区域 3 的交界是接触面，不允许压力有间断，但熵、温度和密度是不同的。

给定激波管的无量纲初值如下：

$$\begin{aligned}&\text{当 } x<0.5 \text{ 时，}(\rho_L,\ u_L,\ p_L)=(1.0,\ 0.0,\ 1.0)\\&\text{当 } x\geqslant 0.5 \text{ 时，}(\rho_R,\ u_R,\ p_R)=(0.125,\ 0.0,\ 0.1)\end{aligned} \tag{9.44}$$

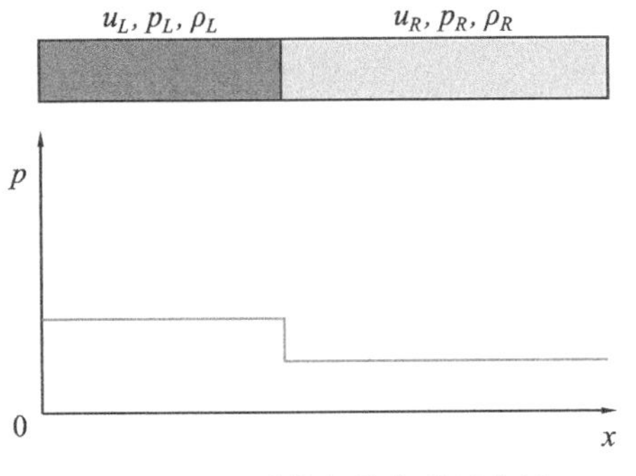

图 9-10　激波管初值条件示意图

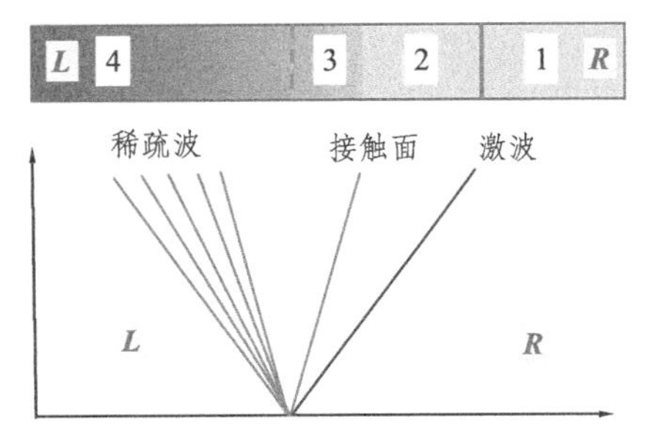

图 9-11　分隔膜片打破后，激波管流场示意图

Sod 初始条件激波管具有理论解析解，在 $t=0.2$ 时刻，流体的压力、密度和速度的精确解（给定流体性质 $\gamma=1.4$）如图 9-12 所示：

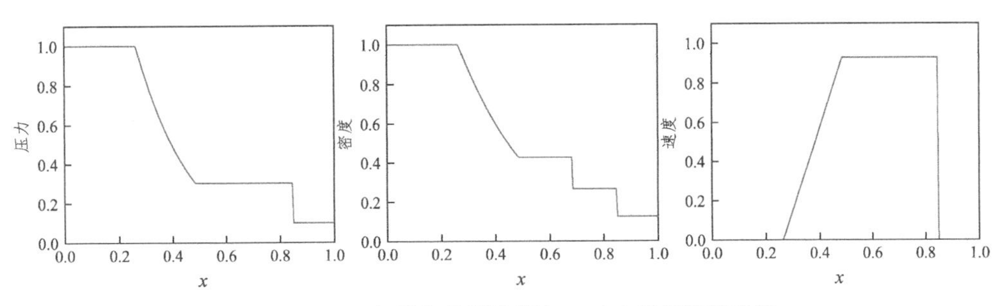

图 9-12　Sod 初始条件激波管在 $t=0.2$ 时刻的精确解

9.2.3　离散化求解

采用类似一维线性对流方程的网格划分计算区域。同样地，一维欧拉方程的半离散格式可以写为：

$$\frac{\partial \boldsymbol{Q}_j}{\partial t}=-\frac{1}{\Delta x}\left[\boldsymbol{F}_{j+1/2}-\boldsymbol{F}_{j-1/2}\right] \tag{9.45}$$

式中，$\boldsymbol{Q}_j$ 为网格中心的变量值，$\boldsymbol{F}_{j\pm1/2}$ 为网格边界的通量。非稳态项的离散可以采用一阶或高阶格式，网格边界的通量可以采用不同的离散格式计算。

9.2.3.1　Lax-Friedrichs 格式

在第 2 章对流方程的离散化中，我们首先提到了中心差分格式。中心差分格式易于实现，具有二阶精度，但是对于纯对流问题，它是绝对不稳定格式，为此，发展了 Lax-Friedrichs 格式。类比方程(2.33)，写出如下一维欧拉方程的 Lax-Friedrichs 格式：

$$\boldsymbol{Q}_j^{n+1}=-\frac{1}{2}\frac{\Delta t}{\Delta x}(\boldsymbol{F}_{j+1}^n-\boldsymbol{F}_{j-1}^n)+\frac{1}{2}(\boldsymbol{Q}_{j+1}^n+\boldsymbol{Q}_{j-1}^n) \tag{9.46}$$

该式具有一阶精度，但是避免了中心差分格式非物理振荡的问题。按照本章有限体积法的做法，将方程整理成如下守恒型方程的计算格式：

$$\boldsymbol{Q}_j^{n+1}=\boldsymbol{Q}_j^n-\frac{\Delta t}{\Delta x}(\boldsymbol{F}_{j+1/2}^n-\boldsymbol{F}_{j-1/2}^n) \tag{9.47}$$

式中，$\boldsymbol{F}_{j\pm1/2}^n$ 是网格界面处的通量，采用 Lax-Friedrichs 格式计算式如下：

$$\boldsymbol{F}_{j+1/2}^n=\frac{1}{2}(\boldsymbol{F}_{j+1}^n+\boldsymbol{F}_j^n)-\frac{1}{2}\frac{\Delta x}{\Delta t}(\boldsymbol{Q}_{j+1/2}^n-\boldsymbol{Q}_{j-1/2}^n) \tag{9.48}$$

给定 Sod 初始条件，采用 Lax-Friedrichs 格式，得到的计算结果如图 9-13 所示。由图可知，数值解在间断点处存在明显耗散，且网格数量越少，数值耗散越大。

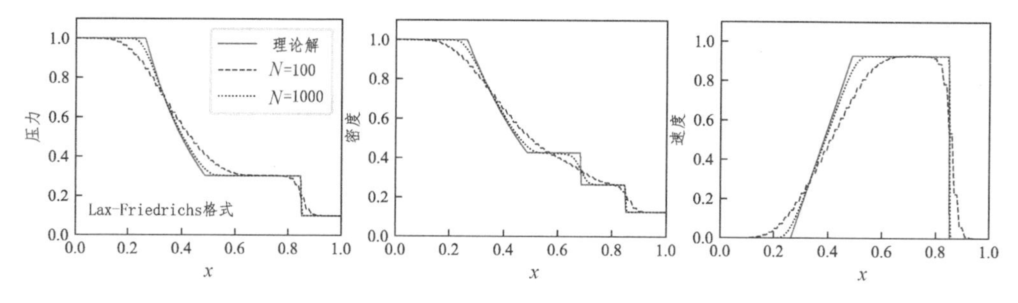

图 9-13　Lax-Friedrichs 格式预测结果

9.2.3.2　一阶迎风矢通量分裂格式

矢通量分裂格式是一种试图从物理上正确反映信息在流场中传播的数值方法，它们考虑波传播的方向，不会产生非物理的振荡。根据特征值将对流通量的向量分解成两部分。对于方程(9.40)中的雅可比矩阵 $\boldsymbol{A}$，存在矩阵 $\boldsymbol{T}$ 可以将矩阵 $\boldsymbol{A}$ 对角化，即：

$$\boldsymbol{T}^{-1}\boldsymbol{A}\boldsymbol{T}=[\lambda] \tag{9.49}$$

式中，$[\lambda]$ 是对角矩阵。定义矩阵 $[\lambda^+]$ 和 $[\lambda^-]$，分别由 $\boldsymbol{A}$ 的正、负特征值构成，因此，雅可比矩阵分为两个矩阵，即：

$$\boldsymbol{A}=\boldsymbol{A}^++\boldsymbol{A}^-=\boldsymbol{T}[\lambda^+]\boldsymbol{T}^{-1}+\boldsymbol{T}[\lambda^-]\boldsymbol{T}^{-1} \tag{9.50}$$

因此，将矢通量分裂成如下两部分：

$$\boldsymbol{F}^{+}=\boldsymbol{A}^{+}\boldsymbol{Q},\quad \boldsymbol{F}^{-}=\boldsymbol{A}^{-}\boldsymbol{Q} \tag{9.51}$$

于是,将一维欧拉方程拆分成如下格式:

$$\frac{\partial \boldsymbol{Q}}{\partial t}+\frac{\partial \boldsymbol{F}^{+}}{\partial x}+\frac{\partial \boldsymbol{F}^{-}}{\partial x}=\boldsymbol{0} \tag{9.52}$$

式中,$\boldsymbol{F}^{+}$对应正向的通量,$\boldsymbol{F}^{-}$对应负向的通量。矢通量分裂方法采用一阶单侧差分,所以只有一阶精度。矢通量分裂方法有多种不同的格式,常见的有:Zha-Bilgen 格式、van Leer 格式、Steger-Warming 格式。这里给出最简单的 Zha-Bilgen 通量分裂格式,将对流通量分解成两部分,再根据 Ma 数分段计算压力等项:

$$\boldsymbol{F}^{+}=\max\{u,0\}\begin{bmatrix}\rho\\ \rho u\\ \rho e\end{bmatrix}+\begin{bmatrix}0\\ p^{+}\\ (pu)^{+}\end{bmatrix},\qquad \boldsymbol{F}^{-}=\min\{u,0\}\begin{bmatrix}\rho\\ \rho u\\ \rho e\end{bmatrix}+\begin{bmatrix}0\\ p^{-}\\ (pu)^{-}\end{bmatrix}$$

$$p^{+}=p\begin{cases}0 & Ma\leqslant -1\\ 0.5(1+Ma) & -1<Ma<1\\ 1 & Ma\geqslant 1\end{cases},\quad p^{-}=p\begin{cases}0 & Ma\leqslant -1\\ 0.5(1-Ma) & -1<Ma<1\\ 1 & Ma\geqslant 1\end{cases}$$

$$(pu)^{+}=p\begin{cases}0 & Ma\leqslant -1\\ 0.5(u+c) & -1<Ma<1\\ u & Ma\geqslant 1\end{cases},\quad (pu)^{-}=p\begin{cases}u & Ma\leqslant -1\\ 0.5(u-c) & -1<Ma<1\\ 0 & Ma\geqslant 1\end{cases} \tag{9.53}$$

进一步写成矢量式为:

$$\boldsymbol{Q}_j^{n+1}=\boldsymbol{Q}_j^{n}-\frac{\Delta t}{\Delta x}\left[\boldsymbol{F}^{+}(\boldsymbol{Q}_j^{n})+\boldsymbol{F}^{-}(\boldsymbol{Q}_{j+1}^{n})-\boldsymbol{F}^{+}(\boldsymbol{Q}_{j-1}^{n})-\boldsymbol{F}^{-}(\boldsymbol{Q}_j^{n})\right] \tag{9.54}$$

同样地,可以按照有限体积法的做法,将方程整理成如下守恒格式:

$$\boldsymbol{Q}_j^{n+1}=\boldsymbol{Q}_j^{n}-\frac{\Delta t}{\Delta x}(\boldsymbol{F}_{j+1/2}^{n}-\boldsymbol{F}_{j-1/2}^{n}) \tag{9.55}$$

$$\boldsymbol{F}_{j+1/2}^{n}=\boldsymbol{F}^{+}(\boldsymbol{Q}_j^{n})+\boldsymbol{F}^{+}(\boldsymbol{Q}_{j+1}^{n})$$

式中,$\boldsymbol{F}_{j\pm1/2}^{n}$ 是界面处的通量。

给定 Sod 初始条件,采用 Zha-Bilgen 通量分裂格式,得到的计算结果如图 9-14 所示。由图可知,当网格数量 $N=100$ 时,存在一定偏差,但是当网格数量 $N=1\,000$ 时,数值解几乎完全与理论解吻合。

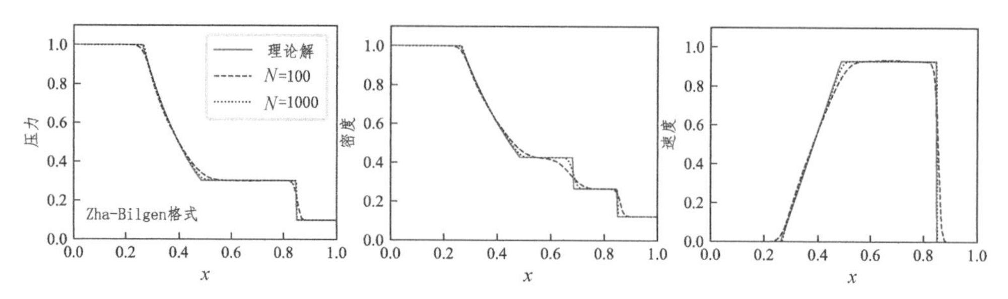

图 9-14 一阶迎风矢通量分裂格式(Zha-Bilgen 格式)预测结果

9.2.3.3 WENO 格式

WENO 格式是一种近年来发展的高分辨率格式,它是在 ENO 格式的基础上发展起来的。ENO 是本质无振荡格式(Essentially Non-Oscillatory)的缩写。ENO 格式的主要思想是在若干个可能的插值区域中选择一个最光滑的插值区域进行插值计算,以便高精度地逼近网格界面处的通量。ENO 格式的优点在于理论上能得到任意阶精度的插值函数,缺点是需要的插值点数量较多。而 WENO 格式通过加权插值,既提高了插值精度,同时减少了插值点数。以下简要给出三阶 WENO 格式:

$$\frac{\mathrm{d}\boldsymbol{Q}_j}{\mathrm{d}t}+\frac{1}{\Delta x}(\boldsymbol{F}_{j+1/2}-\boldsymbol{F}_{j-1/2})=\mathbf{0} \tag{9.56}$$

式中,通量根据不同格式得到通量加权平均,计算式如下:

$$\begin{aligned}\boldsymbol{F}_{j+1/2}&=\omega_1\boldsymbol{F}_{j+1/2}^{(1)}+\omega_2\boldsymbol{F}_{j+1/2}^{(2)}\\ \boldsymbol{F}_{j+1/2}^{(1)}&=-\frac{1}{2}\boldsymbol{F}_{j-1}+\frac{3}{2}\boldsymbol{F}_j\\ \boldsymbol{F}_{j+1/2}^{(2)}&=-\frac{1}{2}\boldsymbol{F}_j+\frac{1}{2}\boldsymbol{F}_{j+1}\end{aligned} \tag{9.57}$$

式中,$\boldsymbol{F}_{j+1/2}^{(1)}$ 为二阶迎风格式,$\boldsymbol{F}_{j+1/2}^{(2)}$ 为二阶中心差分格式。权重比例因子如下:

$$\begin{aligned}\tilde{\omega}_l&=\frac{\gamma_l}{(\varepsilon+\beta_l)^2}\\ \omega_l m&=\frac{\tilde{\omega}_l}{\sum\limits_{l=1}^{2}\tilde{\omega}_l},\ l=1,\ 2\end{aligned} \tag{9.58}$$

式中,$\beta_1=(f_j-f_{j-1})^2$,$\beta_2=(f_{j+1}-f_j)^2$,$\gamma_1=1/3$,$\gamma_2=2/3$,$\varepsilon=10^{-6}$。

WENO 格式通常和针对时间导数项的 Runge-Kutta 格式联合使用。

$$
\begin{aligned}
\boldsymbol{Q}_j^{(1)} &= \boldsymbol{Q}_j^n + \Delta t L(\boldsymbol{Q}^n, t^n) \\
\boldsymbol{Q}_j^{(2)} &= \frac{3}{4}\boldsymbol{Q}_j^n + \frac{1}{4}\boldsymbol{Q}_j^{(1)} + \frac{1}{4}\Delta t L(\boldsymbol{Q}^{(1)}, \Delta t) \\
\boldsymbol{Q}_j^{n+1} &= \frac{1}{3}\boldsymbol{Q}_j^n + \frac{2}{3}\boldsymbol{Q}_j^{(2)} + \frac{2}{3}\Delta t L\left(\boldsymbol{Q}^{(2)}, t^n + \frac{1}{2}\Delta t\right)
\end{aligned}
\tag{9.59}
$$

式中，$L(f, t) = -\partial F/\partial x$。

给定 Sod 初始条件，采用 WENO 格式，得到的计算结果如图 9-15 所示。由图可知，当网格数量 $N=100$ 时，存在一定偏差，但是当网格数量 $N=1\ 000$ 时，数值解几乎完全与理论解吻合。

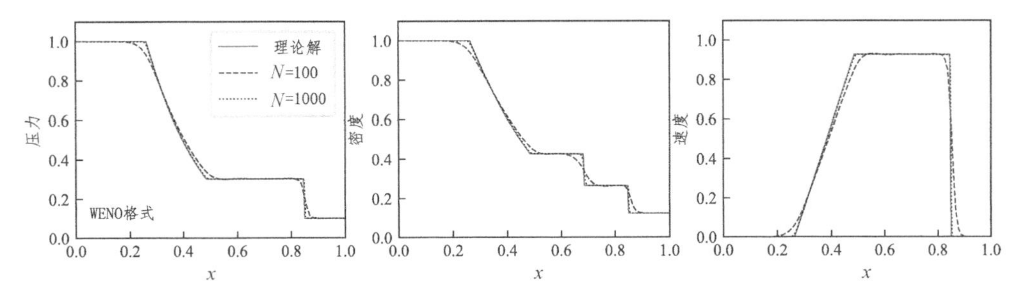

图 9-15　WENO 格式预测结果

9.2.3.4　Roe 近似黎曼求解器

Godunov 提出了一种求解流体流动的数值算法，其思想是在每个单元上求解局部区域流动的欧拉方程，再由这些单元上的解组成全流场的解。用一维非定常欧拉方程局部黎曼问题的精确解构成整个流场的数值解，计算量较大。Roe 近似黎曼求解器的思想是将雅可比矩阵线性化，且满足以下等式：

$$
\boldsymbol{F}(\boldsymbol{Q}_R) - \boldsymbol{F}(\boldsymbol{Q}_L) = \boldsymbol{A}(\boldsymbol{Q}_{RL})(\boldsymbol{Q}_R - \boldsymbol{Q}_L) \tag{9.60}
$$

该方程解出的 $\boldsymbol{Q}_{RL}$ 称为 Roe 平均，具体如下：

$$
\begin{aligned}
&\rho_{RL} = \sqrt{\rho_R \rho_L}, \qquad u_{RL} = \frac{\sqrt{\rho_R}u_R + \sqrt{\rho_L}u_L}{\sqrt{\rho_R} + \sqrt{\rho_L}} \\
&h_{RL} = \frac{\sqrt{\rho_R}h_{TR} + \sqrt{\rho_L}h_{TL}}{\sqrt{\rho_R} + \sqrt{\rho_L}}, \quad a_{RL} = \sqrt{(\gamma - 1)\left(h_{RL} - \frac{1}{2}u_{RL}^2\right)}
\end{aligned}
\tag{9.61}
$$

在 $x=0$ 处 Roe 近似黎曼求解器中解的表达式为：

$$\begin{aligned} \boldsymbol{F}[\boldsymbol{Q}(0)] &\approx \boldsymbol{A}(\boldsymbol{Q}_{RL})\boldsymbol{Q}(0) \\ &= \frac{1}{2}[\boldsymbol{F}(\boldsymbol{Q}_R)+\boldsymbol{F}(\boldsymbol{Q}_L)] - \frac{1}{2}\sum_{i=1}^{3}\boldsymbol{r}_i \mid \lambda_i \mid \Delta v_i \end{aligned} \tag{9.62}$$

式中，$\boldsymbol{r}_i$ 为 $\boldsymbol{A}$ 的右特征向量，λ_i 为 $\boldsymbol{A}$ 的特征值。

$$\lambda_1 = u_{RL}, \quad \lambda_2 = u_{RL} + a_{RL}, \quad \lambda_3 = u_{RL} - a_{RL} \tag{9.63}$$

相应地，

$$\begin{aligned} \boldsymbol{r}_1 &= (1,\ u_{RL},\ 1/2u_{RT}^2)^{\mathrm{T}} \\ \boldsymbol{r}_2 &= \frac{\rho_{RL}}{2a_{RL}}(1,\ u_{RL}+a_{RL},\ h_{RL}+a_{RL}u_{RL})^{\mathrm{T}} \\ \boldsymbol{r}_3 &= -\frac{\rho_{RL}}{2a_{RL}}(1,\ u_{RL}-a_{RL},\ h_{RL}-a_{RL}u_{RL})^{\mathrm{T}} \end{aligned} \tag{9.64}$$

在计算过程中，通常写为如下矩阵形式：

$$\boldsymbol{F}_{j+1/2}^n = \frac{1}{2}[\boldsymbol{F}(\boldsymbol{Q}_{j+1}^n)+\boldsymbol{F}(\boldsymbol{Q}_j^n)] - \frac{1}{2}\mid A_{j+1/2}^n \mid (\boldsymbol{Q}_{j+1}^n - \boldsymbol{Q}_j^n) \tag{9.65}$$

式中，$\boldsymbol{Q}$ 为上述 Roe 平均后的表达式，$|\boldsymbol{A}_{j+1/2}^n|$ 为 $\boldsymbol{T}^{-1}\boldsymbol{AT}$，$\boldsymbol{T}$ 为雅可比矩阵的右特征向量组成的矩阵，$\boldsymbol{A}$ 为特征值绝对值组成的对角矩阵。

给定 Sod 初始条件，采用 Roe 格式，得到的计算结果如图 9-16 所示。由图可知，当网格数量 $N=100$ 时，存在明显的偏差，但是当网格数量 $N=1\,000$ 时，偏差显著减小。

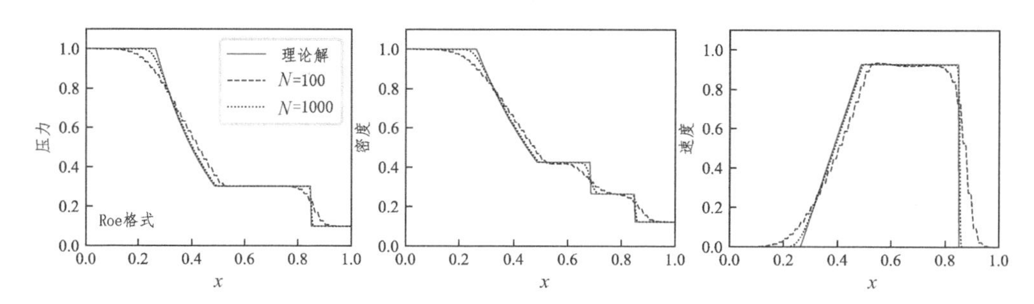

图 9-16 Roe 近似黎曼解格式预测结果

9.3 二维欧拉方程

9.3.1 数学方程

二维欧拉方程表示的是理想气体的无黏二维流动，包括连续性方程、动量方程、能量方程。方程的守恒形式如下：

$$\frac{\partial}{\partial t}\begin{pmatrix}\rho\\ \rho u\\ \rho v\\ \rho e\end{pmatrix}+\frac{\partial}{\partial x}\begin{pmatrix}\rho u\\ \rho u^2+p\\ \rho uv\\ \rho ue+pu\end{pmatrix}+\frac{\partial}{\partial y}\begin{pmatrix}\rho v\\ \rho uv\\ \rho v^2+p\\ \rho ve+pv\end{pmatrix}=\mathbf{0} \tag{9.66}$$

方程组包括 4 个方程和 5 个未知量：密度 ρ，速度 u 和 v，压力 p 和总能 e。因此，还需要补充一个方程，根据热力学，压力 p 可以表示为其他变量的函数，即：

$$p=(\gamma-1)\rho\left[e-\frac{1}{2}(u^2+v^2)\right] \tag{9.67}$$

式中，γ 称为热容比，是定压比热和定容比热之比。方程可简记为如下向量式：

$$\frac{\partial \boldsymbol{Q}}{\partial t}+\frac{\partial \boldsymbol{F}}{\partial x}+\frac{\partial \boldsymbol{G}}{\partial y}=\mathbf{0} \tag{9.68}$$

式中，$\boldsymbol{Q}$ 是守恒量(解向量)，$\boldsymbol{F}$ 和 $\boldsymbol{G}$ 分别是 x 方向和 y 方向的通量。

9.3.2 离散化求解

采用非结构网格划分计算区域，网格主节点和邻居节点的关系如图 9-17 所示，变量储存在网格单元中心。在离散化过程中，需要构造变量在网格单元的分布，网格面左状态、右状态以及通过网格面的通量。

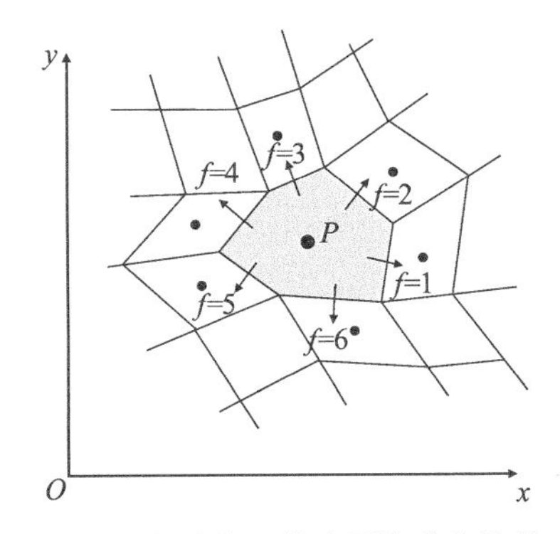

图 9-17　非结构网格中网格节点的关系

采用有限体积法对方程离散，得到变量在网格单元随时间的变化率等于通过单元边界的净通量，即：

$$\frac{\partial \boldsymbol{Q}}{\partial t} V_c + \oint_S (\boldsymbol{F} d n_x + \boldsymbol{G} d n_y) = 0 \tag{9.69}$$

式中，$\boldsymbol{Q}$ 为网格中心的变量值，V_c 为网格体积，$\boldsymbol{F}$ 和 $\boldsymbol{G}$ 为网格某一个面的通量。采用一阶欧拉显式格式离散非稳态项，并采用网格面中心处的值计算面通量，方程离散如下：

$$\boldsymbol{Q}^{n+1} = \boldsymbol{Q}^n + \frac{\Delta t}{V_c} \sum_{f=1}^{n} (\boldsymbol{F}_f n_{xf} + \boldsymbol{G}_f n_{yf}) = \boldsymbol{Q}^n + \frac{\Delta t}{V_c} \sum_{f=1}^{n} (Flux)_f \tag{9.70}$$

式中，$\boldsymbol{F}_f$ 和 $\boldsymbol{G}_f$ 是面 f 的通量，n_{xf} 和 n_{yf} 是面 f 的面法向分量。通量 $Flux$ 是流动变量的函数，即：

$$Flux = \boldsymbol{F} n_x + \boldsymbol{G} n_y = \begin{pmatrix} \rho(u n_x + v n_y) \\ \rho u(u n_x + v n_y) + p n_x \\ \rho v(u n_x + v n_y) + p n_y \\ (\rho e + p)(u n_x + v n_y) \end{pmatrix} = \begin{pmatrix} \rho V_n \\ \rho u V_n + p n_x \\ \rho v V_n + p n_y \\ (\rho e + p) V_n \end{pmatrix} \tag{9.71}$$

式中，V_n 为面法向速度，定义为 $V_n = u n_x + v n_y$。只要得到通量，便可以计算守恒变量的变化率，从而更新守恒变量，最后将更新的守恒变量换算成原始变量。根据 9.2 节一维欧拉方程求解方法的介绍，针对黎曼问题，通量有不同的计算格式，如 Lax-Friedrichs 格式、一阶迎风矢通量分裂格式、WENO 格式、Roe 近似黎曼格式等，容易将这些格式应用于二维欧拉方程，这里不再详细列出计算式，读者可以参阅本书提供的计算程序。下面将二维欧拉方程求解方法应用于三个经典的问题：拉法尔喷管、楔形激波、机翼绕流。

9.3.3 计算实例：拉法尔喷管

考虑流过拉法尔喷管的定常等熵流动问题，如图 9-18 所示。流体在进口驻室内流动速度很小（趋于零），经过拉法尔喷管不断增速，在出口处达到超声速。在喷管的收缩段，流动是亚声速的；在喷管的喉道是声速流动；在喷管的扩张段，流动是超声速的。为了简化计算，将该问题处理为二维流动。以下按照两种情况，计算缩放喷管的工作状态。

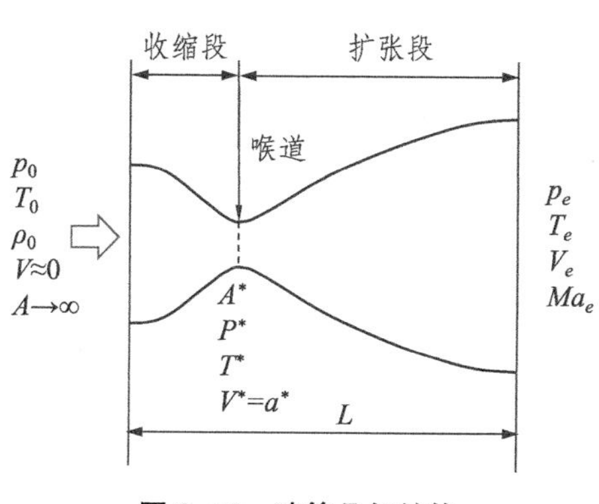

图 9-18 喷管几何结构

喷管的横截面积为 A，随喷管轴向距离变化的表达式为 $A = 1 + 2.2 \times (x - 1.5)^2$，通过理论分析，可以得到 Ma 数关于 x 的函数表达式，进而获得压力、密度、温度沿 x 方向变化的表达式。式中，A^* 为喉部截面积。

$$\left(\frac{A}{A^*}\right)^2 = \frac{1}{Ma}\left[\frac{2}{\gamma+1}\left(1+\frac{\gamma-1}{2}Ma^2\right)\right]^{\frac{\gamma+1}{\gamma-1}}$$
$$\frac{\phi}{\phi_0} = \left(1+\frac{\gamma-1}{2}Ma^2\right)^{-\frac{\gamma}{\gamma-1}}，其中 \phi 可取 \rho, p, T \tag{9.72}$$

(1) 亚声速-超声速等熵流动

已知进出口压力之比为 0.016。为了判断流动是否达到稳态，除了监测残差，还可以对喷管进口、出口的质量流率进行监测，如图 9-19 所示。在起初阶段，由于流场变量的瞬态变化，喷管内质量流量波动变化，但是，经过约 300 个时间步，质量流量的分布趋于稳定，最后变为水平，这表明喷管内流动已经达到稳定。

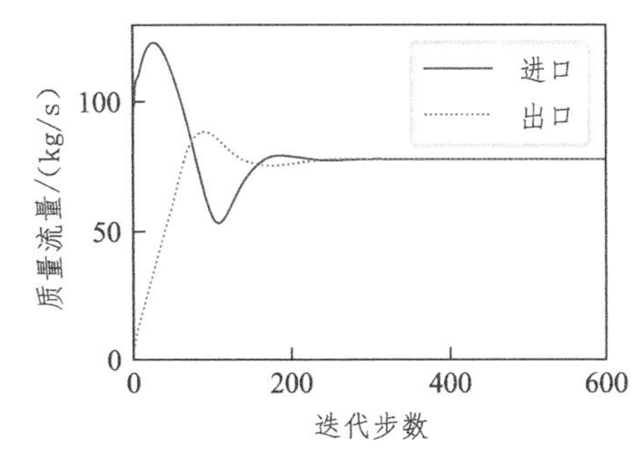

图 9-19　进口以及出口处质量流率的变化

图 9-20 给出了无量纲密度和马赫数沿喷管轴线的分布。由图可知，在收缩段，理论值与模拟值吻合较好，在扩张段，两者存在微小误差。这种误差的产生可能是由于理论值是通过将喷管简化为拟一维问题得到的，而在数值模拟中，流动参数不仅沿流动方向变化，沿垂直方向也存在一定梯度。

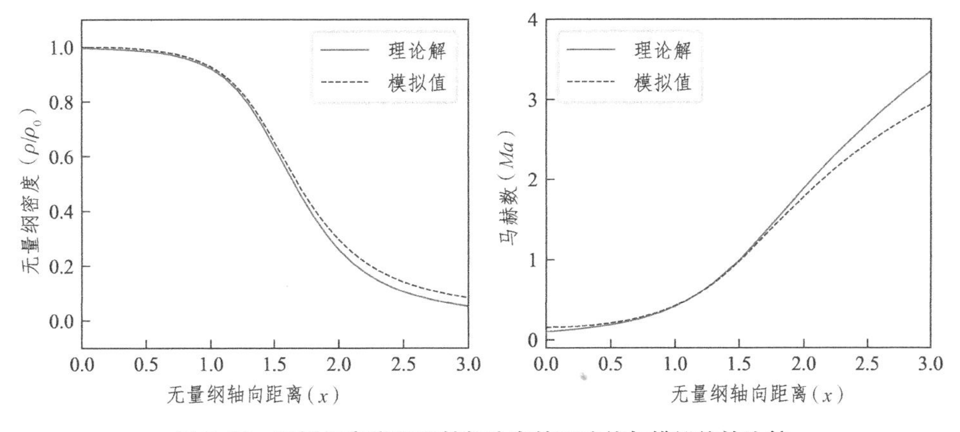

图 9-20　无量纲密度和马赫数分布的理论值与模拟值的比较

(2) 激波捕捉

当出口压力高于设计压力值时，在喷管的扩张段某个位置会形成一个正激波。在正激波的上游，流动是亚声速一超声速等熵流。在激波的波前，流动是超声速的，而在跨过激波之后，流动变成亚声速。在激波下游，流体在扩张段继续减速，压力有所上升，在喷管出口处达到指定压力。

为了捕捉激波，指定进出口压力之比为 0.678 4。图 9-21 给出了稳定状态下无量纲压力在喷管内的分布。在激波位置之前，理论值与模拟值基本吻合。在跨越激波时压力骤然上升，此时模拟值与理论值出现一定程度的差异，差异沿轴向又逐渐减小，理论值与模拟值的压力之比渐渐趋于 0.678 4。

图 9-22 给出了稳定状态下 *Ma* 数在喷管内的分布。在激波之前，*Ma* 数不断增加，流动达到超音速。在跨越激波之后，*Ma* 数迅速下降，逐渐趋向于定值。理论解中激波位于 $x=2.1$ 附近，与模拟结果误差在 2.4%左右，这表明数值计算是可靠的。

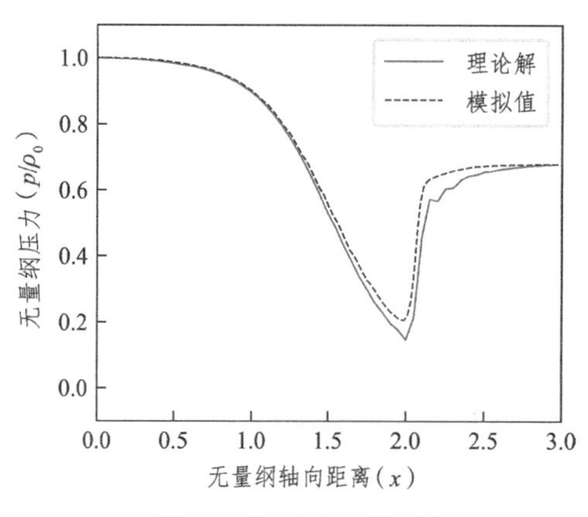

图 9-21　喷管内压力分布

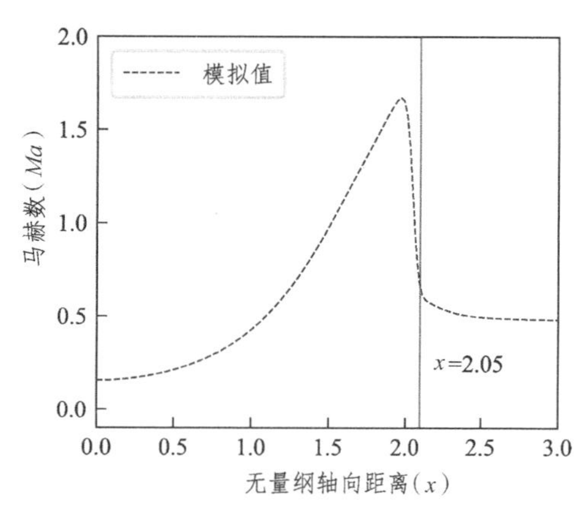

图 9-22　喷管内马赫数分布

9.3.4　计算实例：楔形激波

气体经过激波面时气流参数发生突变，当激波面与来流方向不垂直时，会产生斜激波。图 9-23 表示一个楔形激波问题的几何条件，空气以速度 853 m/s，温度 289 K，压力101 kPa 的超音速流经长度为 0.457 2 m、倾斜为 15°

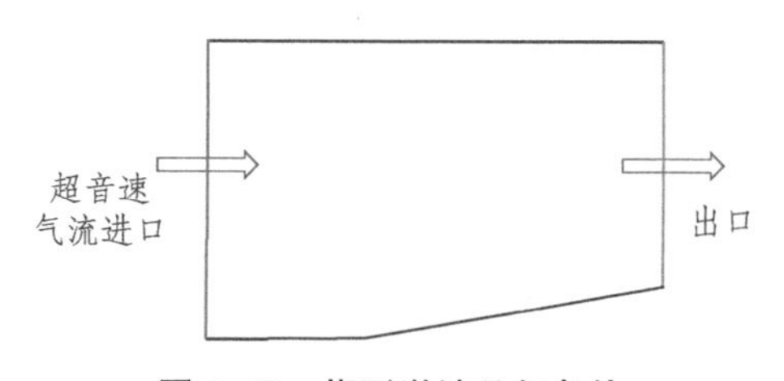

图 9-23　楔形激波几何条件

的斜面时，形成斜激波。计算激波产生位置以及激波前后速度场的变化。

采用代数法生成结构网格，如图 9-24，网格数量为 40×70，时间步长 Δt 按照 $CFL=0.5$ 取值，采用 Roe 格式离散二维欧拉方程，计算得到的气体密度和速度的分布如图 9-25 所示。气流经过斜激波后，密度和压力都升高，水平速度减小，竖直速度增大，因此气流发生了转折，激波面与来流方向形成了夹角，称为斜激波角。根据数值模拟结果，度量斜激波角为 45°，与理论解吻合。

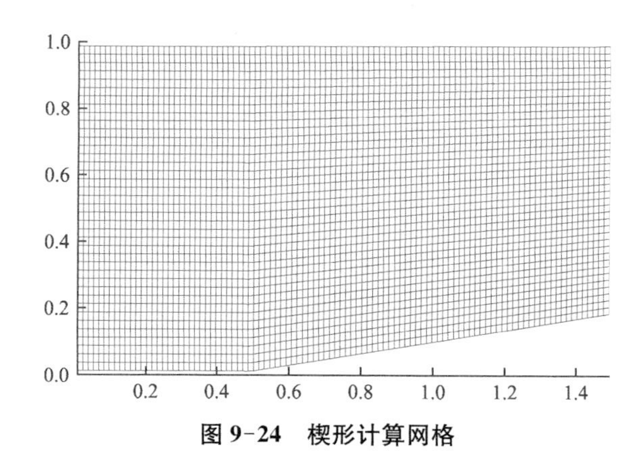

图 9-24　楔形计算网格

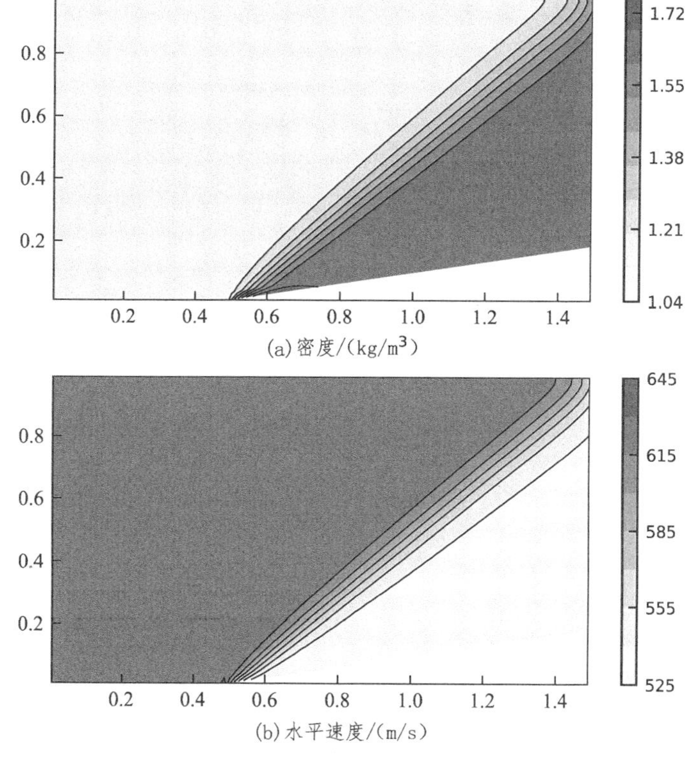

图 9-25　楔形激波的密度和速度的分布

9.3.5 计算实例：机翼(NACA0012)绕流

机翼是飞机的重要部件之一，其最主要作用是产生升力。NACA0012 是经典的翼型，本节采用二维欧拉方程，忽略气体黏度的影响，对 NACA0012 机翼绕流进行模拟。图 9-26 是二维 NACA0012 机翼绕流问题的示意图，给定计算条件，攻角为 2.92°，马赫数 $Ma=0.8$，气流温度 $T=300$ K，计算并分析机翼表面压力分布和速度分布等情况。

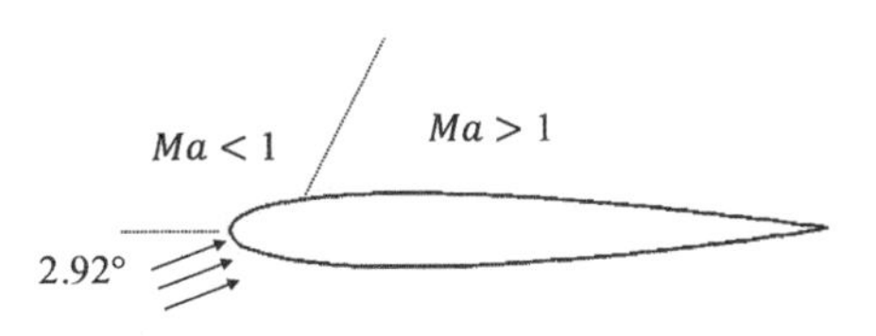

图 9-26 机翼 NACA0012 绕流示意图

采用三角形非结构网格划分计算区域，在机翼表面加密网格，如图 9-27，时间步长 Δt 按照 $CFL=0.5$ 取值，采用 Roe 格式离散二维欧拉方程，计算得到气体 Ma 数、压力、密度、速度的分布，其中 Ma 数和压力分布如图 9-28 所示。机翼表面无因次压力系数分布曲线如图 9-29 所示。由图可知，在机翼前缘，气流形成滞止点，压力达到最大值；在机翼上方，气流加速，Ma 数大于 1，而气体压力和密度会减小；在机翼下方，压力先逐渐减小，然后有所回升，总体而言，下表面的压力大于上表面，这是机翼产生升力的主要来源。统计得到阻力平均值 $C_d=0.272$，升力系数 $C_L=2.152\times10^{-2}$。

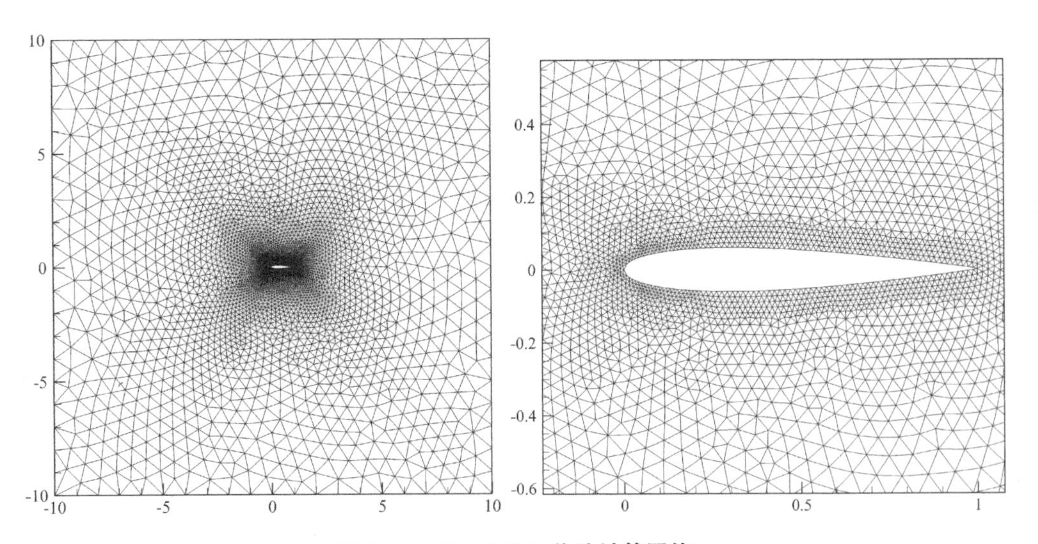

图 9-27 NACA0012 绕流计算网格

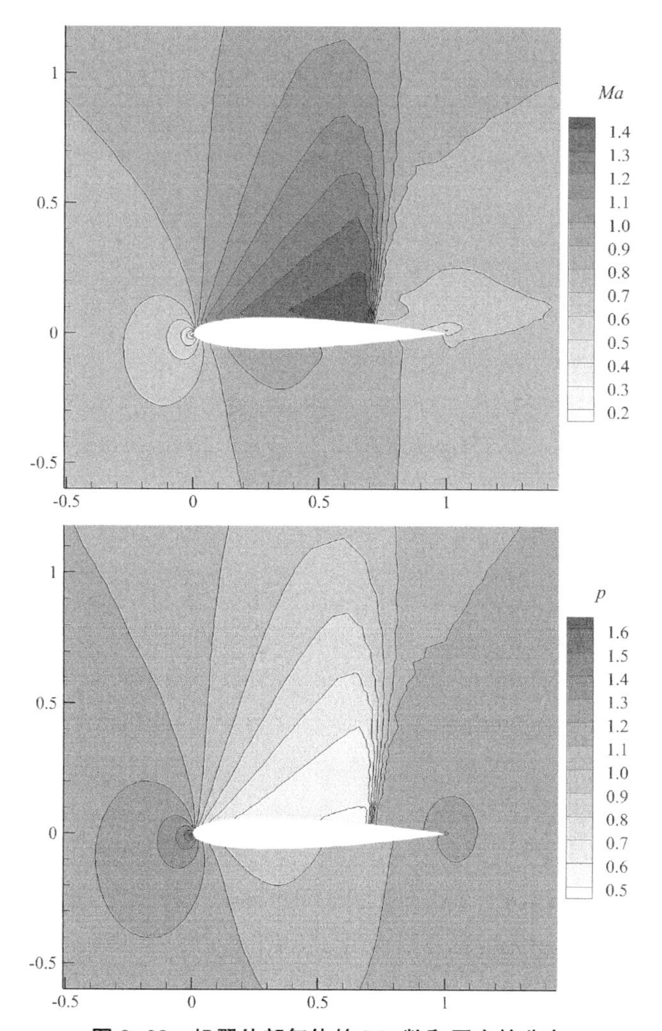

图 9-28　机翼外部气体的 *Ma* 数和压力的分布

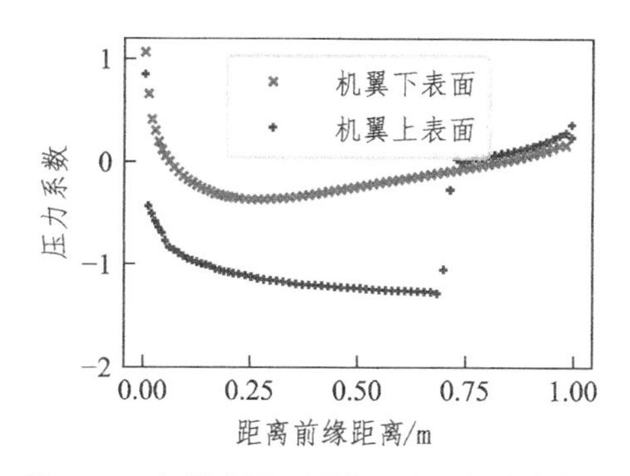

图 9-29　机翼表面无因次压力系数分布曲线

9.4 可压缩和不可压缩流动数值计算方法的联系

通过前面的学习,我们理解了可压缩流动和不可压缩流动方程的求解方法存在较大的差异,这是由于压力在守恒方程中所起的作用是不一样的。在不可压缩流动中,压力绝对值不重要,重要的是压力梯度。然而,在可压缩流动中,压力绝对值是热力学状态参数,是必须求解的参数。在低 Ma 数条件下,密度和压力弱相关,需要利用连续性方程推导关于压力的方程再求解,而在高速流动中,可以利用连续性方程直接求解密度,压力则通过状态方程求解。因此,针对可压缩流动,通常采用密度基法求解,而针对不可压缩流动,通常采用压力基法(如SIMPLE 算法、分步算法)求解。

随着计算方法的发展,这两类方法也在不断拓展,以适应不同的流速区,例如,已有不少研究报道,对不可压缩流动 SIMPLE 算法进行拓展,或对可压缩流动密度基算法进行拓展,以发展适用于全流速的数值计算方法。感兴趣的读者可以查阅资料进一步学习。

9.5 本章知识要点

- 可压缩流动控制方程中压力和速度的耦合关系;
- 有限体积法求解初值具有间断点的一维线性对流方程;
- 一维和二维欧拉方程守恒形式;
- 守恒形式方程中通量和解向量的变换;
- 有限体积法构造变量在单元的分布,网格边界的左状态和右状态,通量的计算;
- Lax-Friedrichs 格式、一阶迎风矢通量分裂格式、WENO 格式、Roe 近似黎曼求解器;
- 对流项的一阶格式、MUSCL 格式、总变差减小条件与限制器函数;
- 欧拉方程在激波管、拉法尔喷管、楔形激波、机翼绕流中的应用。

练习题

1. 针对一维线性对流方程,编写不同的离散格式进行数值计算,分析计算精度和稳定性。

2. 改变激波管初始条件，计算和分析激波传播特性。

3. 现有稀疏波问题如下图所示。在稀疏波前后流动是均匀的，在跨越稀疏波后，流体马赫数增加，压力、密度以及温度减小。给定计算条件：Ma 数为 2.5，压力为202 637 Pa，温度为 300 K 的流体，通过角度为 195°的钝角壁面的等熵流动。计算钝角后的流体速度和 Ma 数分布。

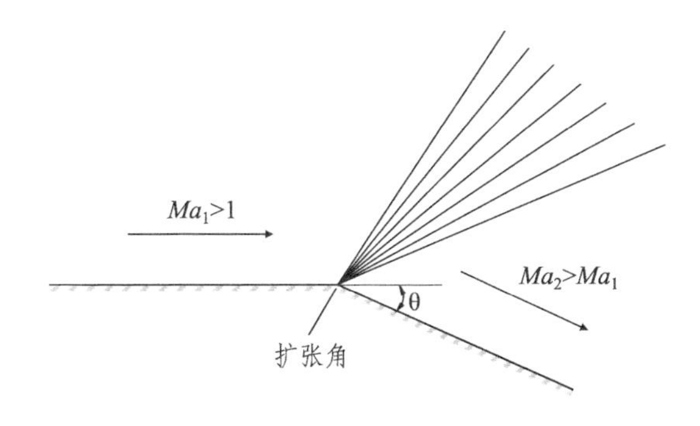

图 9-30　练习题 3 图

参 考 文 献

[1] 陶文铨.数值传热学[M].2 版.西安:西安交通大学出版社,2001.

[2] Ferziger J H, Perić M. Computational methods for fluid dynamics[M]. 3rd edition. Berlin, Heidelberg: Springer Berlin Heidelberg, 2002.

[3] 约翰 D.安德森.计算流体力学基础及其应用[M].吴颂平,刘赵淼,译.北京:机械工业出版社,2007.

[4] 张兆顺,崔桂香.流体力学[M].3 版.北京:清华大学出版社,2015.

[5] 归柯庭,汪军,王秋颖.工程流体力学[M].2 版.北京:科学出版社,2015.

[6] Richardson L F. Weather prediction by numerical process[M]. Cambridge: Cambridge University Press, 1922.

[7] Anderson D, Tannehill J C, Pletcher R H. Computational fluid mechanics and heat transfer[M]. 3rd edition. Boca Raton: CRC Press, 2012.

[8] Kajishima T, Taira K. Computational fluid dynamics: incompressible turbulent flows [M]. Cham: Springer, 2017.

[9] 张德良.计算流体力学教程[M].北京:高等教育出版社,2010.

[10] Tryggvason G, Scardovelli R, Zaleski S. Direct numerical simulations of gas/liquid multiphase flows[M]. Cambridge: Cambridge University Press, 2011.

[11] Chorin A J. Numerical solution of the Navier-Stokes equations[J]. Mathematics of Computation, 1968, 22(104): 745-762.

[12] Harlow F H, Welch J E. Numerical calculation of time-dependent viscous incompressible flow of fluid with free surface[J]. The Physics of Fluids, 1965, 8(12): 2182-2189.

[13] Ghia U, Ghia K N, Shin C T. High-Re solutions for incompressible flow using the Navier-Stokes equations and a multigrid method[J]. Journal of Computational Physics, 1982, 48(3): 387-411.

[14] Versteeg H K, Malalasekera W. An introduction to computational fluid dynamics: the finite volume method[M]. 2nd edition. Upper Saddle River: Prentice Hall, 2007.

[15] 章梓雄,董曾南.粘性流体力学[M].北京:清华大学出版社,1998.

[16] 归柯庭,钟文琪.高等流体力学(一)[M].北京:科学出版社,2018.

[17] Leonard B P. A stable and accurate convective modelling procedure based on quadratic

upstream interpolation[J]. Computer Methods in Applied Mechanics and Engineering, 1979, 19(1): 59-98.

[18] 宇波,李敬法,孙东亮.数值传热学实训[M].北京:科学出版社,2018.

[19] Rhie C M, Chow W L. Numerical study of the turbulent flow past an airfoil with trailing edge separation[J]. AIAA Journal, 1983, 21(11): 1525-1532.

[20] Kim J,Moin P. Application of a fractional-step method to incompressible Navier-Stokes equations[J]. Journal of Computational Physics, 1985, 59(2): 308-323.

[21] Issa R I. Solution of the implicitly discretised fluid flow equations by operator-splitting [J]. Journal of Computational Physics, 1986, 62(1): 40-65.

[22] Bell J B, Colella P,Glaz H M. A second-order projection method for the incompressible navier-stokes equations[J]. Journal of Computational Physics, 1989, 85(2): 257-283.

[23] Darwish M, Sraj I, Moukalled F. A coupled finite volume solver for the solution of incompressible flows on unstructured grids[J]. Journal of Computational Physics, 2009, 228(1): 180-201.

[24] Chen Z J, Przekwas A J. A coupled pressure-based computational method for incompressible/compressible flows[J]. Journal of Computational Physics, 2010, 229 (24): 9150-9165.

[25] Denner F, van Wachem B G M. Fully-coupled balanced-force VOF framework for arbitrary meshes with least-squares curvature evaluation from volume fractions[J]. Numerical Heat Transfer, Part B: Fundamentals, 2014, 65(3): 218-255.

[26] 王利民,葛蔚.复杂边界模拟中初始条件的实现方法[J].计算机与应用化学,2007,24(9):1149-1152.

[27] 郭照立,郑楚光.格子 Boltzmann 方法的原理及应用[M].北京:科学出版社,2009.

[28] 何雅玲,王勇,李庆.格子 Boltzmann 方法的理论及应用[M].北京:科学出版社,2009.

[29] Tu J Y, Yeoh G H, Liu C Q. Computational fluid dynamics: a practical approach[M]. 3rd edition. Oxford: Butterworth-Heinemann, 2018.

[30] Moukalled F, Mangani L, Darwish M. The finite volume method in computational fluid dynamics[M]. Cham: Springer International Publishing, 2016.

[31] 张来平,常兴华,赵钟.计算流体力学网格生成技术[M].北京:科学出版社,2017.

[32] Muzaferija S. Adaptive finite volume method for flow predictions using unstructured meshes and multigrid approach [D]. London: University of London, 1994.

[33] Mathur S R, Murthy J Y. A pressure-based method for unstructured meshes[J]. Numerical Heat Transfer, Part B: Fundamentals, 1997, 31(2): 195-215.

[34] Tsui Y Y, Pan Y F. A pressure-correction method for incompressible flows using unstructured meshes[J]. Numerical Heat Transfer, Part B: Fundamentals, 2006, 49 (1): 43-65.

[35] Wilcox D C. Turbulence modeling for CFD[M]. 3rd edition. California: DCW Industries, 2006.

[36] 张兆顺,崔桂香,许春晓.湍流理论与模拟[M].2 版.北京:清华大学出版社,2017.

[37] Pope S B. Turbulent flows[M]. Cambridge: Cambridge University Press, 2000.

[38] Li J, Kwauk M. Particle-fluid two-phase flow: the energy-minimization multi-scale method[M]. Beijing: Metallurgical Industry Press, 1994.

[39] 王利民.湍流基于 EMMS 原理的介尺度建模[J].中国科学,2017,47(7):91-100.

[40] Guo S Y, Wang L M. A dual-eddy EMMS-based turbulence model for laminar-turbulent transition prediction[J]. Particuology, 2021, 58: 285-298.

[41] 郭舒宇.基于 EMMS 原理的双涡介尺度湍流模型及应用[D].北京:中国科学院大学(中国科学院过程工程研究所),2021.

[42] 傅德薰,马延文.计算流体力学[M].北京:高等教育出版社,2002.

[43] Thomas H. Pulliam, David W. Zingg.计算流体力学基础算法[M].王晓东,戴丽萍,译.北京:科学出版社,2019.

[44] Wesseling P. Principles of computational fluid dynamics[M]. Berlin: Springer Berlin Heidelberg, 2001.

[45] 阎超.计算流体力学方法及应用[M].北京:北京航空航天大学出版社,2006.

[46] 傅德薰,马延文,李新亮.可压缩湍流直接数值模拟[M].北京:科学出版社,2010.

[47] Blazek J. Computational fluid dynamics: principles and applications[M]. 3rd edition. Oxford: Butterworth-Heinemann, 2015.

[48] Sod G A. A survey of several finite difference methods for systems of nonlinear hyperbolic conservation laws[J]. Journal of Computational Physics, 1978, 27(1): 1-31.

[49] Shu C W, Osher S. Efficient implementation of essentially non-oscillatory shock-capturing schemes[J]. Journal of Computational Physics, 1988, 77(2): 439-471.

[50] 董付国.Python 可以这样学[M].北京:清华大学出版社,2017.

附录 A

各章程序目录

本书提供的程序列表如下。

章次	程序功能说明	程序文件名
第 2 章	一维对流扩散方程有限差分显式解法	FDexplict1d.py
	一维对流扩散方程有限差分隐式解法	FDimplict1d.py
	一维对流方程有限差分显式解法	FDadvection1d.py
	二维泊松方程迭代解法	FDpoisson2d.py
第 3 章	二维不可压缩流场 MAC 算法	mac2dCavity.py
		mac2dChannel.py
第 4 章	一维稳态扩散方程有限体积法	FVcond1d.py
	一维稳态对流扩散方程有限体积法	FVconvdiff1d.py
	一维通用标量守恒方程有限体积法	FVgeneral1d.py
	二维驻点流对流扩散问题有限体积法	FVstag2d.py
第 5 章	二维不可压缩流场同位网格 SIMPLE 算法	simple2d_lidCavity.py
		simple2d_pipe.py
		simple2d_obstacle.py
		simple2d_buoyancyCavity.py
第 6 章	圆柱绕流问题分步算法	fractalStep/karman.c
	圆柱绕流问题 LBM 算法	lbm/lbm.c
第 7 章	二维非结构网格标量守恒方程求解	fvmUnst2dScalar.py
	二维非结构网格流场 SIMPLE 算法	fvmUnst2dSIMPLE.py
第 8 章	二维流场湍流 k-ε 模型	kepsi2d_lidCavity.py
第 9 章	一维线性对流方程求解	FV1dAdvection.py
	一维激波管方程求解	FV1dSodTube.py
	二维欧拉方程求解	FV2dWedge.py；FV2dWedge.f90
通用	CFD 常用函数包	cfdbooktools.py

附录 B

Python 程序编程方法简介

B.1 开发环境

本书的 Python 程序在 Windows 操作系统 Spyder 平台编写和运行。程序也在 Ubuntu 操作系统 Python3.5 软件测试通过。Spyder 平台是 Python 程序的集成开发环境，包含了常用的科学计算库，如 numpy，scipy，matplotlib。如果在 Ubuntu 系统中，在安装好 Python3.x 后，可以手动安装常用库，如 sudoapt-get install python3-numpy，python3-matplotlib。

Spyder 平台可以通过 Anaconda 开发环境管理工具一键安装。典型的 Spyder 操作界面如图 B-1 所示，主要分为上方的功能栏和下方的三个区域，分别是代码编写区、变量状态区、控制台区。

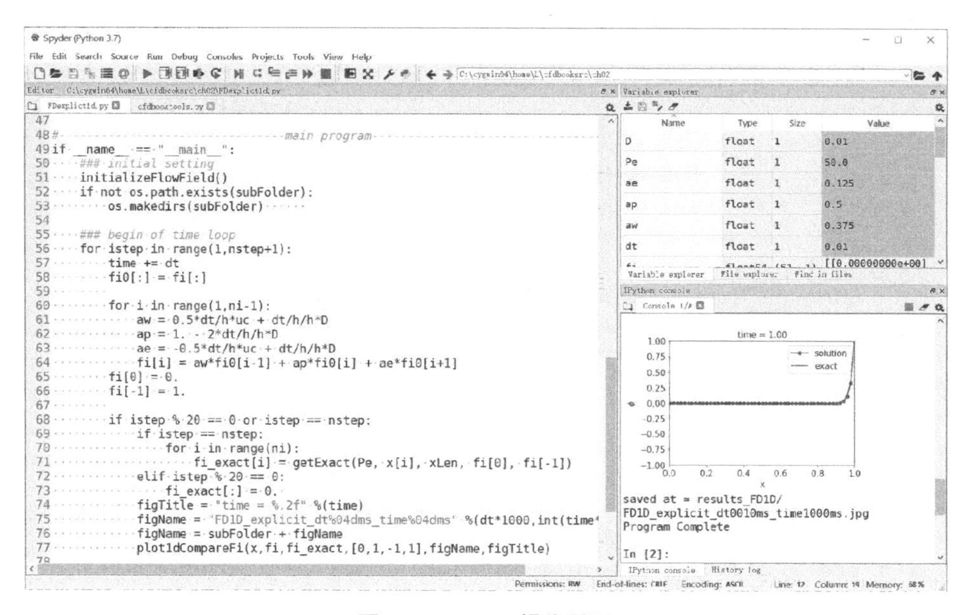

图 B-1 Spyder 操作界面

程序有多种运行方式。最常用的做法是，从菜单栏中新建或打开一个 *.py 文件，在程序编写或者修改完成后，按下 F5 键运行整个程序，计算结果将在控制台区显示。也可以用鼠标选中部分代码，按下 Ctrl+Enter 键，执行这一部分程序段落。或者也可以在控制台区一步一步地输入代码，按下 Enter 键，查看计算结果。代码中以“#”开头的语句是注释语句。

B.2　基本的数据定义和控制流程

变量定义和赋值格式：变量名=“赋值”。如：

```
>>> x = 1    # 给 x 赋值，为整数 1
>>> y = 1.   # 给 y 赋值，为浮点数 1.0
```

Python 会根据“赋值”自动判断变量的类型，如整数、浮点数、字符、字符串、数组、矩阵等。变量名既要简单又要具有描述性。如 name 比 n 好，user_name 或 userName 比 u_n 好。字符串就是一系列字符，用单引号或双引号括起来。字符串可以使用加号(+)合并。Python 包括丰富的字符串操作，可以使用 help(str)查看。如：

```
>>> name = "hello python" + ' hello world'    # 将两个字符串合并
>>> name.find('wo')    # 寻找 'wo' 子字符串，返回在母字符串中的首次出现位置
```

序列是具有先后关系的一组元素。Python 序列类似 C 或 Fortran 中的数组，但是使用更加灵活、方便。常用的序列结构有列表、元组、字典、字符串、集合等。其中，列表、元组、字符串支持双向索引，正向遍历序列的编号为 0，1，2，…，负向遍历序列的编号为−1，−2，−3，…，以此类推。

程序控制结构的基本方式包括顺序结构、选择结构、循环结构等。选择结构有单分支选择结构、双分支选择结构、多分支选择结构。语法表达式为：

```
if 表达式 1:
   语句块 1
elif 表达式 2:
   语句块 2
else:
   语句块 n
```

循环结构主要有两种形式：for 循环和 while 循环。for 循环一般用于循环

次数可以提前确定的情况，尤其适用于枚举或遍历序列或迭代对象中元素的场合。while 循环一般用于循环次数难以提前确定的情况，当然也可以用于循环次数确定的情况。语法表达式为：

```
for 取值 in 序列或迭代对象：
    循环体
[else：
    else 子句代码块]
while 条件表达式：
    循环体
[else：
    else 子句代码块]
```

其中，方括号中的 else 字句不是必须的。break 语句和 continue 语句在循环体中可以使用，一般常与选择结构结合使用。break 语句跳出循环体，而 continue 语句回到循环体的顶端，提前进入下一次循环。以下结合序列、循环结构、选择结构的使用实现一个简单的任务。

```
>>> # 任务：输出 3－30 以内能被 3 整除的数字，并保存为一个单独的列表
lists = [n for n in range(3, 31)]
sublists = []
for i in lists:
  if i % 3 == 0:
    print(i)
    sublists.append(i)
print(sublists)
```

B.3 函数的定义和使用

反复执行的代码段可以封装为函数，实现模块化程序以及减少代码长度。使用函数可以将大任务拆分成多个子任务，使复杂问题简单化。定义函数的语法如下：

```
def 函数名([参数列表])：
    "注释"
函数体
```

如果在函数体中使用 return 语句，则在结束函数执行的同时返回值，函数返回值类型与 return 语句返回表达式的类型一致。如果函数没有 return 语句，则认为该函数以 return None 结束，即返回空值。以下结合函数和基本程序结构的使用实现冒泡法排序的任务。

```
>>> # 任务：生成一组随机数，然后用冒泡法排序
def increase_sort(la):
    for k in range(1, len(la)):
    cur = la[k]
    j = k
    while j>0 and la[j-1]>cur:
      la[j] = la[j-1]
      j -= 1
      la[j] = cur
import random    #导入随机函数库
list1 = random.choices(range(1, 100), k=10)    #在范围[1, 100]中，生成 10 个随机数
print(list1)
increase_sort(list1)
print(list1)
```

B.4　类的定义和使用

面向对象程序设计的一个关键性观念是将对象抽象成类，将类的数据以及对数据的操作封装在一起，组成一个整体，不同对象之间通过消息机制来通信或者同步，这使得软件设计更加灵活，代码的可读性和可扩展性更好，在大型软件设计中尤为重要。类的成员包括数据成员和成员方法，数据成员用变量形式表示数据特征，成员方法用函数形式表示对象行为。使用关键词 class 定义类，如下：

```
>>> class Student (object):
  def __init__(self, id=0):    #构造函数
    self.id = id    #数据成员
  def infor(self):    #成员方法
    print ('This is a student, ID is %d' % self.id)
```

该段落创建了一个名称为 Student 的类,它继承 object 类,包括一个数据成员和成员方法。在定义了类之后,就可以用来实例化对象,并通过"对象名.成员"的方法来访问其中的数据成员或成员方法,如下:

```
>>> stu = Student(123)
stu.infor()
stu.id = 456
stu.infor()
```

可以自定义类,在程序中使用。也可以使用 Python 内置的类,实际上字符串、列表等,都是 Python 内置的类。以下以读写文件为例,介绍文件对象的使用。通过 open 函数按照指定模式打开文件并创建文件对象,然后进行相关读写操作。

```
>>>#任务:生成随机序列并保存到文件,然后从文件读入数据,排序后再保存到另一个文件中
x= list(range(1, 10))    #生成序列
import random    #导入随机函数库
list1 = random.choices(range(1, 100), k=10)    #在范围[1, 100]中,生成 10 个随机数
filename = 'file_demo.txt'    #文件名
withopen(filename, 'w') as fp:    #打开文件
    fp.write('# This is a random list\n')    #保存描述信息
    for i in range(0, len(x)):    #保存列表
      fp.write('%d, %d\n' % (x[i], list1[i]))
import numpy as np    #导入 numpy 库,利用 loadtxt 函数读入数据
data = np.loadtxt(filename, dtype=int, comments='#', delimiter=',')    #读入全部数据
data[:, 1].sort()    #排序
filename = 'file_demo_sorted.txt'    #打开文件
with open(filename, 'w') as fp:    #保存新的列表
    fp.write('# This is a sorted list\n')
    for i in range(0, data.shape[0]):
      fp.write('%d, %d\n' % (data[i, 0], data[i, 1]))
```

B.5 常用计算库 numpy、matplotlib 库的使用

用 Python 编写科学计算的代码非常方便,因为 Python 提供了很多第三方

的库，能够实现常用的计算和作图功能。其中 numpy、scipy、matplotlib 是最常用的科学计算库。numpy 主要是一些科学运算，特别是矩阵的运算，它将常用的数学函数都进行数组化，使得数学函数能够直接对数组进行操作。scipy 主要是一些科学工具集，信号处理，线性和非线性代数求解，快速傅里叶变换等。matplotlib 是绘图库，只需几行代码即可生成直方图、条形图、饼图、散点图等，也可以将它作为绘图控件，嵌入 GUI 应用程序中。以下通过一个简单的例子，介绍计算和作图库的使用。

```
>>>### 任务：通过作图法求解方程 A * exp(-E/T) = T^n
###并将计算结果和 fsolve 求解结果对比
import numpy as np
import matplotlib.pyplot as plt
from scipy.optimize import root, fsolve

###解法一：利用 fsolve 函数求解
def f1(x):
    return 1.0e20 * np.exp(-24358/x) - x ** 3
Tc0 = fsolve(f1, [900])
print ('Solution is %f\n' % Tc0)

###解法二：通过作图法求解
def f2(x):
    return 1.0e20 * np.exp(-24358/x)
def f3(x):
    return x ** 3

x = np.linspace(500, 1000, 10)
y2 = np.zeros((len(x), 1))
y3 = np.zeros((len(x), 1))
for i in range(len(x)):
    y2[i] = f2(x[i])
    y3[i] = f3(x[i])

#图格式整体设置
plt.rcParams['font.serif'] = ['Arial']
plt.figure(figsize=(6, 4))
```

```
plt.grid(linestyle="--")  #设置背景网格线为虚线
ax = plt.gca()
ax.spines['top'].set_visible(False)  #去掉上边框
ax.spines['right'].set_visible(False)  #去掉右边框

#线条的记号、颜色、线型的设置
plt.plot(x, y2, marker='o', color="blue", label="y2", linewidth=1.5)
plt.plot(x, y3, marker='x', color="green", label="y3", linewidth=1.5)

#坐标轴的设置
plt.title("example", fontsize=12, fontweight='bold')
plt.xlabel("temperature (K)", fontsize=15, fontweight='bold')
plt.ylabel("y (-)", fontsize=15, fontweight='bold')
plt.xticks(fontsize=15, fontweight='normal')
plt.yticks(fontsize=15, fontweight='normal')
plt.xlim(500, 1000)

#图例的设置
plt.legend(loc=0, numpoints=1) #显示各曲线的图例
leg = plt.gca().get_legend()
ltext = leg.get_texts()
plt.setp(ltext, fontsize=15, fontweight='normal')

#保存与显示图片
plt.savefig('./plot_demo.png', format='png', dpi=600, bbox_inches='tight')
plt.show()
#通过观察两条线的交点,确定方程的解
#对比两种解法的结果
```